高职高专“十三五”规划教材

单片机应用技术
（项目化教程）

王娜丽　李莹　李云庆　主编

武志强　吴国贤　龙威林　副主编

化学工业出版社

·北京·

本书以单片机 STC89C52RC 为对象，以功能强大的 Keil μVision4 集成开发环境作为程序设计和调试环境，以典型应用项目为教学实例，介绍了单片机的硬件结构、单片机的 C 语言及编程调试方法。本书通过典型的应用项目，详细介绍了单片机各部分的硬件功能和应用设计，以及 C51 程序设计基础知识。

本书共 10 个项目，前 8 个是分开的独立项目，后 2 个是综合性的实践项目，并且在部分任务后面给出了任务训练，以便巩固教学内容，使初学者更好地掌握和应用单片机技术。

本书适合作为应用型本科和高职高专院校电气、电子信息、机电一体化等相关专业的教学用书，也可作为从事单片机应用领域工程技术人员的参考用书。

图书在版编目（CIP）数据

单片机应用技术：项目化教程/王娜丽，李莹，李云庆主编．—北京：化学工业出版社，2018.8（2024.1重印）

高职高专“十三五”规划教材

ISBN 978-7-122-32305-7

Ⅰ.①单… Ⅱ.①王… ②李… ③李… Ⅲ.①单片微型计算机-高等职业教育-教材 Ⅳ.①TP368.1

中国版本图书馆 CIP 数据核字（2018）第 115261 号

责任编辑：王听讲　　装帧设计：韩　飞

责任校对：宋　夏

出版发行：化学工业出版社（北京市东城区青年湖南街 13 号　邮政编码 100011）

印　　装：北京天宇星印刷厂

787mm×1092mm　1/16　印张 14　字数 358 千字　2024 年 1 月北京第 1 版第 4 次印刷

购书咨询：010-64518888　　售后服务：010-64518899

网　　址：http://www.cip.com.cn

凡购买本书，如有缺损质量问题，本社销售中心负责调换。

定　　价：33.00 元

前　言

随着当今社会信息技术的快速发展，嵌入式电子技术已经深入到我们日常生活的各个方面，而单片机就是嵌入式微控制器的一种，它具有高速度、体积小、性价比高、可重复编程和功能扩展方便等优点，因此，单片机技术在我国得到了迅猛发展和大范围应用推广，我国大专院校相关电子、电气类专业都普遍开设这门课程。

由于单片机技术本身的特点，致使学生在学习单片机过程中感觉很难学。为了解决单片机课程难教、难学的问题，就要告诉学生单片机是干什么的，它解决的是实际当中的哪些问题。我们带着这些问题编写了本书。本书由浅入深地按照知识递增的顺序，合理安排知识体系结构，以项目化教学方式，在教授单片机基础理论知识的同时，增加学生的技能训练，学习理论知识带动实践训练，再通过实训巩固理论知识，真正做到理论与实践的相互融合。

本书在学校内部讲义的基础上，经过4年的不断完善和实践验证，教学效果非常好。随着单片机教学课程的不断改革和深化，为了适应理实教学一体化的需要，我们在原教材基础上，进行了部分的修改，增加了许多新的内容。本书分为10个项目，项目1介绍了单片机的基础知识，以及相关软件的安装及使用方法；接下来的7个项目内容自成体系，每一个项目都是学习单片机的一个必备环节，是学习单片机的“工具”；最后两个是综合性的实践项目，并且在部分任务后面给出了任务训练，以便巩固教学内容，使初学者更好地掌握和应用单片机技术。

为了学生更好地学习单片机应用技术，我们按照难易程度编排各项目的内容，这些项目不但具有趣味性，还有一定的实用性，从单片机对简单LED灯的控制，到单片机和按键的应用电路，控制数码管的应用，中断定时计数器的应用，AD和DA的转换，电机的应用，再到各种传感器的使用，有些项目之后还有项目拓展，使学有余力的学生还有进一步发展提高的空间。

为了便于单片机课程的教学，我们还给学生配备了STC89C52RC单片机的学习系统板，这个系统板是我们自主研发的产品，其原理图的绘制、制版及焊接都是我们独立完成的。在单片机的开发学习过程中，我们采用的应用程序开发语言为C语言，主要是汇编语言编程难度较大，学生不容易掌握，而且目前企业一般也不采用汇编语言开发单片机应用系统。为方便教师教学，本书还配备了源代码、电子课件等电子教学资源，需要者可以到化学工业出版社教学资源网站（http：//www. cipedu. com. cn）免费下载使用。

本书由天津现代职业技术学院王娜丽、李莹和上海电子信息职业技术学院李云庆担任主编，天津现代职业技术学院武志强、吴国贤、龙威林担任副主编，天津现代职业技术学院韩建华参编。王娜丽编写项目1、项目3，武志强编写项目2、项目9，李莹编写项目4、项目7，李云庆编写项目5、项目6，吴国贤编写项目8，龙威林编写项目10，韩建华参与编写了全书的任务训练。李嘉祥等人在本书编写工作中也提供了很大的帮助，在此一并向他们表示感谢。

本书虽然在原讲义的实际教学应用中得到了教学验证和修改完善，但由于水平有限，还存在许多不足之处有待进一步完善，希望大家多提宝贵意见。

编者

2018年5月

目　　录

项目1

学习单片机基础知识

任务1.1　认识单片机

【学习目标】

① 掌握STC89C52RC单片机的硬件结构；

② 了解单片机的应用；

③ 掌握单片机的学习方法。

【项目任务】

① 单片机系统板硬件实物；

② 单片机系统板原理图；

③ 编程软件、下载元件及仿真软件的使用。

1.1.1　STC89C52RC单片机的主要性能

单片机指的是一种在单硅片上集成微型计算机主要功能单元（运算器、存储器、输入设备、输出设备以及控制器等）的集成芯片，它的出现主要归功于大规模集成电路技术的发展，主要应用于控制领域，它在发展过程中又进一步扩展了各种功能单元，可以独立执行内部程序，所以它又称为微控制器（英文简称MCU）。和计算机相比，单片机只是缺少了外围设备，由于它体积小、重量轻、价格便宜，为用户学习、应用和开发单片机都提供了便利条件，而且便于集成复杂而对体积要求严格的控制部件。

典型的单片机是Intel公司的MCS-51系列，这个系列包括了很多常见的品种，如8031、8751、8032、8052、8752、8952等，其中8051是最早、最典型的产品，其他单片机都是在它的基础上进行功能的添加改变而来。现在市场上有很多的单片机也都是在8051为核心功能的基础上加以改变，以满足不同的需求，其中STC89C52RC就是近几年非常流行和使用的单片机，本书我们将以此芯片为主控芯片，加上我们自主研发的单片机系统板来完成后续课题的学习。

1. 功能特性描述

① 增强型8051单片机，6MHz时钟/机器周期和12MHz时钟/机器周期可以任意选择，与MCS-51单片机产品兼容；

② 8K字节系统可编程Flash存储器；

③ 100000次擦写周期；

④ 工作电压：3.3~5.5V（5V 单片机）或2.0~3.8V（3V 单片机）；

⑤ 全静态操作：0~40MHz，相当于普通 8051 的 0~80MHz，实际工作频率可达48MHz；

⑥ 三级加密程序存储器；

⑦ 32 个可编程 I/O 口线；

⑧ 三个 16 位定时器/计数器；

⑨ 具有 3 个定时计数器、1 个串口通信；

⑩ 外部中断 4 路、下降沿中断或低电平触发电路，Power Down 模式可由外部中断低电平触发中断方式唤醒；

⑪ 全双工 UART 串行通道；

⑫ 低功耗空闲和断电模式；

⑬ 断电后中断可唤醒；

⑭ 看门狗定时器；

⑮ 双数据指针；

⑯ 断电标识符。

STC 公司提供的 8951 系列单片机的主要型号及选型指南见表 1-1。

2. 内部结构方框图

STC89C52RC 内部结构方框图如图 1-1 所示。

3. 封装及引脚结构

STC89C52RC 采用双列直插式（DIP40）引脚、PLLC（44 引脚）和 LQFP（44 引脚）形式的封装，如图 1-2 所示。

4. 引脚功能描述

V_{CC}：电源接入引脚。

GND：接地引脚。

P0 口（39~32 引脚）：P0.0~P0.7，P0 口是一个漏极开路的 8 位双向 I/O 口。在访问外部存储器时，P0 口也可以提供低 8 位地址和 8 位数据的复用总线。

P1 口（1~8 引脚）：P1.0~P1.7，P1 口是一个带内部上拉电阻的 8 位双向 I/O 口。另外，P1.0 和 P1.1 还可以作为定时器/计数器 T2 的外部技术输入（P1.0/T2）和定时器/计数器 T2 的触发输入（P1.1/T2EX），其第二功能具体参见表 1-2。

P2 口：P2 口是一个具有内部上拉电阻的 8 位准双向 I/O 口。在访问外部程序存储器或用 16 位地址读取外部数据存储器时，P2 口也可作为高八位地址总线使用。

P3 口：P3 口不仅是一个具有内部上拉电阻的 8 位准双向 I/O 口，同时 P3 口也作为 STC89C52RC 特殊功能（第二功能）使用，如表 1-3 所示。

RST：通电复位输入端。当单片机振荡器工作时，该引脚上出现持续 2 个机器周期高电平，就可以使单片机实现复位。通电时，考虑到振荡器有一定的起振时间，该引脚上高电平必须持续 10ms 以上才能保证有效复位。

ALE/PROG：地址锁存信号输出端。（ALE）是访问外部程序存储器时，锁存低 8 位地址的输出脉冲。对于片内含有 EPROM 的机型，在编程期间，该引脚（PROG）用作编程输入脉冲。

表 1-1　STC 公司提供的 8951 系列单片机的主要型号及选型指南

型号	最高时钟频率/Hz		Flash 程序存储器	RAM 数据存储器	降低 EMI	看门狗	双倍速	P4 口	ISP	IAP	EEP ROM	数据指针	串口 UART	中断源	优先级	定时器	A/D	向下兼容 Winbond	向下兼容 Philips	向下兼容 Atmel
	5V	3V																		
STC89C51 RC	0～80M		4K	512	√	√	√	√	√	√	1K^{+}	2	1ch^{+}	8	4	3		W78E51	P89C51	
STC89C52 RC	0～80M		8K	512	√	√	√	√	√	√	1K^{+}	2	1ch^{+}	8	4	3		W78E52	P89C52	
STC89C53 RC	0～80M		15K	512	√	√	√	√	√	√		2	1ch^{+}	8	4	3		W78E54	P89C54	AT89C55
STC89C54 RD^{+}	0～80M		16K	1280	√	√	√	√	√	√	8K^{+}	2	1ch^{+}	8	4	3		W78E54	P89C54	AT89C55
STC89C58 RD^{+}	0～80M		32K	1280	√	√	√	√	√	√	8K^{+}	2	1ch^{+}	8	4	3		W78E58	P89C58	AT89C51RC
STC89C516 RD^{+}	0～80M		63K	1280	√	√	√	√	√	√		2	1ch^{+}	8	4	3		W78E516	P89C51RD2	AT89C51RD2
STC89LE51 RC		0～80M	4K	512	√	√	√	√	√	√	1K^{+}	2	1ch^{+}	8	4	3		W78LE51		AT89LV51
STC89LE52 RC		0～80M	8K	512	√	√	√	√	√	√	1K^{+}	2	1ch^{+}	8	4	3		W78LE52		AT89LV52
STC89LE53 RC		0～80M	14K	512	√	√	√	√	√	√		2	1ch^{+}	8	4	3		W78LE54		AT89LV55
STC89LE54 RD^{+}		0～80M	16K	1280	√	√	√	√	√	√	8K^{+}	2	1ch^{+}	8	4	3		W78LE54		AT89LV55
STC89LE58 RD^{+}		0～80M	32K	1280	√	√	√	√	√	√	8K^{+}	2	1ch^{+}	8	4	3		W78LE58		AT89LV51RC
STC89LE516RD^{+}		0～80M	63K	1280	√	√	√	√	√	√		2	1ch^{+}	8	4	3		W78LE516	P89LV51RD2	AT89LV51RD2
STC89LE516AD		0～90M	64K	512	√			√	√			2	1ch^{+}	6	4	3	√	需要 A/D 转换时才选用，8 路 8 位精度在 P1.0－P1.7 口，17 个机器周期一次		
STC89LE516X2		0～90M	64K	512	√		√	√	√			2	1ch^{+}	6	4	3	√			

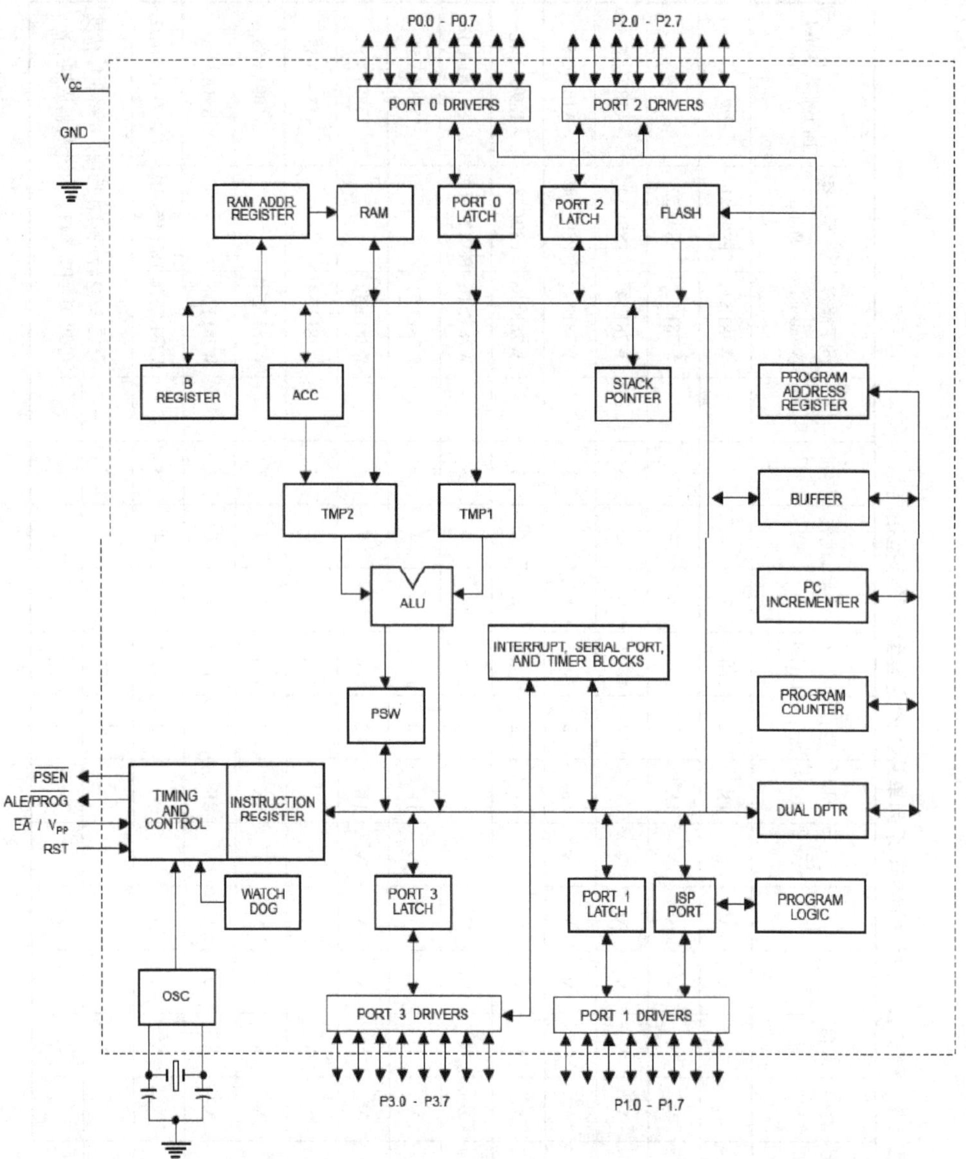

图 1-1　STC89C52RC 内部结构方框图

表 1-2　P1 口引脚第二功能

引脚号	第 二 功 能
P1. 0	T2（定时器/计数器 T2 的外部记数输入），时钟输出
P1. 1	T2EX（定时器/计数器 T2 的捕捉/重载触发信号和方向控制）

表 1-3　P3 口第二功能

引脚号	第 二 功 能	引脚号	第 二 功 能
P3. 0	RXD（串行输入）	P3. 4	T0（定时器 0 外部输入）
P3. 1	TXD（串行输出）	P3. 5	T1（定时器 1 外部输入）
P3. 2	$\overline{INT0}$（外部中断 0）	P3. 6	$\overline{WR}$（外部数据存储器写选通）
P3. 3	$\overline{INT1}$（外部中断 1）	P3. 7	$\overline{RD}$（外部程序存储器读选通）

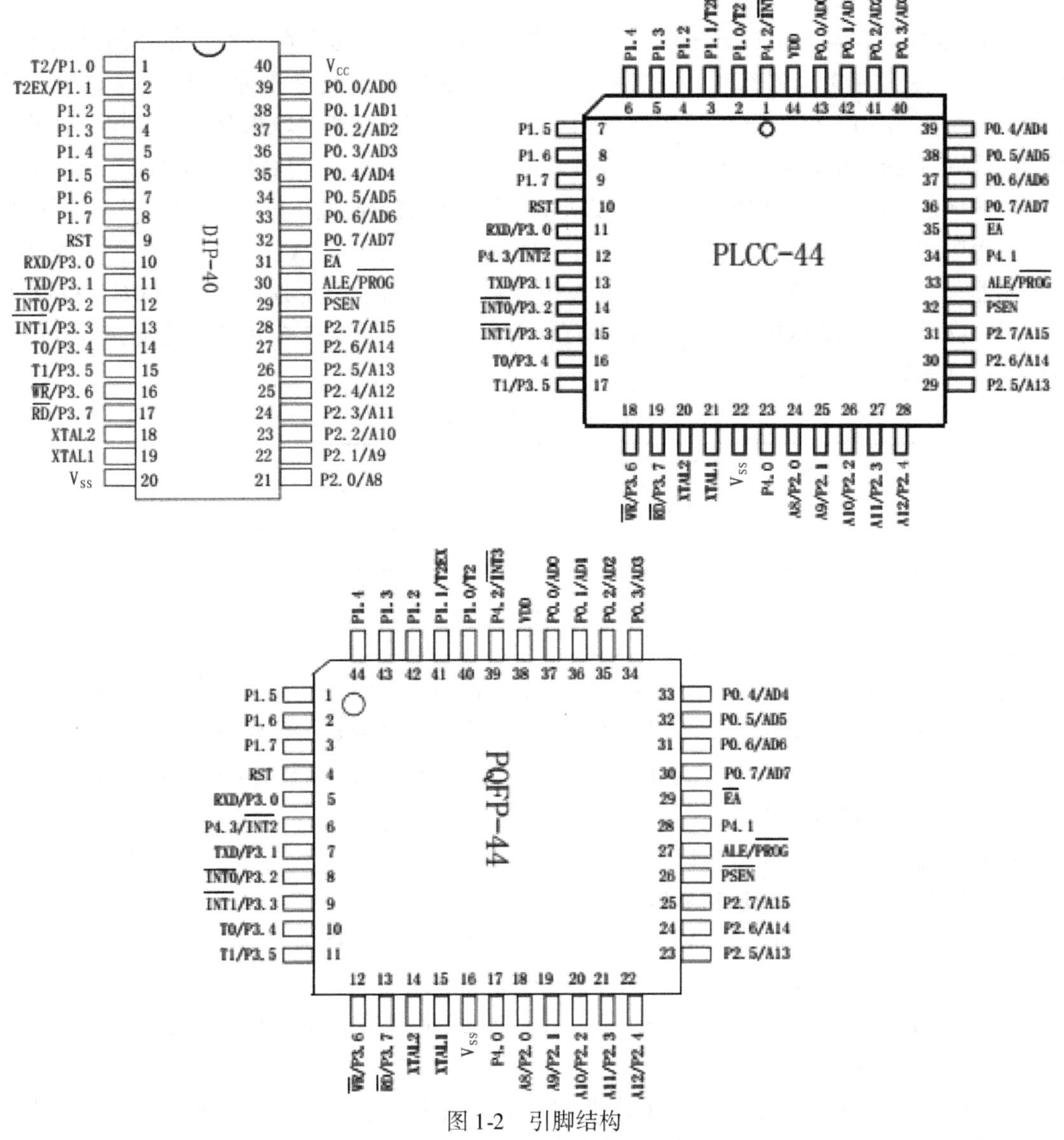

图1-2　引脚结构

$\overline{\text{PSEN}}$：外部程序存储器读选通信号输出端。当STC89C52RC从外部程序存储器执行外部代码时，$\overline{\text{PSEN}}$在每个机器周期该信号有效两次；而在访问外部数据存储器时，$\overline{\text{PSEN}}$将不出现。

$\overline{\text{EA}}/V_{PP}$：外部程序存储器选用控制信号。当此引脚为低电平时，选用片外程序存储器；高电平或悬空时，选用片内程序存储器。对片内含有EPROM的机型，在Flash编程期间，EA也接收5V的V_{PP}电压。

XTAL1：振荡器反相放大器和内部时钟发生电路的输入端。

XTAL2：振荡器反相放大器的输出端。

5. 存储器结构

STC89C52RC器件与微机的存储器不同，它有单独的程序存储器和数据存储器。程序存储器用于存放程序、固定常数和数据表格，数据存储器用于工作区及存放数据，两者完全分开，各有自己的寻址方式、寻址空间和控制系统，并且两者在物理结构上可分为片内、片外，当然寻址空间和访问方式也不一样。

（1）程序存储器：通常将编制好的程序或是表格存放在程序存储器，在控制器的作用下，从其中取出指令送到 CPU 去执行，完成程序的功能，或者是通过专门的查表指令 MOVC A、@ A + DPTR/PC 来读取表格中的数据。从程序存储器中取指令时，有程序计数器 PC 指出要执行指令的地址，PC 有自动计数功能，每次取出指令，PC 值自动加 1，指向下一条指令的地址。由于 PC 为 16 位的，所以决定了程序存储器地址空间为 64KB。当$\overline{EA}$引脚接地时，程序读取只从外部存储器开始。对于 STC89C52RC，如果$\overline{EA}$接 V_{CC}，程序读写先从内部存储器（地址为 0000H ~ 1FFFH）开始，接着从外部寻址，寻址地址为：2000H ~ FFFFH，内外程序存储器共用 64KB 空间。在程序存储器的低端地址定义 7 个特殊的地址，各个中断对应的地址如表 1-4 所示。

表 1-4　各个中断对应的地址

中断名	地址值	中断名	地址值
系统复位	0000H	定时/计数器 1	001BH
外部中断 0	0003H	串行口中断	0023H
定时/计数器 0	000BH	定时/计数器 2	002BH
外部中断 1	0013H		

（2）数据存储器：STC89C52RC 有 512 字节片内数据存储器。高 128 字节与特殊功能寄存器重叠。也就是说高 128 字节与特殊功能寄存器有相同的地址，而物理上是分开的。当一条指令访问高于 7FH 的地址时，寻址方式决定 CPU 访问高 128 字节 RAM，还是访问特殊功能寄存器空间。直接寻址方式访问特殊功能寄存器（SFR）。

片内数据存储器按功能分为以下几个部分：工作寄存器区、位寻址区、一般 RAM 区和特殊功能寄存器区，其中还包括堆栈区。

① 工作寄存器区：00H ~ 1FH 共 32 个单元，分 4 个组，称为 0 组、1 组、2 组、3 组，每组 8 个寄存器 R0 ~ R7。使用哪组寄存器由 PSW 中的 RS0、RS1 两位来选择。

② 位寻址区：20H ~ 2FH，16 个单元、128 个位，可以进行位寻址使用。

③ 一般 RAM 区：30H ~ 7FH，80 个单元，作为用户 RAM 区。

④ 堆栈区：堆栈主要是为了子程序调用和中断调用设立的，它的主要功能有两个：保护断点地址和保护现场。在调用时将断点地址压入堆栈保护。堆栈遵循后进先出原则，并且设立 SP 堆栈指针，SP 始终指向栈顶地址，随着入栈数据而向高端地址延伸，自动加 1。系统复位后，SP = 07H。

6. 晶振特性

单片机系统板需要给单片机接时钟电路，时钟电路是给单片机的各种动作指令提供时间基准信号的电路，单片机执行指令都要有一个严格的先后顺序，也就是我们说的时序。单片机为了保证内部各项动作的同步性，时钟电路就要提供唯一的控制信号按时序进行工作，时钟信号产生的时钟脉冲周期成为振荡周期。时钟信号的产生分为内部振荡方式和外部振荡方式。在 STC89C52RC 单片机内部有一个高增益反相放大器，其电路图如图 1-3 所示，XTAL1 和 XTAL2 分别是内部反相放大器的输入、输出端，在这两个引脚跨接石英晶体或陶瓷谐振器和微调电容，形成反馈电路，就构成了一个稳定的自激振荡器从而产生振荡脉冲，振荡电路输出的脉冲信号的频率就是提供给单片机的机器周期，电路中电容 C1、C2 是微调电容，起到的作用是控制频率快速起振。如果从外部时钟信号源接入单片机时钟输入引脚，XTAL1和XTAL2都可以直接接入，根据半导体采用的工艺不同而接法不同，这里采用的接法是CHMOS型单片机的外部时钟接入方法，XTAL2不接，而XTAL1接入，其电路图如图1-4所示。由于外部时钟信号经过二分频触发后作为外部时钟电路输入的，所以对外部时钟信号的占空比没有要求，但是最长低电平持续时间和最少高电平持续时间还是要符合要求的。

图1-3　内部振荡电路图　　　　图1-4　外部振荡电路图

单片机中最小的时序单位是由石英晶体振荡器产生的时钟信号的周期称为振荡周期，而单片机完成一个基本操作所需的时间称为机器周期。一个机器周期包含12个振荡周期，即6个状态周期。例如石英晶体振荡器的频率为$f_{osc}=12\text{MHz}$，则机器周期为：$T_{cy}=12/f_{osc}=1\mu\text{s}$。

7. 复位电路和复位操作

复位操作可以使单片机及其他部件进入确定的初始化状态，单片机的工作也是从初始化状态开始的，单片机的复位引脚是RST引脚。当单片机执行程序出错或者使系统处于死锁状态时，只要使RST引脚保持高电平2个机器周期以上就可以使单片机摆脱以上状态而重新启动执行。系统复位后也可以使内部寄存器进入初始化状态，见表1-5。

表1-5　复位时各寄存器的状态

寄存器	复位状态	寄存器	复位状态
PC	0x0000	TMOD	0x00
ACC	0x00	TCON	0x00
PSW	0x00	TH0	0x00
B	0x00	TL0	0x00
SP	0x07	TH1	0x00
DPTR	0x0000	TL1	0x00
P0 ~ P3	0xFF	SCON	0x00
IP	0x00	SBUF	0x00
IE	0x00	PCON	0x00

在实际应用中，单片机的复位操作电路有两种基本形式：一种是自动通电复位电路（图1-5）；另一种是手动按键与通电均有效的复位电路（图1-6）。第一种复位电路的复位原理是利用对电容C1和电阻R1组成的电路的充放电过程，使电容C1上的电平保持高电平，也就是引脚RST保持高电平两个机器周期以上的时间，就可以使单片机进入复位状态。第二种复位电路的原理是当按键没有按下的时候和第一种复位原理相同，当按键按下就是电阻R1和R2的分压电路，只要R2两端的保持高电平两个机器周期以上，就可以使复位引脚

RST 是高电平，从而进入复位状态。

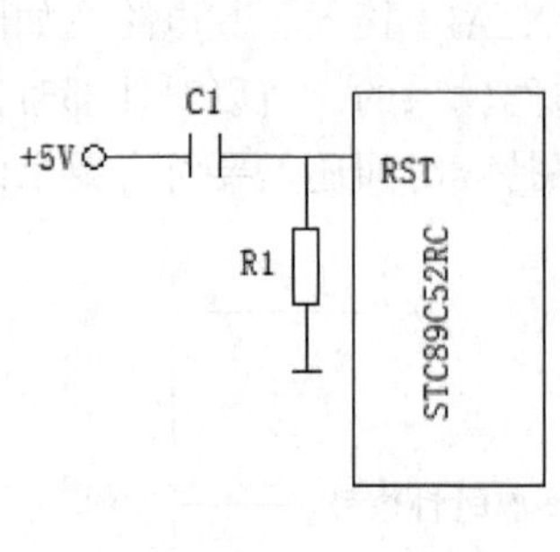

图 1-5　自动通电复位电路

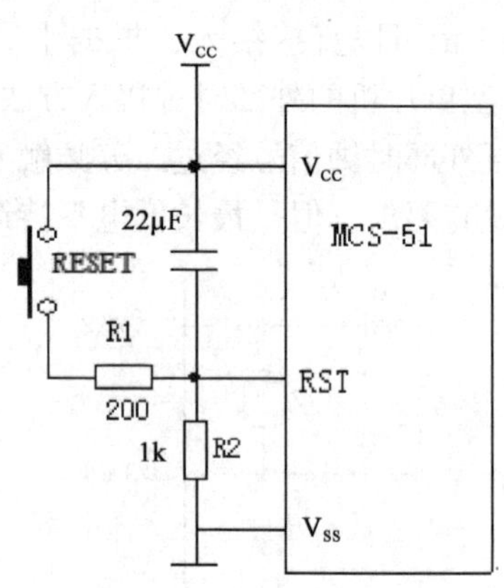

图 1-6　手动按键与通电复位电路

1.1.2　单片机的应用

由于单片机只是一个芯片，而单片机系统则是在单片机芯片的基础上扩展其他电路或芯片构成的，具有一定应用功能的计算机系统，所以在单片机系统中及有硬件核心芯片又有软件的编程结合，从而让单片机运行起来，实现很多控制功能。单片机的发展趋势是高集成度、外部电路内装化、低功耗、引脚多功能化、高性能。单片机是一种计算机系统，具有很强的数据运算和处理的能力，它又是一个芯片状态，致使它可以嵌入到许多电子设备的电路系统中，去实现智能化检测与控制。单片机具有体积小、功耗低、重量轻、价格便宜、可靠性高、控制能力强、开发使用简便等一系列优点，所以获得了广泛的应用。单片机应用领域，可以概括地分成以下几个方面。

1. 在工业控制中的应用

工业自动化控制是最早采用单片机控制的领域之一，在测控系统、过程控制、机电一体化设备中，单片机主要用于实现数据通信、运算处理、数据采集、逻辑控制等。使用单独的单片机可以实现一些小规模的控制功能，作为控制单元、底层检测与上位机相结合，可以组成大规模工业自动化控制系统。特别是在机电一体化产品中，更容易发挥其集机械技术、微电子、自动化技术和计算机技术于一体的优势。

2. 在智能仪器仪表中的应用

内部含有单片机的仪器系统称为智能仪器。这类仪器大多采用单片机进行控制、信息处理及通信，从而方便了仪器仪表的升级换代，增加了诸如故障诊断、数据存储、联网集控等功能，以单片机作为核心组成智能仪器表已经是自动化仪表发展的趋势。

3. 在家用电器中的应用

嵌入单片机的家用电器实现了智能化，是对传统型家用电器的更新换代，现已广泛应用于洗衣机、空调、电视机、微波炉、电冰箱、电饭煲等。

4. 在信息和通信产品中的应用

信息和通信产品的自动化和智能化程度越来越高，而其中许多功能的完成都离不开单片机的参与。移动通信设备就是最具代表性和应用最广泛的产品，比如手机内的控制芯片就是属于专用型单片机。另外，在许多计算机外部设备中，如键盘、打印机中也用到单片机。新型单片机普遍具备通信接口，可以和计算机方便地进行数据通信，为计算机与网络设备之间提供连接服务创造了条件。

5. 在商业设备中的应用

在商业系统中，单片机已广泛应用于电子秤、收款机、条形码阅读器、IC卡刷卡机、出租车计价器，以及仓储安全监测系统、商场保安系统、空气调节系统、冷冻保险系统等。

6. 在医用设备领域中的应用

在医疗设施及医用设备中单片机的用途也相当广泛，例如在各种分析仪、医用呼吸机、医疗监护仪、超声诊断设备及病床呼叫系统中，单片机都得到了实际应用。

7. 在汽车电子产品中的应用

现代汽车的集中显示系统、动力监测控制系统、自动驾驶系统、通信系统和运行监视器等装置中都离不开单片机。特别是采用现场总线的汽车控制系统中，以单片机担当核心的节点，通过协调、高效的数据传送，不仅完成了复杂的控制功能，而且简化了系统结构。

1.1.3 如何学习单片机

单片机本身只是一个微控制器，内部无任何程序，只有当它和其他器件、设备有机地组合在一起，并配置适当的工作程序后，才能构成一个单片机应用系统，完成规定的操作，具有特定的功能。单片机本身不具备自主开发能力，必须借助开发工具，编制、调试、下载程序或对器件进行编程。

学习单片机的第一步就是了解单片机的片内结构及组成部分。

第二步学习单片机学习平台（单片机学习板），如图1-7所示。读者通过学习将能够看懂学习板的原理框图，了解学习板上的结构组成。

图1-7 单片机学习板

第三步学习编写单片机程序，目前学校学习最多的编程语言是C语言，用的编程工具是KEIL μVision4开发软件（图1-8），从软件的安装到建立新的工程开始编程，编译程序生成HEX文件，最后用KEIL在线仿真。

第四步学习下载软件的安装。程序的下载过程是将KEIL中编写好的程序下载到单片机板子上，然后进行安装，下载软件是stc-isp-15xx-v6.62，如图1-9所示。

第五步可以学习一下Proteus软件。Proteus软件界面如图1-10所示，它不仅具有其他EDA工具软件的仿真功能，还能仿真单片机及外围器件，它是目前最好的仿真单片机及外围器件的工具之一。从原理图布图、代码调试，到单片机与外围电路协同仿真，一键切换到PCB设计，真正实现了从概念到产品的完整设计。Proteus是目前世界上唯一将电路仿真软件、PCB设计软件和虚拟模型仿真软件三合一的设计平台，其处理器模型支持8051、HC11、PIC10/12/16/18/24/30/DsPIC33、AVR、ARM、

图 1-8　KEIL µVision4 开发软件

8086 和 MSP430 等，Proteus 建立了完整的电子设计开发环境。2010 年它又增加了 Cortex 和 DSP 系列处理器，并持续增加其他系列处理器模型。在编译方面，它也支持 IAR、Keil 和 MPLAB 等多种编译器。

图 1-9　下载软件

图 1-10　Proteus 软件界面

任务 1.2　掌握数制与编码

【学习目标】

① 掌握进制之间的转换；
② 掌握基本的编码形式。

【项目任务】

能够计算常见程序中的基本进制转换和编码类型变换。

1.2.1　数制

1. 常见的数制

在平时生活中我们最熟悉的计算形式是十进制，但是在单片机中，采用二进制的“0”和“1”，来表示单片机内的数据和信息。

（1）十进制数。特点：采用 0、1、2、3、4、5、6、7、8、9 共 10 个不同的数字符号，并且是“逢十进一，借一当十”。

例如：$12345.6=1\times10^4+2\times10^3+3\times10^2+4\times10^1+5\times10^0+6\times10^{-1}$，此式子中10称为十进制数的基数，$10^4$、$10^3$、$10^2$、$10^1$、$10^0$、$10^{-1}$称为各位数的权值。十进制数用D表示，通常省略不写。

（2）二进制数。在电子计算机中采用的是二进制。二进制数只需2个不同的数字符号：0和1，并且是“逢二进一，借一当二”。用字母B结尾表示。

例如：$(10110101.11)_2=1\times2^7+0\times2^6+1\times2^5+1\times2^4+0\times2^3+1\times2^2+0\times2^1+1\times2^0+1\times2^{-1}+1\times2^{-2}$。

（3）八进制数。八进制数的基数是8，有8个基本数字：0、1、2、3、4、5、6、7，并且“逢八进一，借一当八”。

例如，八进制数345.67表示为：$(345.67)_8=3\times8^2+4\times8^1+5\times8^0+6\times8^{-1}+7\times8^{-2}$。

（4）十六进制数。十六进制数的基数是16，有16个基本数字：0、1、2、3、4、5、6、7、8、9、A、B、C、D、E、F，并且“逢十六进一，借一当十六”，十六进制数用H结尾表示。

例如，十六进制数5F8.32可表示为：

$$(5F8.32)_{16}=5\times16^2+15\times16^1+8\times16^0+3\times16^{-1}+2\times16^{-2}$$

2. 进制数之间的转换（表1-6）

表1-6　各进制数之间的对应关系

十进制	二进制	八进制	十六进制
0	0	0	0
1	1	1	1
2	10	2	2
3	11	3	3
4	100	4	4
5	101	5	5
6	110	6	6
7	111	7	7
8	1000	10	8
9	1001	11	9
10	1010	12	A
11	1011	13	B
12	1100	14	C
13	1101	15	D
14	1110	16	E
15	1111	17	F

（1）二进制、八进制、十六进制数转化十进制数。根据各进制的表示方法，按权展开相加，即可转换为十进制。

例1：$(10110001)_2$、$(70)_8$、$(2B)_{16}$转换成十进制数。

$(10110001)_2=1\times2^7+0\times2^6+1\times2^5+1\times2^4+0\times2^3+0\times2^2+0\times2^1+1\times2^0=176$。

$(70)_8=7\times8^1+0\times8^0=56$。

$(2B)_{16}=2\times16^1+11\times16^0=43$。

把十进制数转换成其他进制数，都用整数部分辗转除以其他进制数的基数并取余，小数部分辗转乘以其他进制数的基数并取整的方法。

（2）十进制转换二进制。整数部分除以 2 取余，小数部分辗转乘以 2 取整。

即将十进制整数除以 2，得到一个商和一个余数；再将商除以 2，又得到一个商和一个余数；以此类推，直到商等于零为止。每次得到的余数的倒排列，就是对应二进制数的各位数。

例 2：把十进制数 37 转换成二进制数。

除数	商	余数	
2	37	余数	低位
2	18	1	
2	9	0	
2	4	1	
2	2	0	
2	1	0	
	0	1	高位

于是，得：$(37)_{10}=(100101)_2$

十进制小数转换成二进制小数，是用“乘 2 取整法”。即用 2 逐次去乘十进制小数，将每次得到的积的整数部分，按各自出现的先后顺序依次排列，就得到相对应的二进制小数。

例 3：把 $(0.6875)_{10}$ 转换成二进制数。

设：$(0.6875)_{10}=a^{-1}\times2^{-1}+a^{-2}\times2^{-2}+\cdots+a^{-m}\times2^{-m}$

$$
\begin{array}{r}
0.6875 \\
\times)\quad 2 \\
\hline
a^{-1}=1\cdots\cdots1.3750 \\
\times)\quad 2 \\
\hline
a^{-2}=0\cdots\cdots0.7500 \\
\times)\quad 2 \\
\hline
a^{-3}=1\cdots\cdots1.5000 \\
\times)\quad 2 \\
\hline
a^{-4}=1\cdots\cdots1.0000
\end{array}
$$

于是，得：$(0.6875)_{10}=(0.1011)_2$

说明：一个有限的十进制小数，并非一定能够转换成一个有限的二进制小数，即上述过程的乘积的小数部分可能永远不等于 0，这时我们可按要求进行到某一精确度为止。

如：$(0.1)_{10}=(0.0001100110011001100110011001100...)_2$

如果一个十进制数既有整数部分，又有小数部分，则可将整数部分和小数部分分别进行转换，然后再将两部分合起来。

例 4：$(37.6875)_{10}=(100101.1011)_2$

（3）将十进制转化为八进制。转化方法如同十进制转化为二进制，不同之处就是乘和除应该改成 8。

（4）二进制与八进制之间的转化。采用“三位一组”的原则，从小数点开始向左右两方面各以 3 位为一组，若位数不足则用 0 补全。也可以按照表 1-6 中的对应关系，找出各自对应的转换数值。

例 5：把 $(56.103)_8$ 转换成二进制数（一位变三位）。

5	6	.	1	0	3
↓	↓	↓	↓	↓	↓
101	110	.	001	000	011

所以，$(56.103)_8 = (101110.001000011)_2$

例 6：把 $(11101.1101)_2$ 转换成八进制数（三位变一位）。

以小数点为中心，向两边每隔 3 位分组（不足 3 位的，在外边补 0）：

011	101	.	110	100
↓	↓	↓	↓	↓
3	5	.	6	4

所以，$(11101.1101)_2 = (35.64)_8$

（5）二进制与八进制之间的转化。采用“四位一组”的原则，从小数点开始向左右两方面各以 4 位为一组，若位数不足则用 0 补全。也可以按照表 1-6 中的对应关系，找出各自对应的转换数值。

例 7：把 $(3AD.B8)_{16}$ 转换成二进制数（一位变四位）。

3	A	D	.	B	8
↓	↓	↓	↓	↓	↓
0011	1010	1101	.	1011	1000

所以，$(3AD.B8)_{16} = (1110101101.10111)_2$

例 8：把（1111100111.111111）2 转换成十六进制数（四位变一位）。

以小数点为中心，向两边每隔 4 位分组（不足 4 位的，在外边补 0）：

0011	1110	0111	.	1111	1100
↓	↓	↓	↓	↓	↓
3	E	7	.	F	C

所以，$(1111100111.111111)_2 = (3E7.FC)_{16}$

1.2.2　编码

1. BCD 码

用 4 位二进制数表示一位十进制数的方法，这种用于表示十进制数的二进制代码称为二 - 十进制代码（Binary Coded Decimal），简称为 BCD 码。BCD 码包含有 8421 码、5421 码、2421 码、余 3 码等，而最常用的是 8421BCD 码，4 位二进制数可以表示 16 种状态，但是十进制数是 0 ~ 9 十个数字，因此最后 6 种状态可丢弃，而选择 0000 ~ 1001 来表示 0 ~ 9 十个数。BCD 码有两种形式，压缩型 BCD 码和非压缩型 BCD 码。压缩型 BCD 码一个字节可存放一个两位十进制数，其中高 4 位存放十位数字，低 4 位存放个位数字；非压缩型 BCD 码 1 个字节可存放 1 个一位十进制数，其中高字节为 0，低字节的低 4 位存放个位。

例 9：写出 8421BCD 码 1101001. 01011 对应的十进制数。

1101001. 010118421BCD = 0110 1001. 0101 10008421BCD = 69. 58D

从例子中可以看出，BCD 码是十进制数，遵循“逢十进一”的原则，与十进制数之间的转换方便，但是 BCD 码的表示位数过多，增加了电路的复杂性，运算速度减慢。BCD 码在运算时由于与计算机的二进制运算不符，所以必须对它进行十进制调整，如果两个 BCD 码数相加后某位的和大于 1001 也就是 9，则此位进行加 0110 也就是 6 调整；如果两个 BCD 码数相加后某位的和有进位，则此位进行加 0110 调整；如果两个 BCD 码数相减后某位的有借位，则此位进行减 0110 调整。常见 BCD 编码见表 1-7。

表 1-7　BCD 编码表

十进制数	8421BCD 码	2421BCD 码	余 3 码
0	0000	0000	0011
1	0001	0001	0100
2	0010	0010	0101
3	0011	0011	0110
4	0100	0100	0111
5	0101	1011	1000
6	0110	1100	1001
7	0111	1101	1010
8	1000	1110	1011
9	1001	1111	1100

2. 字符的编码（ASCII 码）

计算机除了用于数值计算外，还有其他许多方面的应用。因此，计算机处理的不只是一些数值，还要处理大量符号，如英文字母、汉字等非数值的信息。这些字符在计算机的编码称为字符编码。目前使用最多、最普遍的是国际上通用的美国标准信息交换码（American Standanl Code for Information Interchange），简称为 ASCII 码。用 ASCII 表示的字符称为 ASCII 码字符。表 1-8 是 ASCII 码编码表，表 1-8 中前 32 个与最后一个是不可打印的控制符号。

表 1-8　ASCII 码编码表

$b_7b_6b_5$ / $b_4b_3b_2b_1$	000	001	010	011	100	101	110	111
0000	NUL	DLE	SP	0	@	P	·	p
0001	SOH	DC1	!	1	A	Q	a	q
0010	STX	DC2	"	2	B	R	b	r
0011	ETX	DC3	#	3	C	S	c	s
0100	EOT	DC4	$	4	D	T	d	t
0101	ENQ	NAK	%	5	E	U	e	u

续表

$b_7b_6b_5$ / $b_4b_3b_2b_1$	000	001	010	011	100	101	110	111
0110	ACK	SYN	&	6	F	V	f	v
0111	BEL	ETB	ˆ	7	G	W	g	w
1000	BS	CAN	(	8	H	X	h	x
1001	HT	EM	)	9	I	Y	i	y
1010	LF	SUB	*	:	J	Z	j	z
1011	VT	ESC	+	:	K	[	k	{
1100	FF	FS	,	<	L	\	l	:
1110	CR	GS	-	=	M	]	m	}
1110	SO	RS	.	>	N	ˆ	n	~
1111	SL	US	/	?	O		o	DEL

目前，使用最广泛的字符有：十进制数字符号0~9，大小写的英文字母，各种运算符、标点符号等，这些字符的个数不超过128个。这128个字符又可以分为两类：可显示/打印字符95个和控制字符33个。所谓可显示/打印字符是指包括0~9十个数字符，a~z、A~Z共52个英文字母符号，“+”“-”“*”“/”等运算符号，“。”“?”“,”、“;”等标点符号，“#”“%”等商用符号在内的95个可以通过键盘直接输入的符号，它们都能在屏幕上显示或通过打印机打印出来。为了便于计算机识别与处理，这些字符在计算机中是用二进制形式来表示的，通常称之为字符的二进制编码。由于需要编码的字符不超过128个，因此，用七位二进制数就可以对这些字符进行编码，但为了方便，字符的二进制编码一般占八个二进制位，它正好占计算机存储器的一个字节。具体的编码方法，即确定每一个字符的七位二进制代码。特别需要指出的是，十进制数字字符的ASCII码与它们的二进制值是有区别的。

例如，十进制数3的七位二进制数为（0000011），而十进制数字字符“3”的ASCII码为 $(0110011)_2=(33)_{16}=(51)_{10}$，由此可以看出，数值3与数字字符“3”，在计算机中的表示是不一样的。数值3能表示数的大小，并可以参与数值运算；而数字字符“3”只是一个符号，它不能参与数值运算。

ASCII码主要用于微机和外设的通信，在微机和键盘之间，微机和打印机显示器之间，数据传输都是以ASCII码的形式。

任务1.3　掌握C51单片机编程基础

【学习目标】

回顾复习C语言基本知识点。

【项目任务】

将单片机硬件结构与C语言结合，充分掌握单片机C语言基本编程方法。

1.3.1 利用C语言开发单片机

随着单片机性能的不断提高，C语言编译、调试工具的不断完善，以及对单片机产品辅助功能和对开发周期不断缩短的要求，使得越来越多的单片机编程人员转向使用C语言，因此有必要在单片机学习中掌握单片机C语言。为了与汇编语言区别，单片机C语言称为C51。

（1）函数。从C语言程序的结构上划分，C语言函数分为主函数main（）和普通函数两种。程序中主函数可以调用普通函数，普通函数之间也可以相互调用。普通函数又可以分为标准库函数和用户自定义函数。如果在程序中要使用标准库函数，应先在程序开头写上一条文件包含处理命令。

例如：#include < stdio. h >

在编译时将读入一个包含该标准函数的头文件。如果在程序中要建立一个自定义函数，则需要对函数进行定义。根据定义形式，函数可分为三种：无参数函数、有参数函数和空函数。

（2）无参数函数的定义方法。

```
类型标识符函数名()
{函数体}
```

类型标识符用来指定函数返回值的类型。无参数函数一般不带返回值，因为可以不写类型标识符。

例如：

```
delay02s()//延时0.2s子程序
{
unsigned char i,j,k;//函数体
for(i=20;i>0;i--)
for(j=50;j>0;j--)
for(k=100;k>0;k--);
}
```

（3）有参数函数的定义方法。

```
类型标识符函数名(形式参数列表及参数说明)
{函数体}
```

例如，一个ms级有参数延时函数，它的定义形式为：

```
delayms(int t)
{
int m,n;
  for( m=0;m<t;m++)
     for( n=0;n<100;n++);
}
```

（4）空函数的定义方法。

类型说明符函数名()

{}

调用空函数时，什么工作也不用做，只要在以后需要扩充函数时，可以在函数体位置填写程序。

(5) 指针。指针是一种用来存放某个变量或对象的地址值的特殊变量。一个变量具有一个变量名，对它赋值后就有一个变量值，变量名和变量值是两个不同的概念。变量名对应于内存单元的地址，表示变量在内存中的位置；而变量值则是放在内存单元中的数据，也就是内存单元的内容。变量名对应于地址，变量值对应于内容，应注意区别。

例如，定义一个整形变量 int i，编译器就会分配两个存储单元给 i。如果给变量赋值，令 i=30，这个值就会放入对应的存储单元中。虽然这个地址是由编译器分配的，但是无法事先确定，可以用取地址运算符“&”，取出变量 i 的地址，例如：取 i 变量的地址用 &i。

&i 就是变量 i 的指针，指针是由编译器分配的，而不是由程序指定的，但指针值可以用 &i 取出。

如果把指针（地址值）也作为一个变量，并定义一个指针变量 xp，那么编译器就会另外开辟一个存储单元，用于存放指针变量。这个指针变量实际上是指针的指针，例如：

int * xp

通过语句 xp = &i 把变量 i 的地址值存于指针变量 xp 中。现在访问变量 i 有两种方法：一种是直接访问；另一种是用指针间接访问，即 * xp。

int * xp 中 * 与 * xp 中 * 所代表的意义不同，int * xp 中的 * 是指针变量定义时作为类型说明；而 * xp 中的 * 是运算符，表示从 xp 所指示的内存单元中取出变量值。

引进指针以后，增加了操作手段，通常程序通过变量名或对象名进行操作，而引进指针后，又可以通过指针进行操作，这种操作更加唯一，同时也更加方便。

(6) 数组。数组是一组具有固定数目和相同类型成分分量的有序集合。整型变量的有序集合称为整型数组，字符型变量的有序集合称为字符型数组。这些整型变量或字符型变量称为数组元素。

① 数组定义格式。一维数组的定义方式：

类型说明符数组名［整型表达式］ = {元素0，元素1，…，元素n}；

例10：char shu［5］ = {2，4，6，8，10}；

② 数组元素的表示。上面的例10定义了一个一维数组，有5个元素，每个元素由不同的下标表示，分别为 shu［0］，shu［1］，…，shu［4］。注意，数组的第一个元素的下标为0，而不是1，即数组的第一个元素是 shu［0］，而不是 shu［1］。

在例10中，shu［0］ =2；shu［1］ =4；shu［2］ =6；shu［3］ =8；shu［4］ =10；

③ 数组的初始化。数组的初始化就是在定义说明数组的同时，给数组赋新值。

例11：char shu［10］ = {0，1，2，3，4，5}；

例11中定义的 shu 数组共有10个元素，但花括号内只有6个初值，则数组的前6个元素被赋予初值，而后4个元素的值为0。

(7) 函数的调用。C 程序通过函数调用去执行指定的工作，被调用的函数可以是系统提供的库函数，也可以是用户自行定义的功能函数。C 程序的执行总是从 main（）函数开始，而对 main（）函数的位置无特殊规定，main（）函数可以放在程序的开头、最后或其他函数的前后。

C 程序中的一个函数需要调用另一个子函数时，另一个子函数应写在前面。当另一个子函数放在函数后面时，应在本函数开始前加以说明。

一个函数由说明部分和函数体两部分组成。函数说明部分是对函数名、函数类型、形参名和形参类型等所做的说明，例如：

```
char      delay      (char      i  )
函数类型函数名(形参类型形参名)
```

在源程序文件需要包含其他源程序文件时，应在本程序文件头部用包含命令#include 进行“文件包含”处理，其格式为：

#include <regx52. h>

一条 include 命令只能指定包含一个文件，每行规定只能写一条包含命令。

（8）程序设计步骤。单片机 C 语言程序设计步骤如下。

① 根据要求画出编程算法的流程图。

② 在 Keil μVision3 编译器上直接编写 C 语言程序。

③ 用 Keil μVision3 上进行调试及编译，编译后可生成后缀名为 HEX 的十六进制目标程序文件。

④ 用编程器将目标程序文件写入单片机。

1.3.2 C51 基本数据类型

C 语言中的数据有常量和变量之分，常量和变量都有多种类型，各种类型占有不同的存储字节长度，因此在 C 程序中使用常量、变量和函数时，都必须先说明它的类型，这样编译器才能为它们分配存储单元。

1. 常量和符号常量

在程序运行中其值不会改变的数据称为常量，常量可以用一个标识符来代表，称为符号常量。符号常量的值不能改变，也不能再被赋值。一般符号常量用大写字母，变量用小写字母。例如，定义一个符号常量 K，其值为 100。

#define K 100

表示符号常量被定义后，凡在此程序中有 K 的地方，都代表常量 100。

常量通常分为以下几种类型。

（1）整型常量。整型常量就是整型常数，在 C 语言中常用十进制和十六进制 2 种形式表示，例如：

100、-5、0 等(十进制数)；

0x64、0xfb、0x00 等(十六进制数,以 0x 开头)。

（2）实型常量。实型常量又称浮点数，在 C 语言中可以用小数和指数两种形式表示。例如：

56. 36、15. 00、0. 33 等（十进制实型常数）；

1. 11e5、5. 78e2 等（指数型式的实型常数，表示 1.11×10^5、5.78×10^2）。

（3）字符常量。在 C 语言中，字符常量是指用单引号括起来的单个字符。例如‘a’、‘b’、‘?’、‘A’等都是字符常量，应注意在 C 语言中‘A’和‘a’是不同的字符常量。字符常量除了可以用符号常量表示外，通常可将它赋给一个字符变量。

例如：char　c = ‘a’；

（4）字符串常量。在C语言中还有另外一种字符数据称为字符串。字符串常量与字符常量不同，它是由一对双引号括起来的字符序列。例如，“good”、“CHINA”、“3.14”等都是字符串常量。字符串常量和字符常量二者不同，不能混用。例如，‘a’和“a”在内存中，‘a’占一个字节，而“a”占2个字节。字符串常量除了用符号常量表示外，通常可将它赋给一个字符数组或字符指针。

例如：char　c [ ] =“abcd”；

　　　char　* pc =“abcd”；

2. 变量

凡是数值可以改变的量均称为变量。变量由变量名和变量值构成。在C语言中规定，变量名只能由字母、数字和下划线组成，且不能用数字开头。给变量起名尽量做到“见名知意”，注意不要用关键字或保留字作为变量名。变量类型如表1-9所示。

表1-9　变量类型表

变量类型	类型名	说明	类型名	数据长度/位	值域范围
位变量	bit			1	0，1
	sbit			1	0，1
字符变量	char	有符号	signed char	8	-128 ~ +128
		无符号	unsigned char	8	0 ~ 255
整型变量	int	有符号	signed int	16	-32768 ~ +32767
		无符号	unsigned int	16	0 ~ 65535
长整型变量	long int	有符号	signed long	32	$-2^{31} \sim 2^{31}-1$
		无符号	unsigned long	32	$0 \sim 2^{32}-1$
实型变量	float	单精度		32	|3.4e-38| ~ |3.4e+38|
	double	双精度		64	|1.7e-308| ~ |1.7e+308|
寄存器变量	sfr			8	0 ~ 255
	sfr16			16	0 ~ 65535

变量在程序使用中必须进行详细定义，例如，定义2个变量m和n为无符号整型变量，即：

```
unsigned int m, n;
```

定义2个变量k和j为字符变量，即：

```
char k, j;
```

几个变量在定义时可以分几个行定义，也可以合并成一句定义，在定义时可赋初值。例如：

```
unsigned char  i=10, m, k=4, key;
```

也可以写成：

```
unsigned char i=10;
unsigned char m;
unsigned char k=4;
unsigned char key;
```

1.3.3 C51 运算符和表达式

在单片机 C 语言编程中，通常用到 30 个运算符，如表 1-10 所示。其中算数运算 13 个，关系运算符 6 个，逻辑运算符 3 个，位操作符 7 个，指针运算符 1 个。在 C 语言中，运算符具有优先级和结合性。

1. 算数运算符优先级顺序

先乘除模（模运算又叫求余运算），后加减，括号最优先。

结合性规定为：自左至右。当算数运算符优先级相同时，先与左边的运算符号结合。

如果一个运算符的两侧数据类型不同，则必须通过数据类型转换，将数据转换成同种类型。转换的方式有两种：

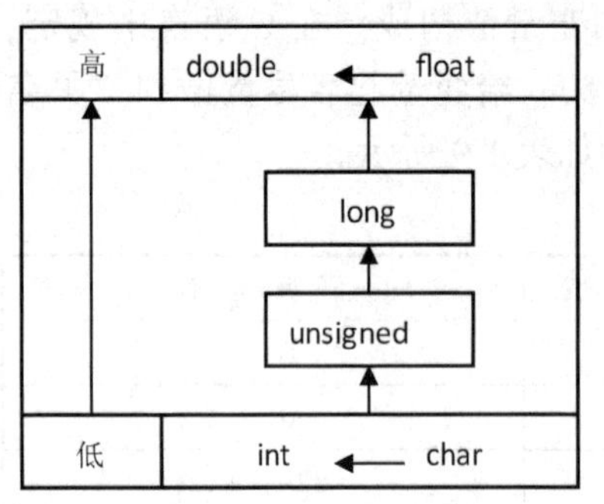

图 1-11 数据转换规则

（1）自动类型转换。如图 1-11 所示为转换规则，如果 char、int 变量同时存在，则必将 char 转换成 int 类型；float 与 double 类型共存时，一律先转换成 double 类型。不同类型按箭头方向转换。

（2）强制类型转换。强制类型转换是通过类型转换运算来实现的。其一般形式为：（类型说明符）（表达式）其功能是把表达式的运算结果，强制转换成类型说明符所表示的类型。

2. 关系运算符的优先级顺序

①‘>、<、>=、<=’4 种运算符优先级相同；

②‘==、!=’2 种运算符优先级相同；

③ 前 4 种优先级高于后 2 种。

3. 逻辑运算符的优先级顺序

!、&&、||。

当表达式中出现不同类型的运算符时，非（!）运算符优先级最高，算术运算符次之，关系运算符再次之，其次是 && 和 ||，最低为赋值运算符（=）。如果记不住，需要优先运算时，则干脆就加括号。单片机 C 语言常用运算符见表 1-10。

表 1-10 单片机 C 语言常用运算符

运算符		范例	说明
算数运算	+	a+b	a 变量值和 b 变量值相加
	-	a-b	a 变量值和 b 变量值相减
	*	a*b	a 变量值乘以 b 变量值
	/	a/b	a 变量值除以 b 变量值
	%	a%b	取 a 变量值除以 b 变量值得余数
	=	a=5	a 变量赋值，即 a 变量值等于 5
	+=	a+=b	等同于 a=a+b，将 a 和 b 相加的结果存回 a
	-=	a-=b	等同于 a=a-b，将 a 和 b 相减的结果存回 a
	*=	a*=b	等同于 a=a*b，将 a 和 b 相乘的结果存回 a

续表

运 算 符		范例	说 明
算数运算	/=	a/=b	等同于 a=a/b，将 a 和 b 相除的结果存回 a
	%=	a%=b	等同于 a=a%b，将 a 和 b 相除的余数存回 a
	++	a++	a 的值加 1，等同于 a=a+1
	--	a--	a 的值减 1，等同于 a=a-1
关系运算	>	a>b	测试 a 是否大于 b
	<	a<b	测试 a 是否小于 b
	==	a==b	测试 a 是否等于 b
	>=	a>=b	测试 a 是否大于或等于 b
	<=	a<=b	测试 a 是否小于或等于 b
	!=	a!=b	测试 a 是否不等于 b
逻辑运算	&&	a&&b	a 和 b 作逻辑“与”（AND），两个变量都为“真”时结果才为“真”
	||	a||b	a 和 b 作逻辑“或”（OR），只要有一个变量为“真”结果就为“真”
	!	!a	将 a 变量的值取“反”，即原来为“真”取“反”后变为“假”，原来“假”取“反”后变为“真”
位操作运算	>>	a>>b	将 a 按位右移 b 个位，高位补 0
	<<	a<<b	将 a 按位左移 b 个位，低位补 0
	|	a|b	a 和 b 按位做“或”运算
	&	a&b	a 和 b 按位做“与”运算
	^	a^b	a 和 b 按位做“异或”运算
	~	~a	将 a 的每一位取“反”
	&	a=&b	将变量 b 的地址存入 a 寄存器
指针	*	*a	用来取 a 所指地址内的值

1.3.4 C51 的基本程序结构

1. 顺序结构（图 1-12）

顺序结构流程图如图 1-12 所示。

顺序结构是指程序按语句的先后次序逐句执行的一种结构，这是最简单的语法结构。例如：

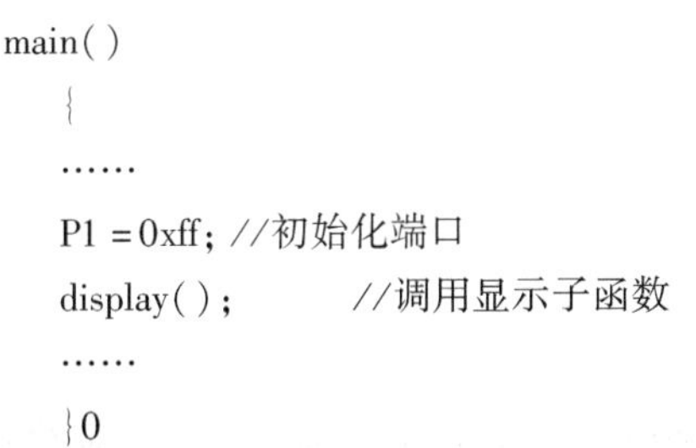

```
main()
  {
  ……
  P1=0xff; //初始化端口
  display();        //调用显示子函数
  ……
  }0
```

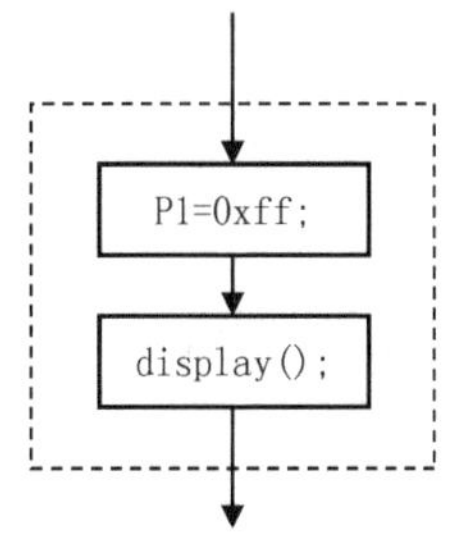

图 1-12 顺序结构流程图

2. 分支结构

分支结构可分为单分支、双分支和多分支 3 种，C 程序中提供了 3 种条件转移语句，分别为 if、if-else 和 switch 语句。

（1）单分支转移语句。单分支转移语句的格式为：

```
if(条件表达式)
{执行语句;}
```

if 语句的执行步骤是：先判断条件表达式是否成立，若成立（为“真”），则执行 {} 中的语句；否则执行后面的程序语句。if 单分支流程图如图 1-13 所示。

（2）双分支转移语句。双分支转移语句的格式为：

```
if (条件表达式)
  {语句 1;}
else
  {语句 2;}
```

if-else 语句的执行步骤是：先判断条件表达式是否成立，若成立（为“真”），则执行语句 1；否则执行语句 2，然后继续执行后面的语句。其流程图如图 1-14 所示。

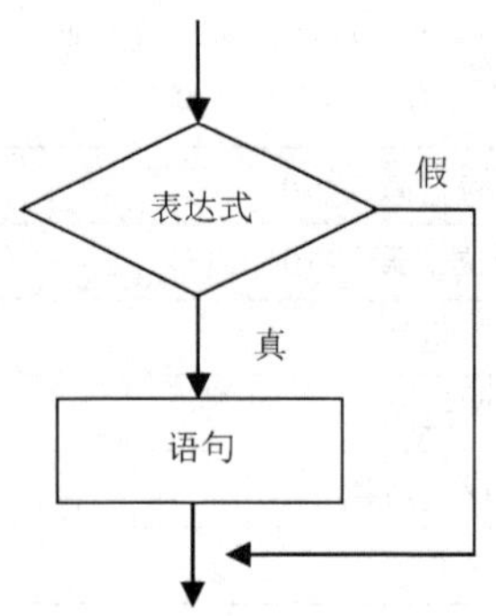

图 1-13　if 单分支流程图

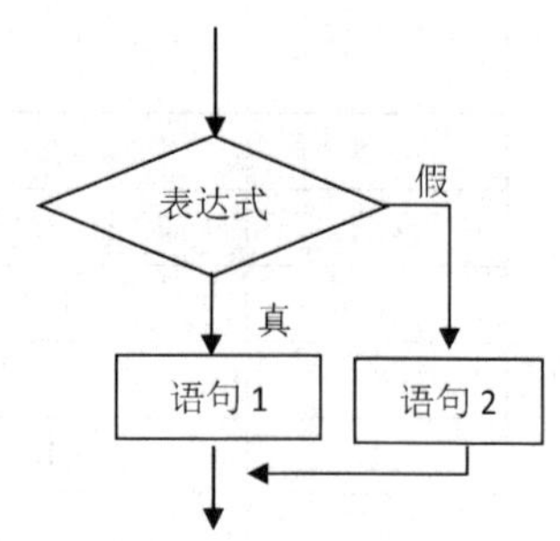

图 1-14　if-else 双分支流程图

if-else 中的 else 不能单独使用，应与 if 配对。双分支语句在使用中可以嵌套而实现多分支结构。其格式为：

```
    if(表达式 1)
     {语句 1;}
    else if(表达式 2)
     {语句 2 ;}

……

else if(表达式 n)
 {语句 n;}
else
 {语句 n+1;}
```

这种语句的执行步骤是：先判断条件表达式 1 是否成立，若成立（为“真”）则执行语句1，否则判断条件表达式2是否成立；若成立（为“真”）则执行语句2，否则判断条件表达式n是否成立；若成立（为“真”）则执行语句n；若所有条件都不符，则执行语句n+1。if-else嵌套实现多分支程序流程图如图1-15所示。

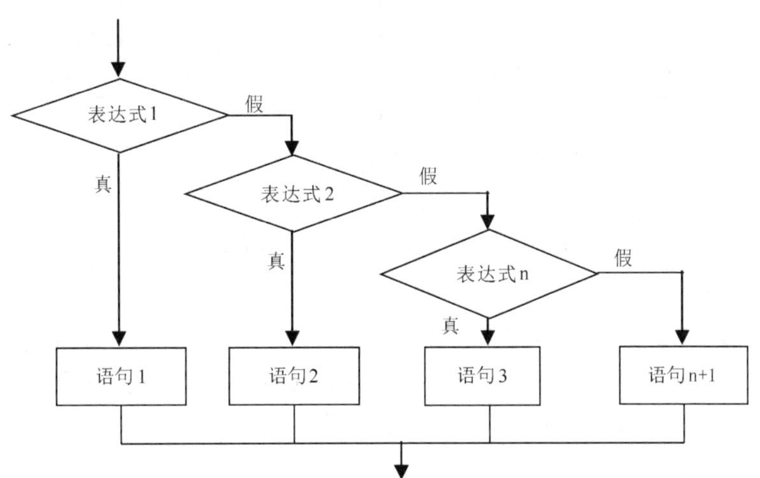

图1-15　if-else嵌套实现多分支程序流程图

（3）多分支转换语句。多分支转换语句的格式为：

```
switch(条件表达式)
{
  case 常量表达式1:
      {语句1;break;}
  case 常量表达式2:
      {语句2;break;}
  ……
  case 常量表达式n:
      {语句n;break;}
   default:
      {语句n+1;break;}
}
```

switch语句的执行步骤是：若条件表达式的值与case后面的某一常量表达式相同，则执行相应得语句；如果都不相同，则执行default后面的语句。case后面的常量表达式必须互不相同；否则会出现程序的混乱。case后面的break不能漏写，如果没有break语句，在执行完本语句功能后，程序将继续执行下一个case语句的功能。switch多分支程序执行流程图如图1-16所示。

3. 循环结构

作为构成循环结构的循环语句，一般由循环体及循环终止条件两部分组成。一组被重复执行的语句称为循环体，能否继续重复执行下去，则取决于循环终止条件。C语言中，循环结构有while、do-while和for 3种语句。

（1）while语句。while语句的一般格式为：

```
while （表达式）
```

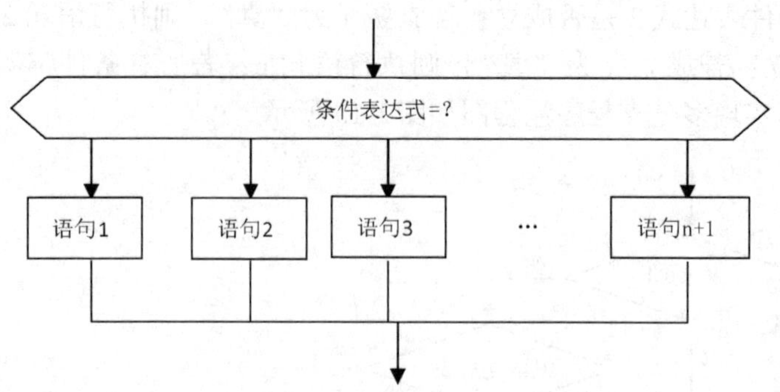

图 1-16　switch 多分支程序执行流程图

{循环体语句;}

while 语句的执行步骤是：先判断 while 后的表达式是否成立，若成立（为“真”）则重复执行循环体语句，直到表达式不成立时退出循环。while 循环程序执行流程图如图 1-17 所示。

（2）do-while 语句。do-while 语句的一般格式为：

```
do{循环体语句;}
while（表达式）;
```

do-while 语句的执行步骤是：先执行循环体语句，然后判断表达式是否成立，若成立（为“真”）则重复执行循环体语句，直到表达式不成立时退出循环。do-while 循环程序执行流程图如图 1-18 所示。

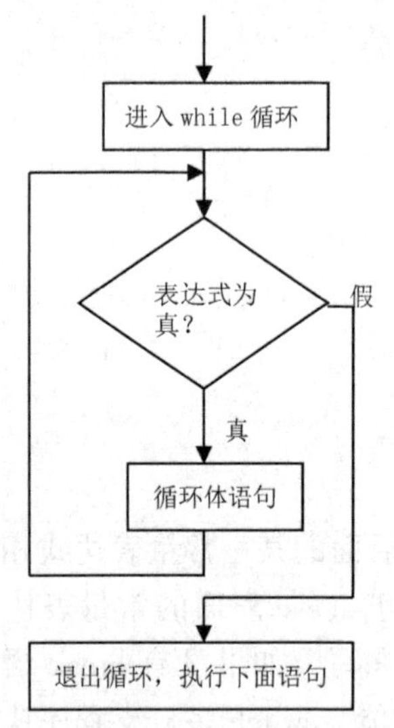

图 1-17　while 循环语句流程图

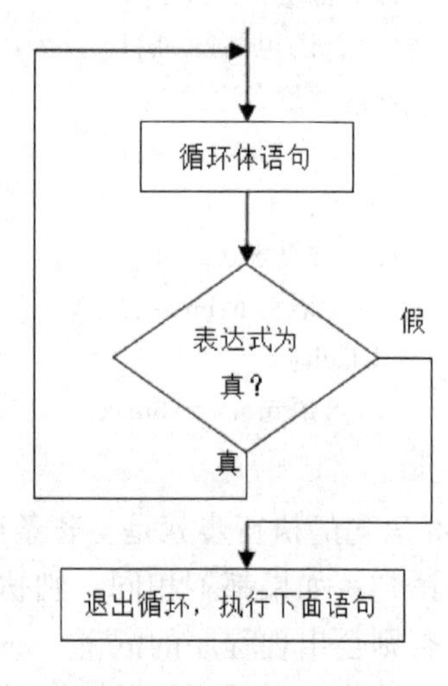

图 1-18　do-while 循环程序执行流程图

（3）for 语句。for 语句的一般格式为：

```
for（表达式 1;表达式 2;表达式 3）
    {循环体语句}
```

for 语句的执行步骤是：先求表达式 1 的值，并作为变量的初值；再判断表达式 2 是否满足条件，若为“真”则执行循环体语句；最后执行表达式 3 对变量进行修正，再判断表达式 2 是否满足条件，这样直到表达式 2 的条件不满足时退出循环。for 循环程序执行流程图如图1-19所示。

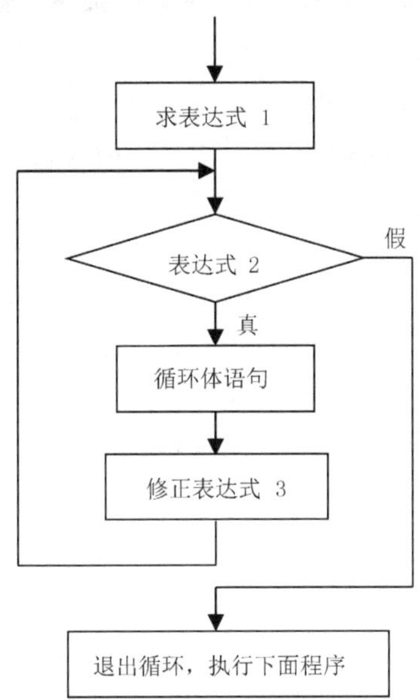

图1-19　for循环程序执行流程图

任务1.4　熟悉C51单片机开发流程

【学习目标】

① 掌握Keil μVision4软件的安装方法；
② 了解Keil μVision4软件界面，并熟练使用；
③ 掌握USB下载口的驱动安装。

【项目任务】

通过Keil软件建立一个完整的工程及文件，安装好驱动程序。

1.4.1　安装Keil软件

1. 软件介绍

Keil C51是一款用于51系列兼容单片机C语言开发的软件系统，Keil μVision集成了包括C编译器、宏汇编、连接器、库管理和一个功能强大的仿真调试器，是一款非常不错的Windows平台下开发C51的工具。

2. 软件安装

打开Keil μVision4的存放文件夹，双击运行文件“c51v900.exe”，Keil μVision4的存放文件夹如图1-20所示。

双击图1-20所示的Keil μVision4存放文件夹中的“①”后，弹出图1-21所示对话框，选择Keil安装开始界面中的“②”。

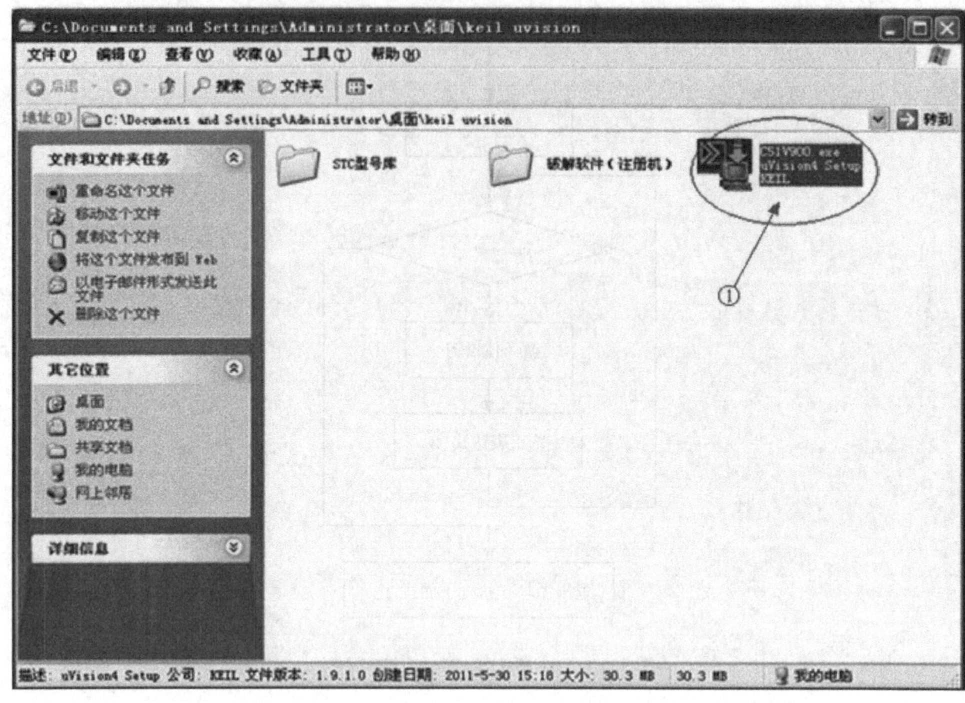

图 1-20　Keil μVision4 的存放文件夹

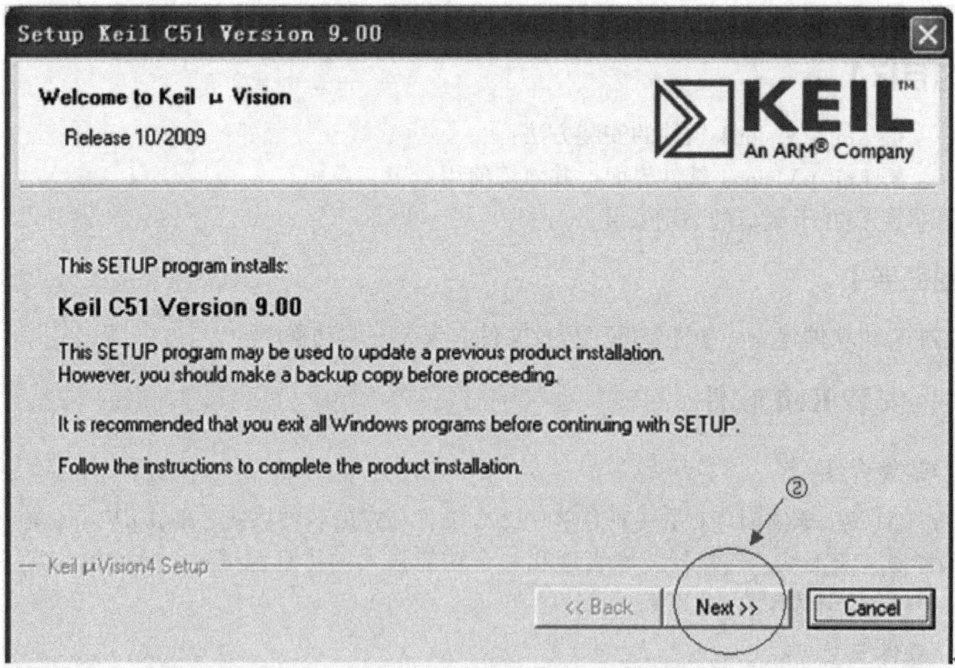

图 1-21　Keil 安装开始界面

在弹出的许可协议对话框中选择同意，继续选择“Next”，许可协议对话框如图 1-22 所示。

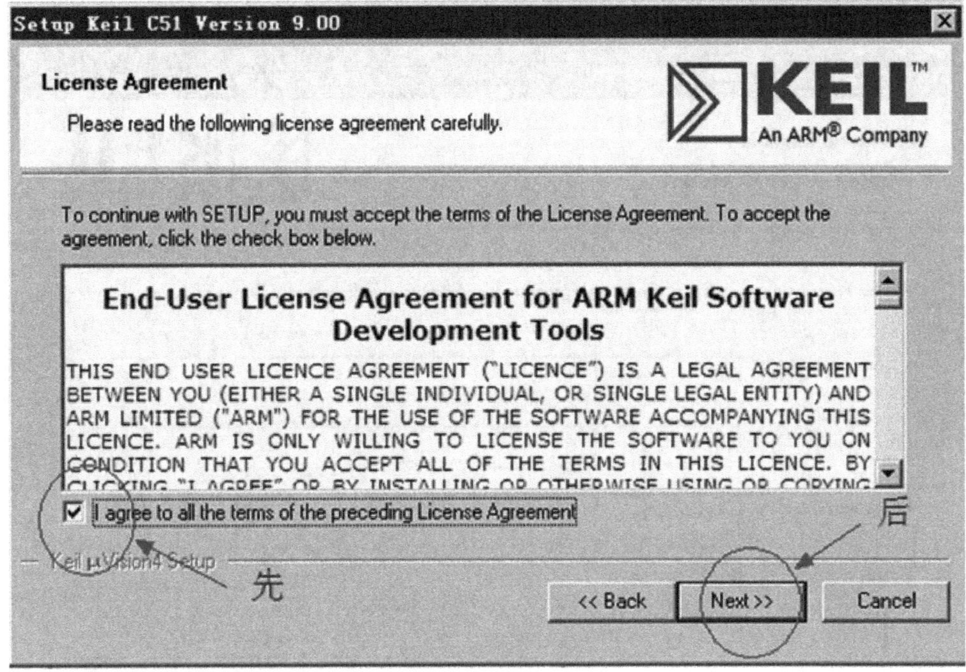

图1-22　许可协议对话框

弹出一个新对话框后，单击“Browse”选择安装路径，假定将安装的目录选择在“D：\Keil”，再次单击“Next”，安装路径选择对话框如图1-23所示。

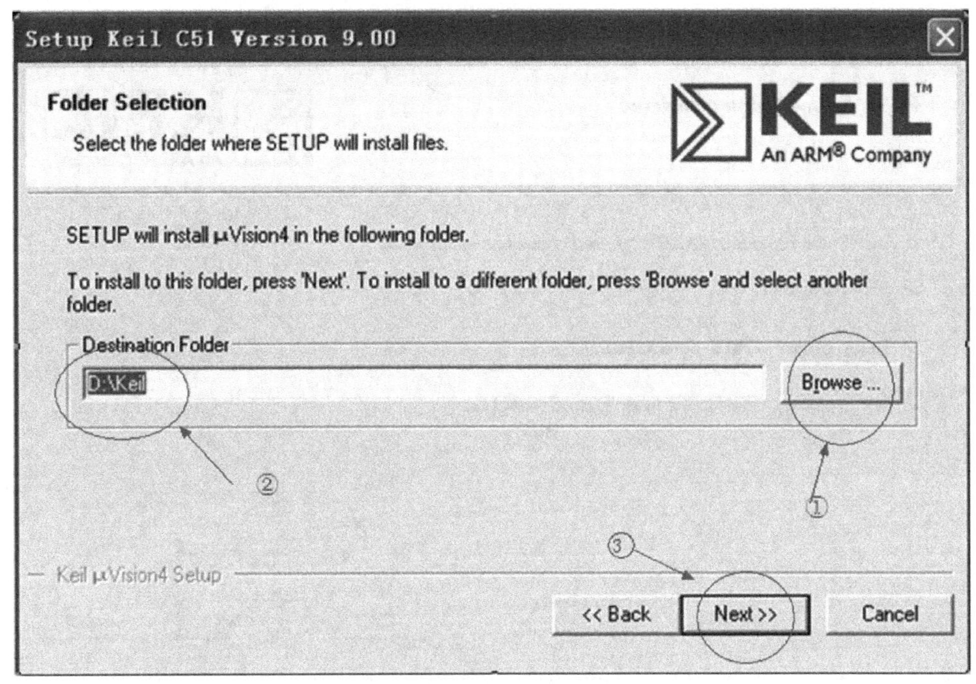

图1-23　安装路径选择对话框

此时又弹出一个新对话框，需要输入姓名及电子邮件信息，我们可以随便填入（最好填入英文，且必须填，否则无法完成安装），然后单击“Next”，按照图1-24所示样例的基本信息填写对话框，接着会自动开始安装。

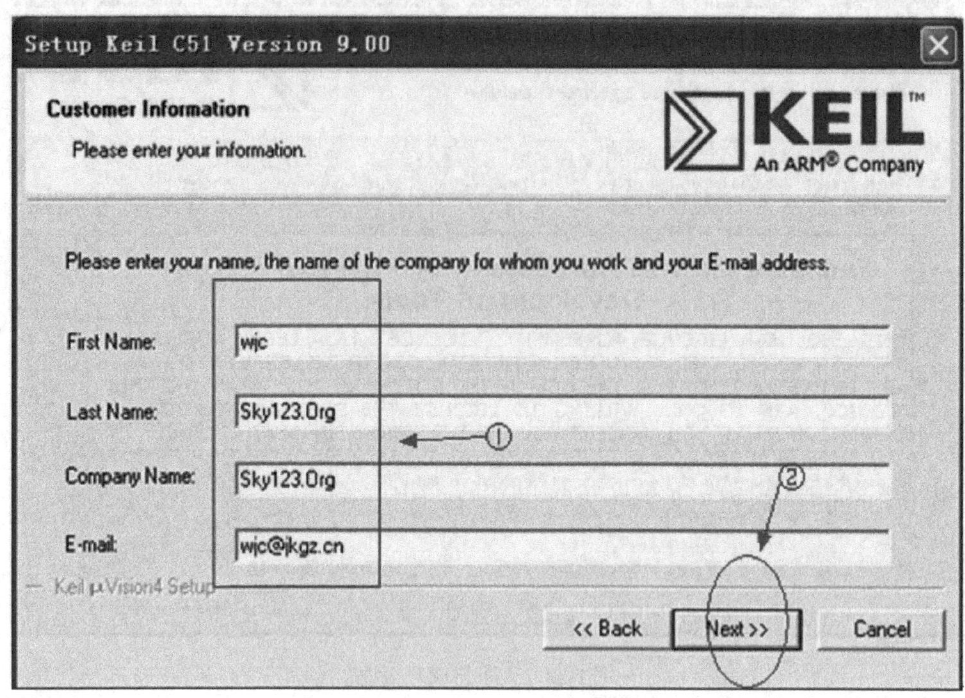

图 1-24　基本信息填写对话框

安装完成后弹出对话框，单击“Finsh”，安装结束对话框如图 1-25 所示。

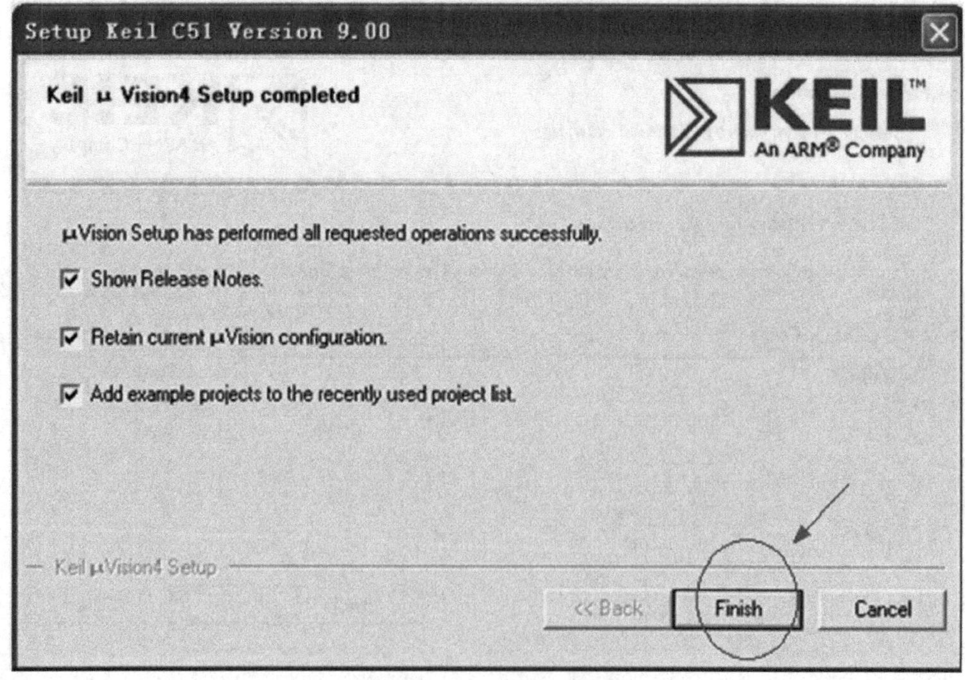

图 1-25　安装结束对话框

此时虽完成安装，但在编译一些较大的文件时，将会出现编译不能继续进行的问题。其解决方法是，将此软件进行破解，破解方法如下：打开“破解软件（注册机）”文件夹，双击“KEIL_ Lic. exe”，破解软件文件夹和破解软件图标如图1-26、图1-27所示。

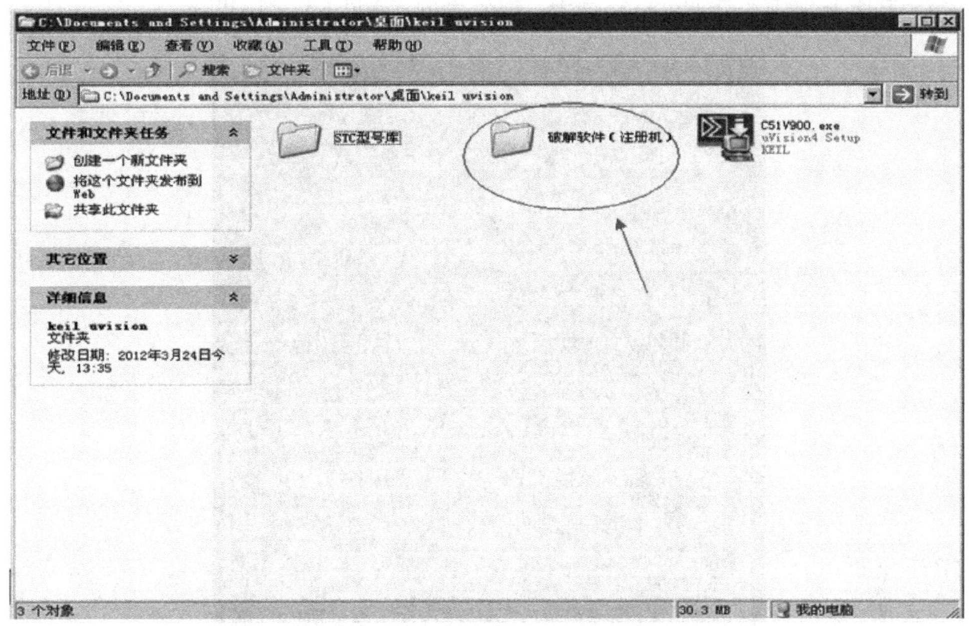

图1-26　破解软件文件夹

图1-27　破解软件图标

接着弹出一个对话框，需填写CID（图1-28为破解软件运行界面）。填写内容在Keil μVision4中得到，破解方法：打开Keil μVision4，单击“File”→“License Management...”，弹出图1-29所示软件注册信息管理界面对话框；复制图1-29右上角的CID并填到图1-28中的

CID 中，然后单击“Generate”，得到如图 1-30 所示序列号，再复制图 1-30 中“2”所指的序列号，粘贴到图 1-31 所示界面的红色框中，最后单击“Add LIC”即可。

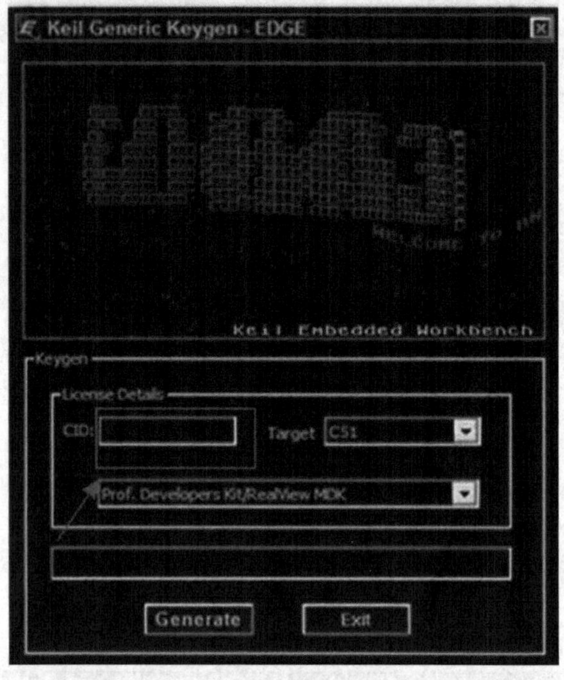

图 1-28　破解软件运行界面

图 1-29　软件注册信息管理界面

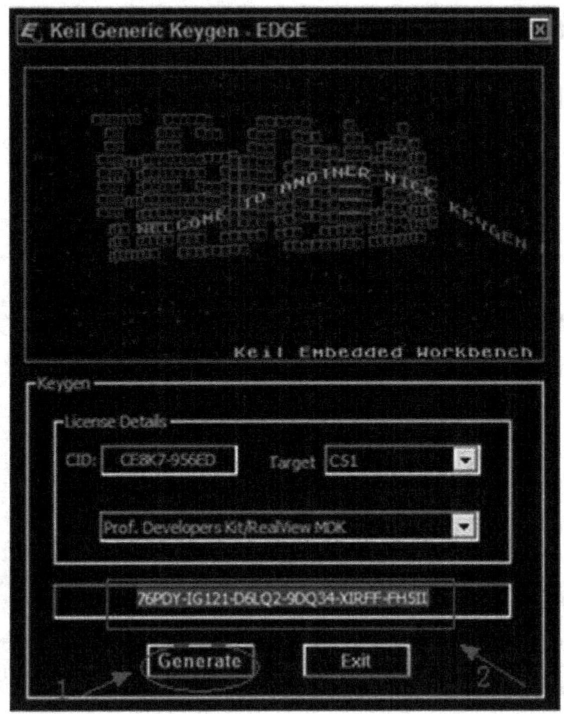

图1-30　得到序列号界面

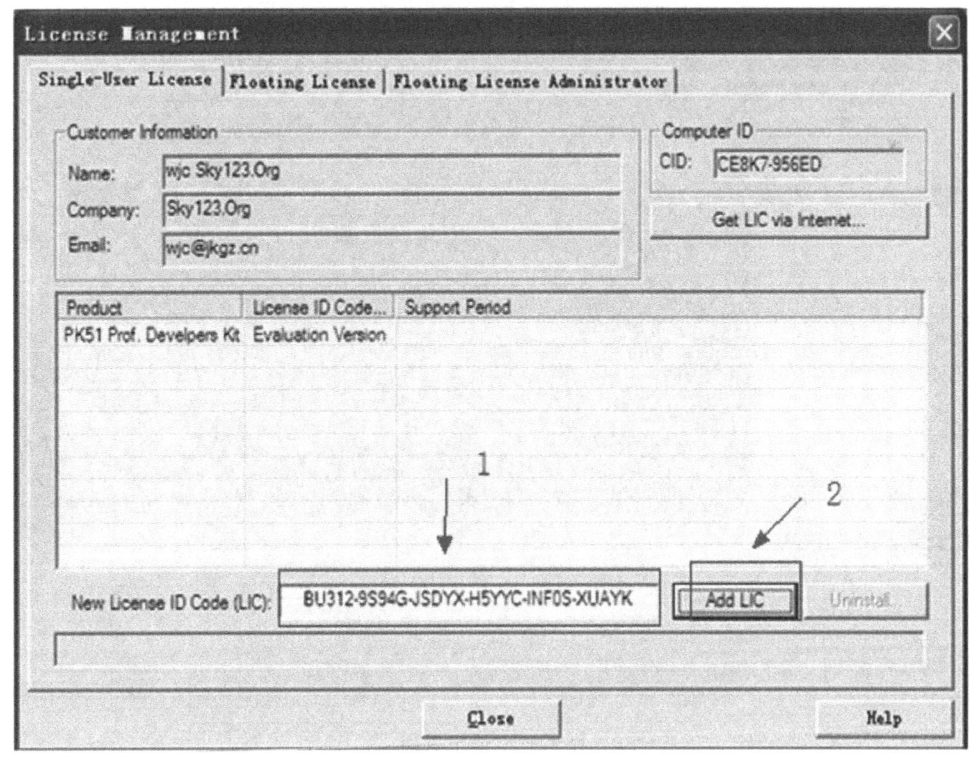

图1-31　软件许可管理序列号界面

至此，Keil μVision4 的全部安装完成。

1.4.2 利用 Keil 软件建立工程

1. 启动并编辑软件

双击 Keil 软件图标，进入 Keil μVision4 之后，启动界面如图 1-32 所示。几秒后将出现编辑界面如图 1-33 所示。

图 1-32　启动界面

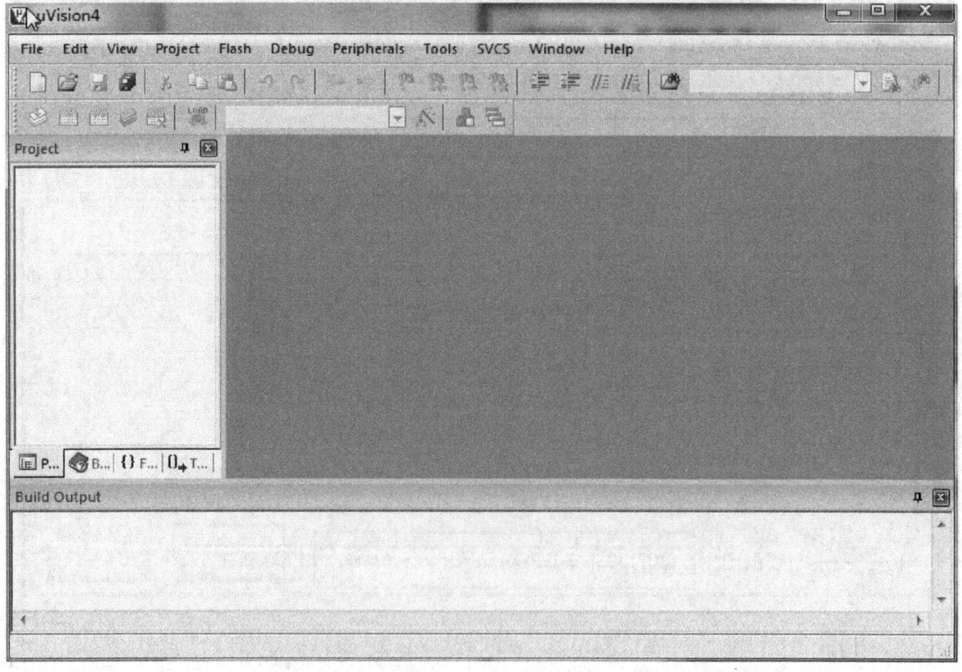

图 1-33　编辑界面

2. 建立一个新工程

① 单击【Project】菜单，在弹出的下拉菜单中选中【New Project】选项，如图1-34所示。

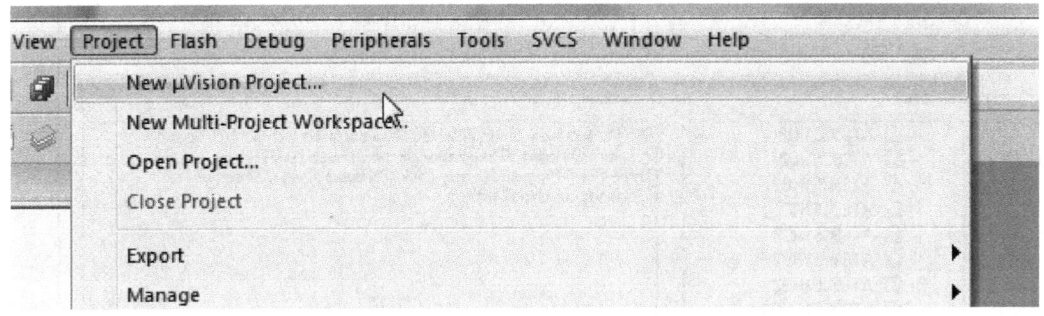

图1-34　【Project】下拉菜单

② 选择要保存的路径，输入工程文件的名字，比如保存到Test目录里，工程文件的名字为C51，然后单击“保存”，如图1-35所示。

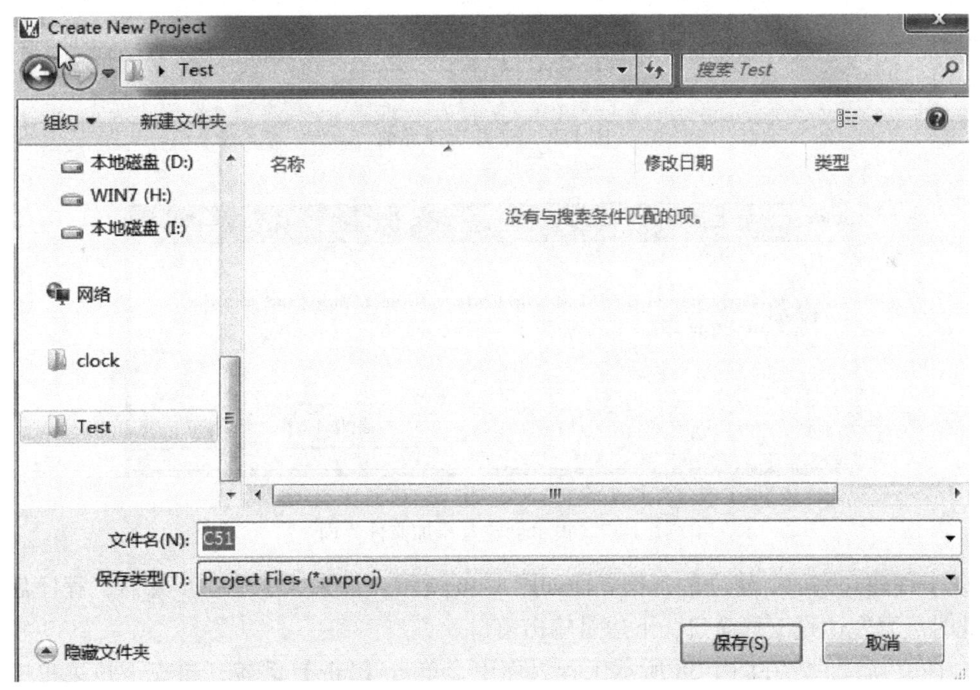

图1-35　工程文件命名及保存路径

③ 芯片选择。完成上一步后，这时会弹出一个对话框，要求选择单片机的型号。可以根据使用的单片机来选择型号，Keil几乎支持所有的51内核的单片机，我们可以选择常用的Atmel公司的芯片，如AT89C52。芯片选择界面如图1-36所示，选择芯片之后，右边栏是对这个单片机的基本说明，然后单击“OK”按钮即可。

④ 单击“OK”按钮后，出现如图1-37提示创建及添加文件界面，单击“否”。

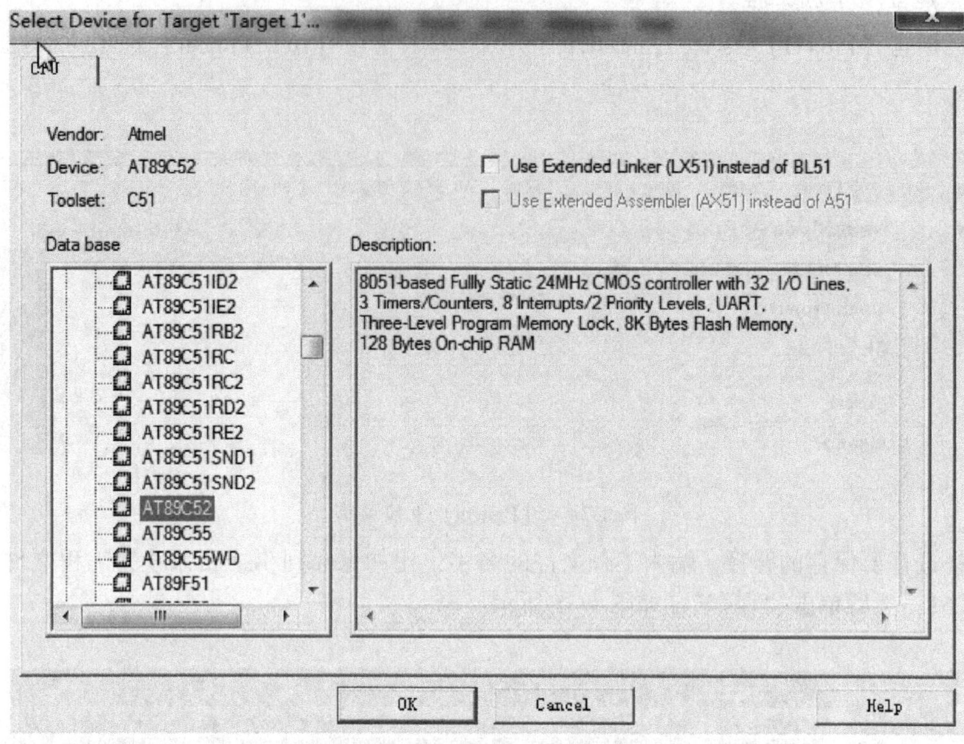

图 1-36　芯片选择界面

图 1-37　提示创建及添加文件界面

⑤ 工程建立完成。建立的工程界面如图 1-38 所示，在完成了上一步骤后，程序启动完毕。此时屏幕左边是工程窗口，下边是输出窗口。

⑥ 建立新文件。在图 1-38 所示工程界面中，单击【File】菜单，再在下拉菜单中单击“New”选项即可，直接按下新建文件按钮也可，File 下拉菜单如图 1-39 所示。

新建文件后，屏幕新建文件界面如图 1-40 所示。

此时可以输入用户的应用程序了，但建议首先保存该空白的文件，单击菜单上的【File】，在下拉菜单中选中【Save As】选项并单击，保存界面如图 1-41 所示，在“文件名”栏右侧的编辑框中，输入欲使用的文件名，同时，必须输入正确的扩展名。注意，如果用 C 语言编写程序，则扩展名为“. c”；如果用汇编语言编写程序，则扩展名必须为“. asm”。然后，单击“保存”按钮。

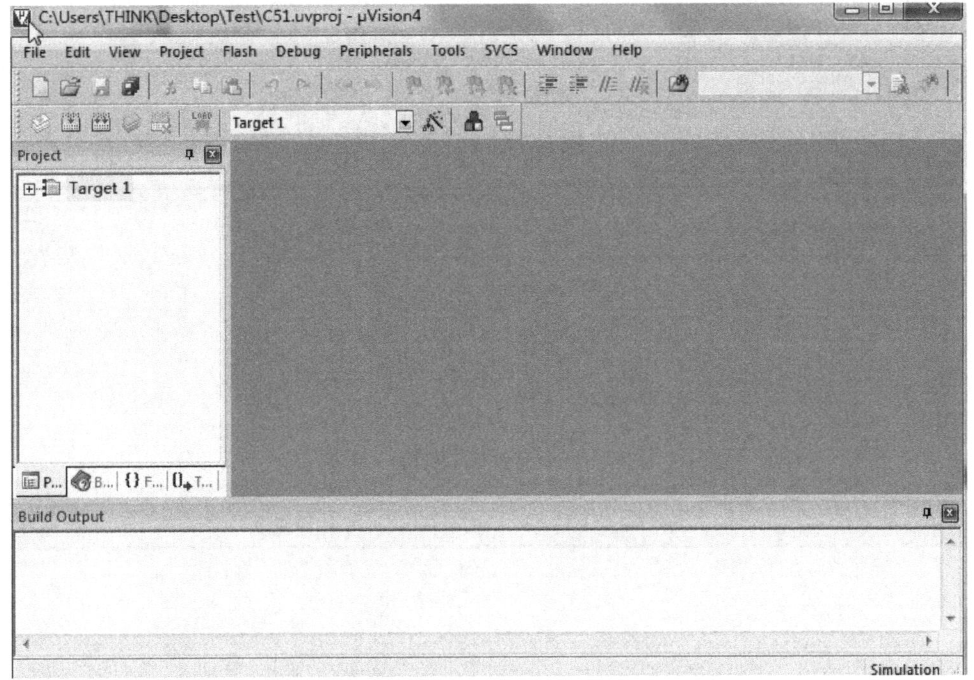

图 1-38 工程界面

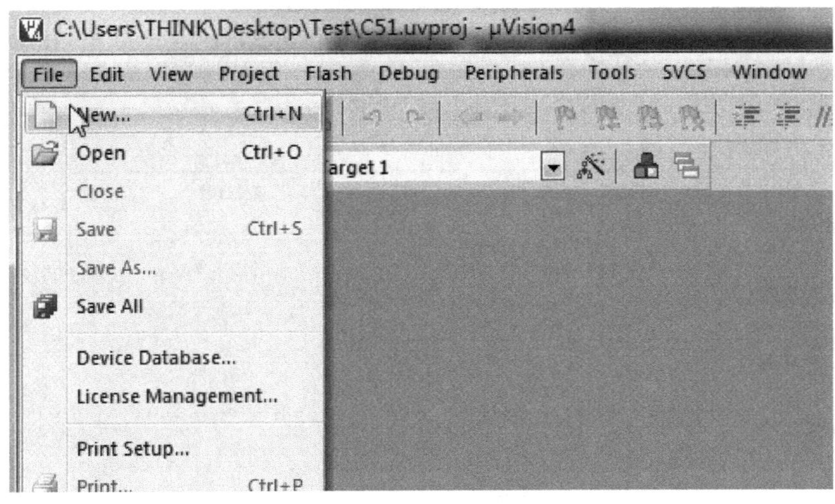

图 1-39 File 下拉菜单

⑦ 添加程序。回到编辑界面后，如图 1-41 所示添加程序界面，单击“Target 1”前面的“+”号，然后在“Source Group 1”上单击右键，弹出菜单如图 1-42 所示。

然后单击【Add File to Group‘Source Group 1’】，屏幕添加路径界面如图 1-43 所示，可以添加这个程序。选中 Test1. c，然后单击“Add”按钮，再单击“Close”按钮，如图 1-44 所示为添加完成界面。

现在我们观察工程窗口中的“Source Group 1”文件夹中多了一个子项“Text1. c”，可以在编辑窗口中输入程序了。

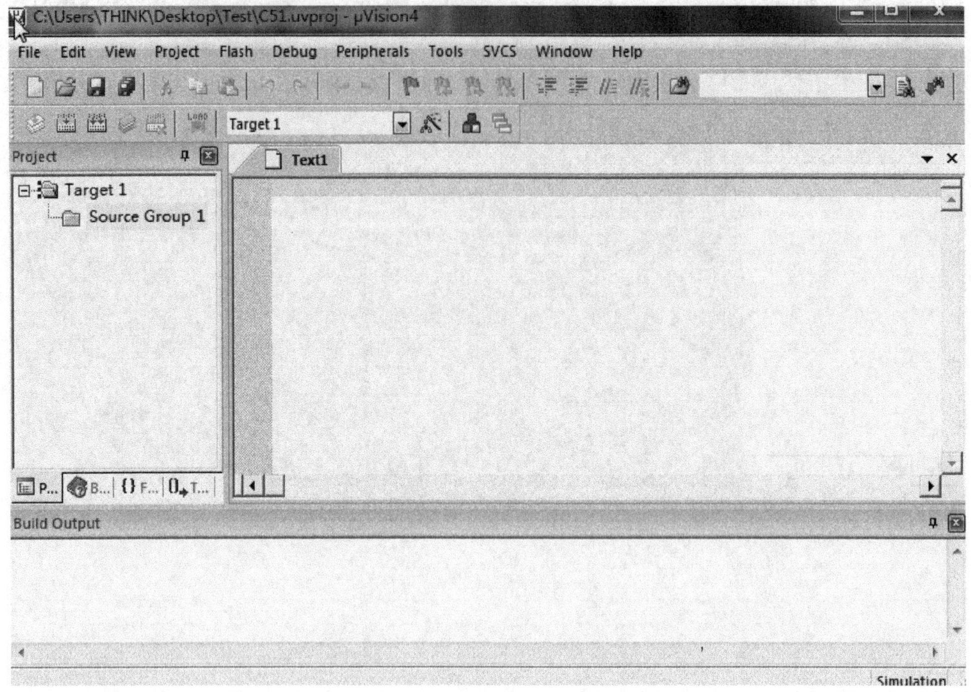

图 1-40　新建文件界面

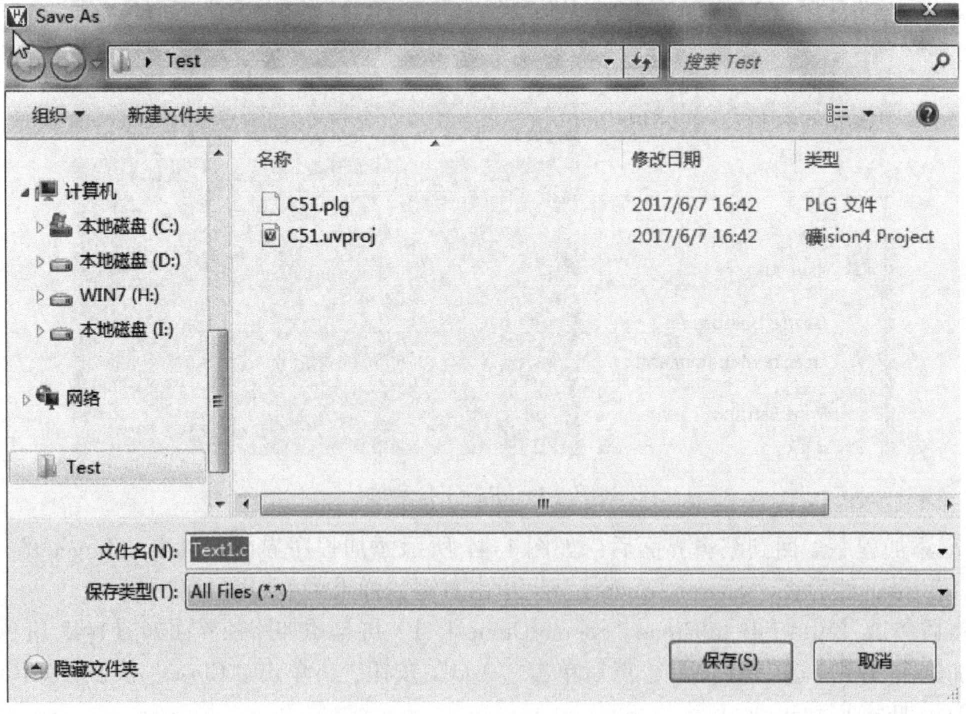

图 1-41　保存界面

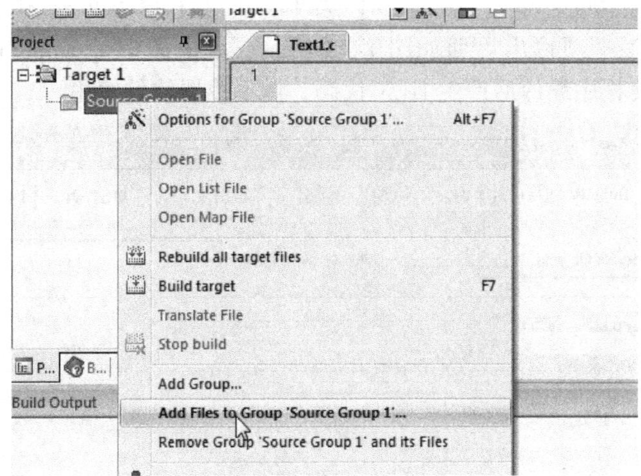

图1-42　添加程序界面

图1-43　添加路径界面

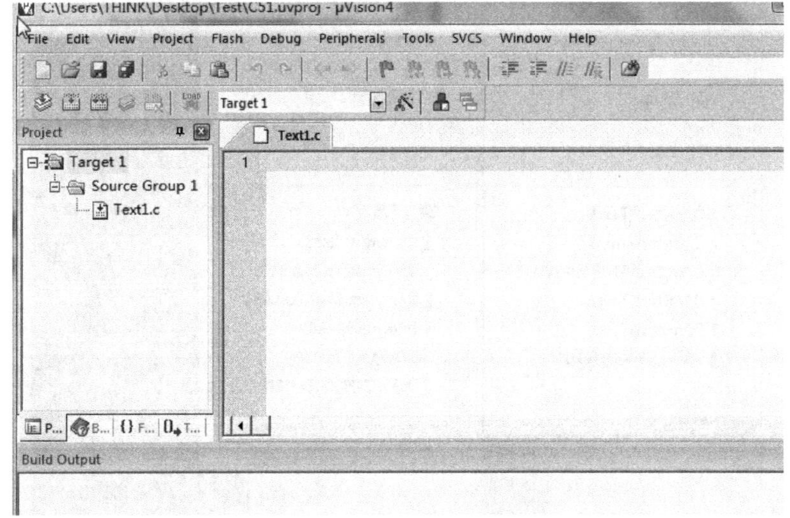

图1-44　添加完成界面

⑧ HEX 文件的生成。单击【Project】菜单，再在下拉菜单选中【Options for Target 'Target 1'】。Target1 选项输出界面如图 1-45 所示，单击图中【Output】，并选中【Create HEX File】选项，使程序编译后产生 HEX 代码，供下载器软件使用。

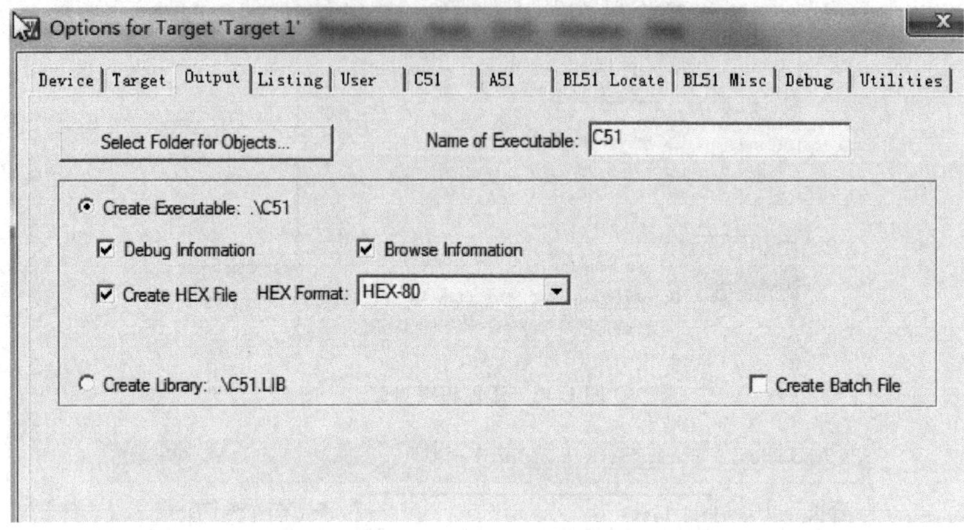

图 1-45　Target1 选项输出界面

1.4.3　Keil 软件界面介绍

（1）File 文件菜单（图 1-46）。

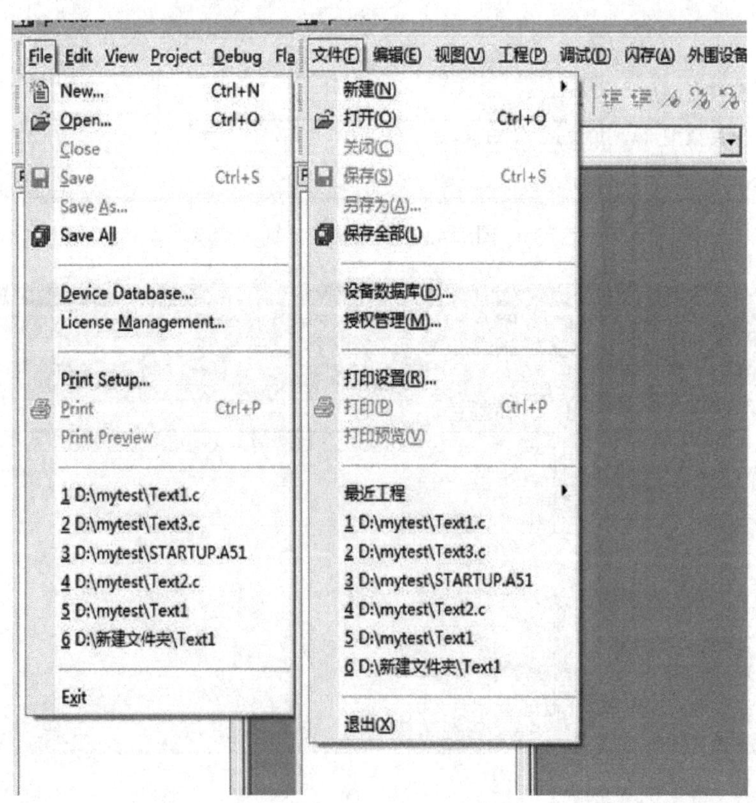

图 1-46　File 文件菜单

① New：新建；
② Open：打开；
③ Close：关闭；
④ Save：保存；
⑤ Save as：另存为；
⑥ Device Database：维护设备数据库；
⑦ License Management：许可管理；
⑧ Print Setup：设置打印机；
⑨ Print：打印；
⑩ Print Preview：打印预览；
⑪ Exit：退出。

（2）Edit 编辑菜单（图 1-47）。

图 1-47 Edit 编辑菜单

① Undo：撤销；
② Redo：恢复；
③ Cut：剪切；
④ Copy：复制；
⑤ Paste：粘贴；
⑥ Navigate Backwards：后移；
⑦ Navigate Forwards：前移；
⑧ Insert/Remove Bookmark：设置/移除书签；

⑨ Go to Next Bookmark：移动光标到下一个书签；
⑩ Go to Previous Bookmark：移动光标到上一个书签；
⑪ Clear All Bookmarks：清除当前文件中所有书签；
⑫ Find：查找；
⑬ Replace：替换；
⑭ Find in Files：在多文件中查找字符串；
⑮ Incremental Find：增量查找；
⑯ Outlining：有关源代码的命令；
⑰ Advanced：高级选项；
⑱ Configuration：配置。

（3）View 视图菜单（显示或隐藏，图 1-48）。

图 1-48　View 视图菜单

① Status Bar：状态条；
② Toolbars：工具条；
③ Project Window：工程窗口；
④ Books Window：书籍窗口；
⑤ Functions Window：函数窗口；
⑥ Templates Window：模板窗口；
⑦ Source Browser Window：资源浏览窗口；
⑧ Build Output Window：输出窗口；
⑨ Find in Files Window：查找窗口；
⑩ Full Screen：全屏。

(4) Project 工程菜单（图1-49）。

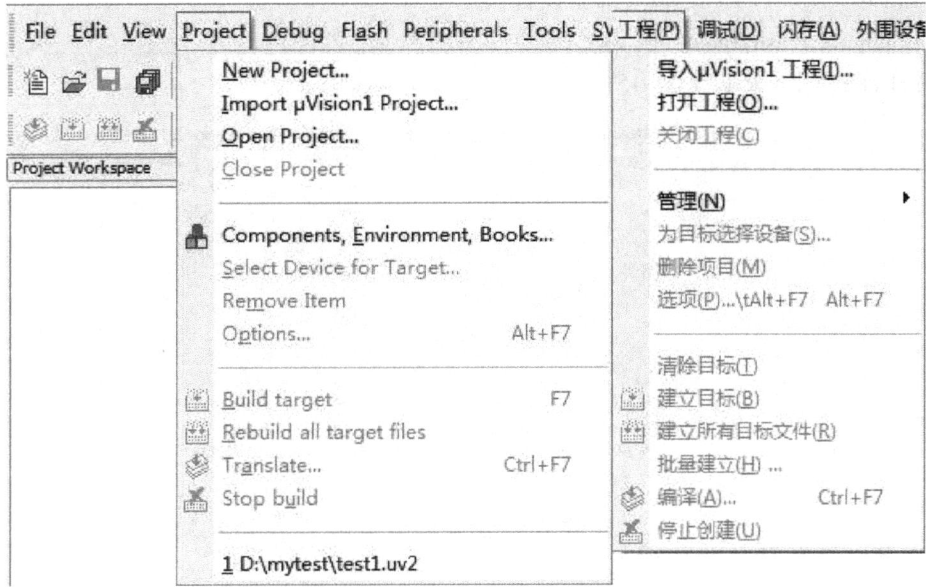

图1-49　Project 工程菜单

① New μVision Project：新建工程；

② New Multi-Project Workspace：新建 Multi-Project Workspace；

③ Open Project：打开工程；

④ Close Project：关闭工程；

⑤ Export：输出；

⑥ Manage：管理；

⑦ Select Device for Target 'XXX'：为 XXX 选择 CPU；

⑧ Remove Item：移出组或文件；

⑨ Options for Target 'XXX'：XXX 的工具选项；

⑩ Clean target：清除目标；

⑪ Build target：编译目标；

⑫ Rebuild all target files：重新翻译所有源文件并编译；

⑬ Batch Build：批量编译；

⑭ Translate XXX：翻译 XXX；

⑮ Stop build：停止编译。

(5) Flash 菜单（图1-50）。

图1-50　Flash 菜单

① Download：下载到 Flash 中；
② Erase：擦除 Flash ROM（部分设备）；
③ Configure Flash Tools：配置工具。
（6）Debug 调试菜单（图 1-51）。

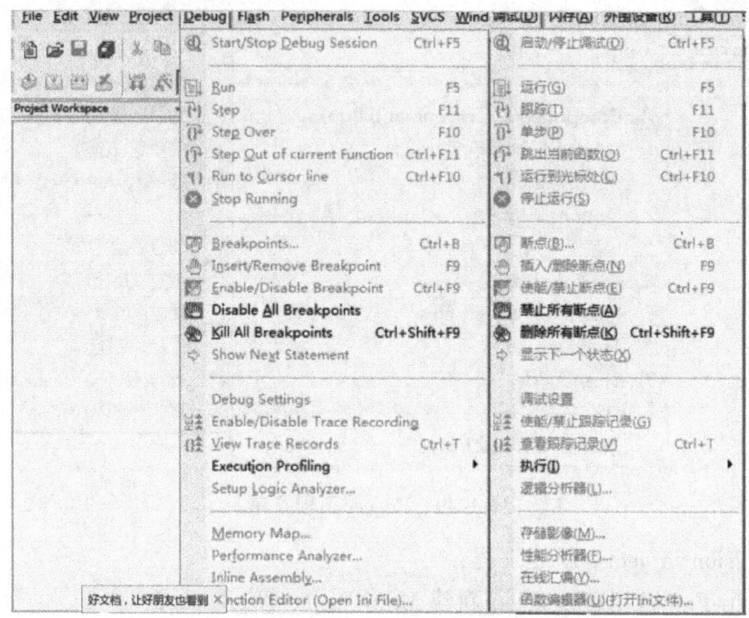

图 1-51 Debug 调试菜单

① Start/Stop Debug Session：启动/停止调试模式；
② Reset CPU：重置 CPU；
③ Run：运行；
④ Stop：停止；
⑤ Step：单步运行进入一个函数；
⑥ Step Over：单步运行跳过一个函数；
⑦ Step Out：跳出函数；
⑧ Run to Cursor Line：运行到当前行；
⑨ Show Next Statement：显示下一条执行的指令；
⑩ Breakpoints：打开断点对话框；
⑪ Insert/Remove Breakpoint：当前行设置断点；
⑫ Enable/Disable Breakpoint：使当前行断点有效/无效；
⑬ Disable All Breakpoints：使所有断点无效；
⑭ Kill All Breakpoints：去除所有断点；
⑮ OS Support：操作系统支援；
⑯ Execution Profiling：记录执行时间；
⑰ Memory Map：打开存储器映射对话框；
⑱ Inline Assembly：打开在线汇编对话框；
⑲ Function Editor（Open In File）：功能编辑，编辑调试函数及调试初始化文件；

⑳ Debug Settings：调试设置。

（7）Peripherals 外部设备菜单（图 1-52）。

图 1-52　Peripherals 外部设备菜单

（8）Tools 工具菜单（图 1-53）。

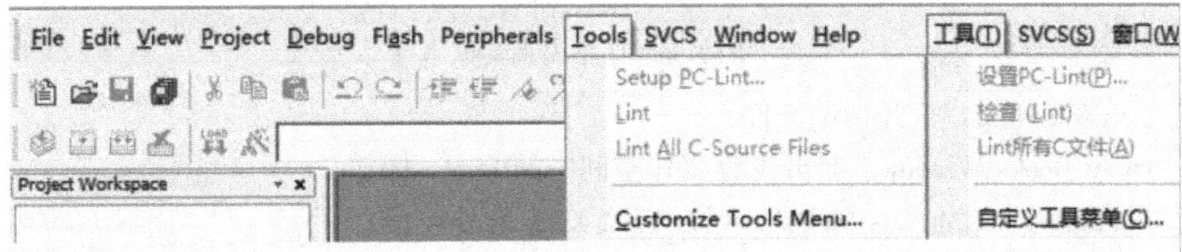

图 1-53　Tools 工具菜单

① Set-up PC-Lint：从 Gimpel 软件配置 PC-Lint；

② Lint：根据当前编辑器文件运行 PC-Lint；

③ Lint All C-Source Files：通过工程中 C 源文件运行 PC-Line；

④ Customize Tools Menu；添加用户程序到工具单。

（9）SVCS 软件版本控制系统菜单（配置 SVCS 命令，图 1-54）。

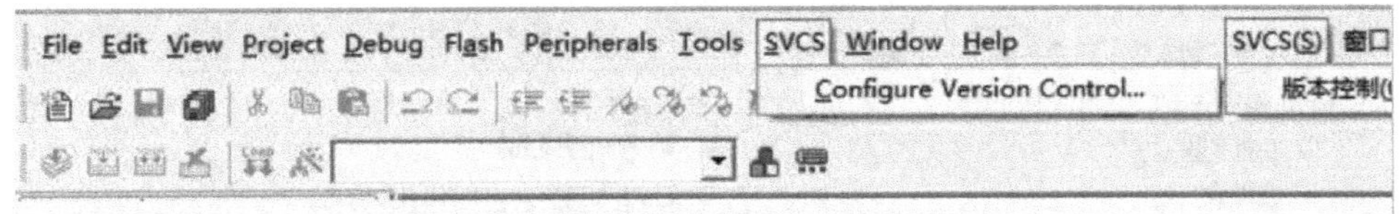

图 1-54　SVCS 软件版本控制系统菜单

（10）Window 窗口菜单（图 1-55）。

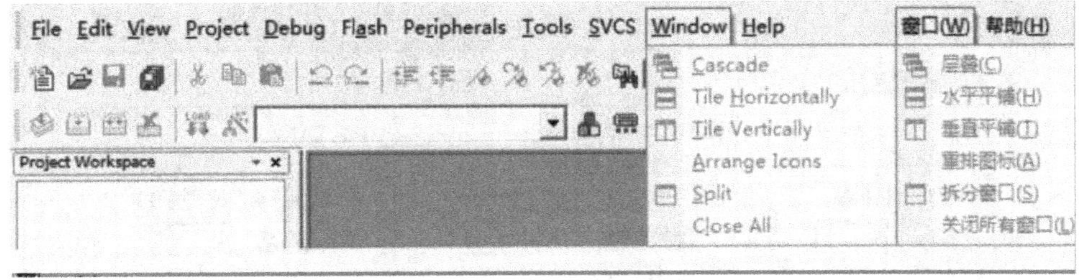

图 1-55　Window 窗口菜单

① Debug Restore Views：调试恢复视图；

② Reset View to Defaults：恢复默认视图设置；

③ Split：划分当前窗口为多个窗格；

④ Close All：关闭所有窗口。

（11）Help 帮助菜单（图 1-56）。

图 1-56　Help 帮助菜单

① µVision Help：打开帮助文件；

② Open Books Window：打开工程工作空间中的 Books 标签；

③ Simulated Peripherals for’XXX’：有关 XXX 的外设信息；

④ Internet Support Knowledgebase：网络技术支持；

⑤ Contact Support：论坛技术支持；

⑥ Check for Update：检查更新；

⑦ About µVision：关于。

（12）配置

① 编辑器（图 1-57）。

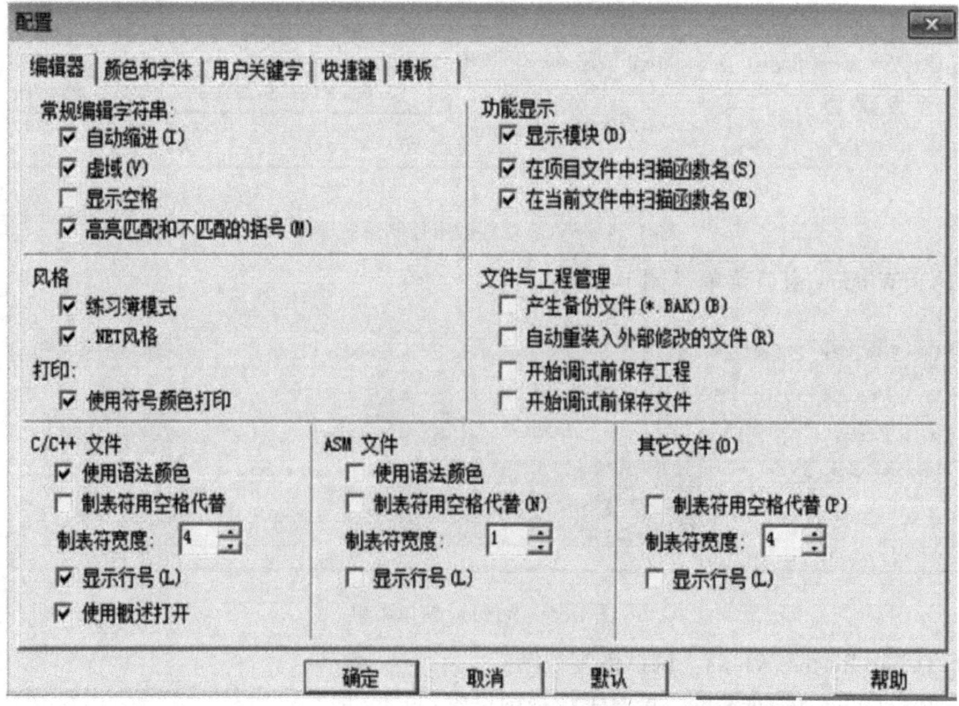

图 1-57　编辑器

② 颜色和字体（图1-58）。

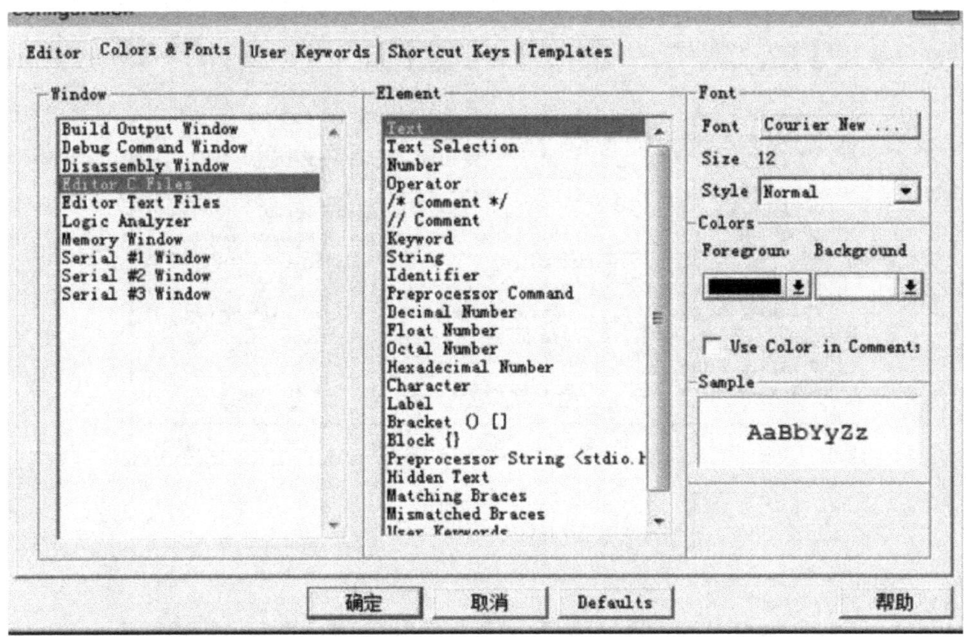

图1-58　颜色和字体

③ 模板（图1-59～图1-61）。

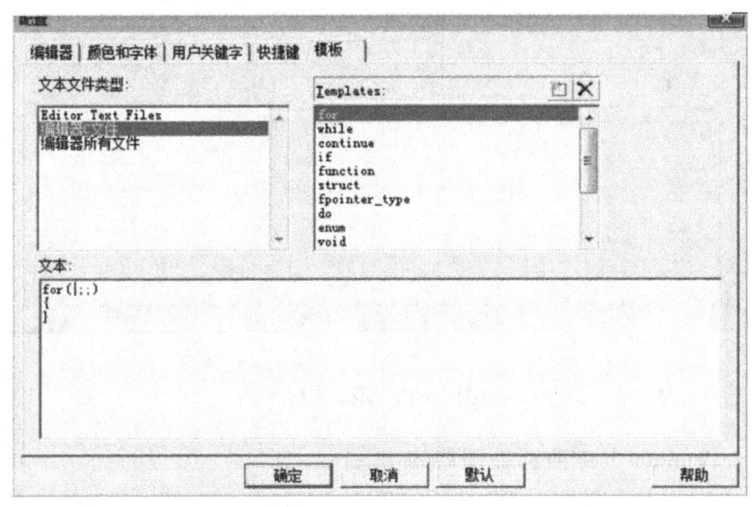

图1-59　模板（1）

1.4.4　驱动程序的安装

1. 系统要求

安装USB_ Driver驱动程序，必须满足一定的硬件和软件要求，才能确保编译器以及其他程序功能正常使用，具体要求如下。

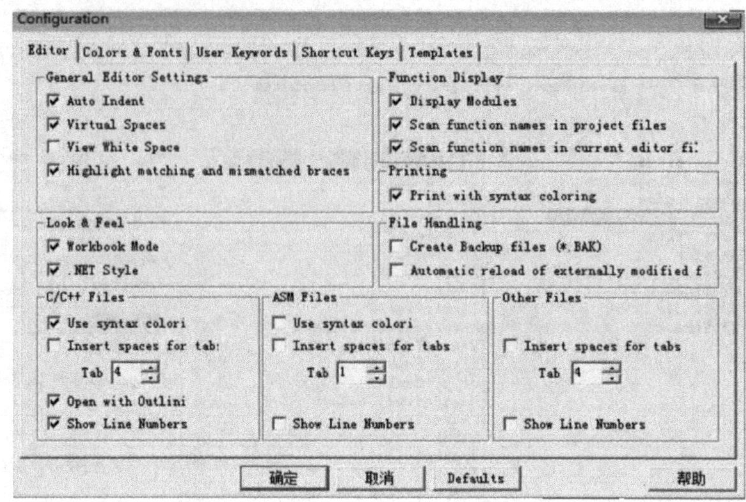

图 1-60　模板（2）

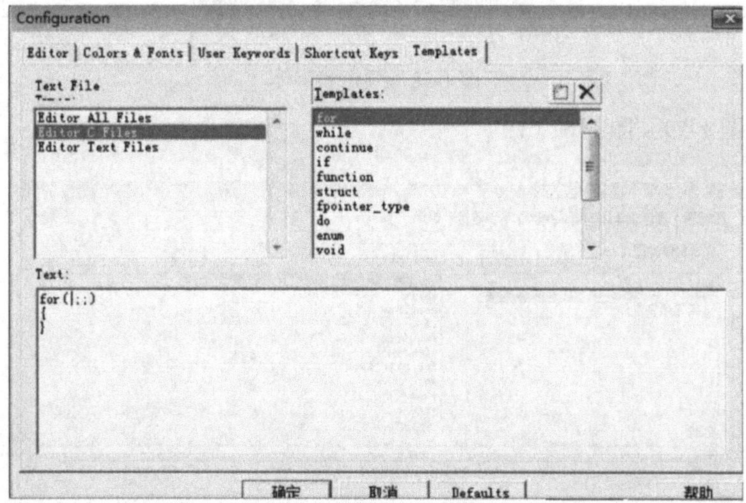

图 1-61　模板（3）

■ Pentium、Pentium-Ⅱ或兼容处理器的 PC；

■ Windows 95、Windows 98、Windows NT4.0、Windows 2000、Windows XP；

■至少 16M RAM；

■至少 20MB 硬盘。

2. 软件的安装

软件安装过程如下。

（1）找到 USB_ Driver. exe，然后双击 USB_ Driver. exe，安装界面如图 1-62 所示。

（2）单击“下一步”，安装完成后如图 1-63 所示。

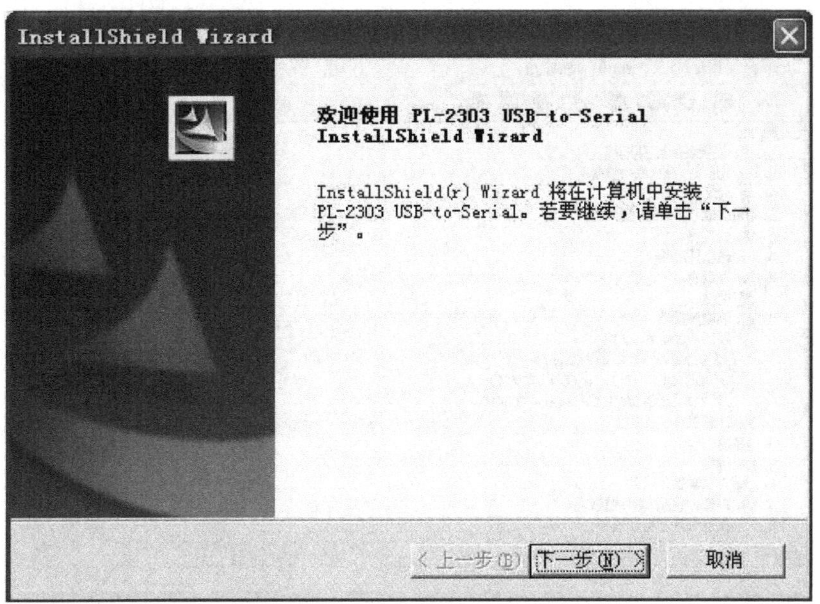

图1-62　安装界面

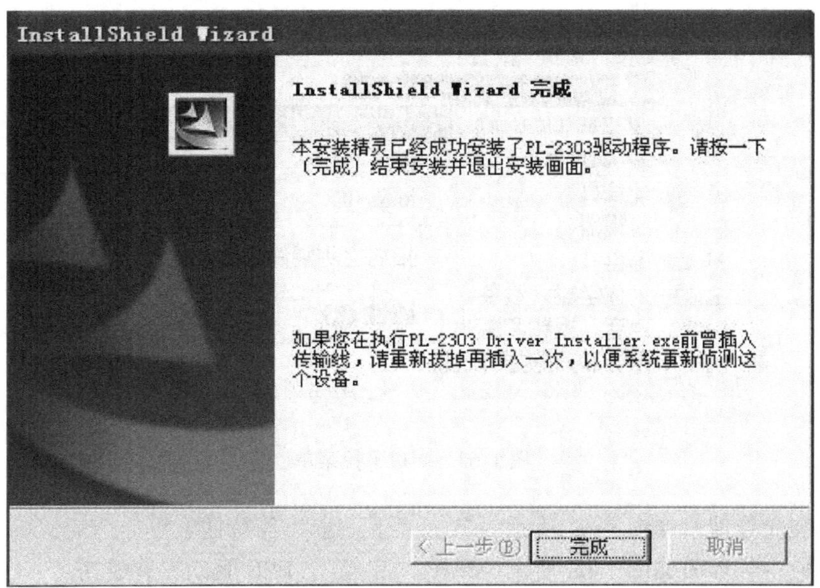

图1-63　安装完成

（3）单击“完成”，设备管理器界面如图1-64所示。

（4）安装完成后，把USB数据线插到电脑上。如果USB设备还不能正常使用，设备管理器中“端口（COM和LPT）”是感叹号，此时需要手动安装，在USB-SerialController单击右键，选择更新驱动程序（P），端口下拉菜单如图1-65所示。

（5）此时，弹出如图1-66所示的“硬件更新向导”，选择《自动安装软件（推荐）》。

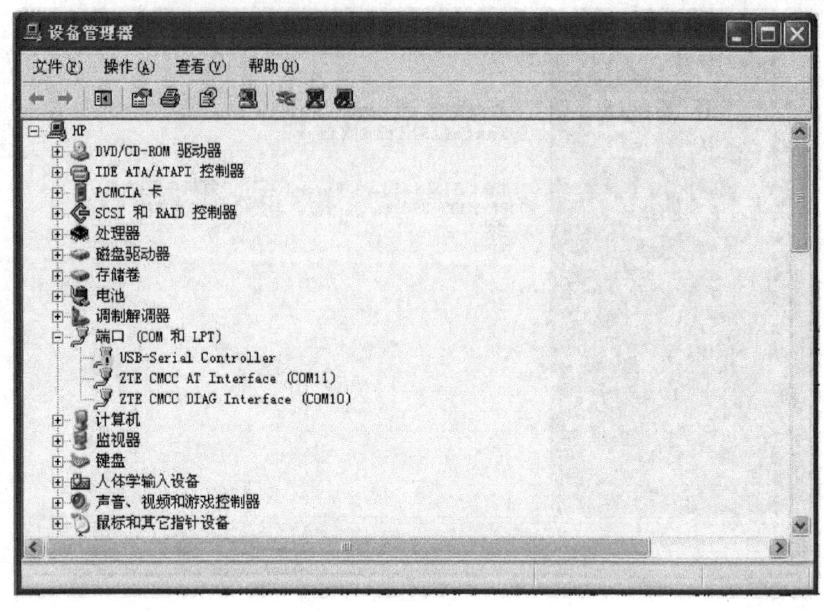

图 1-64　设备管理器界面

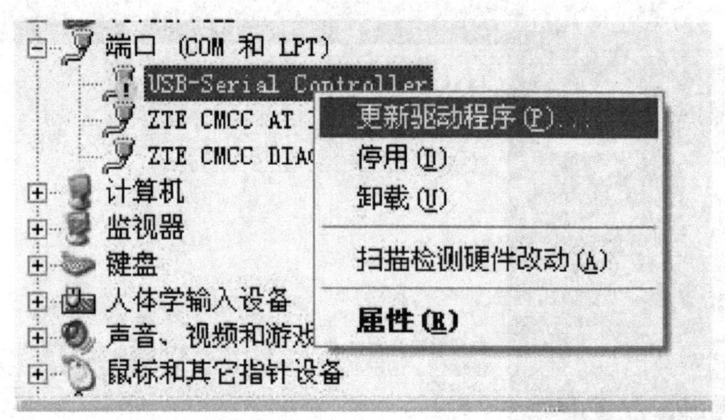

图 1-65　端口下拉菜单

（6）安装向导搜索如图 1-67 所示，单击“下一步”等待搜索。

（7）完成安装界面如图 1-68 所示，单击“完成”，USB 驱动安装成功。

1.4.5　程序下载

1. STC-ISP-V4.80 软件的安装与设置

STC-ISP-V4.80 软件不需要安装，只需要将其拷贝到用户的硬盘上即可，比如拷贝到 C 盘根目录下。双击快捷图标启动，进入如图 1-69 所示的操作界面。若是第一次启动软件程序或更改了软件程序的存储路径，则需要对软件进行以下设置。

（1）单击操作界面的，出现如图 1-69 所示的对话框，然后在如图 1-70 所示的“选择芯片”对话框中选择芯片。

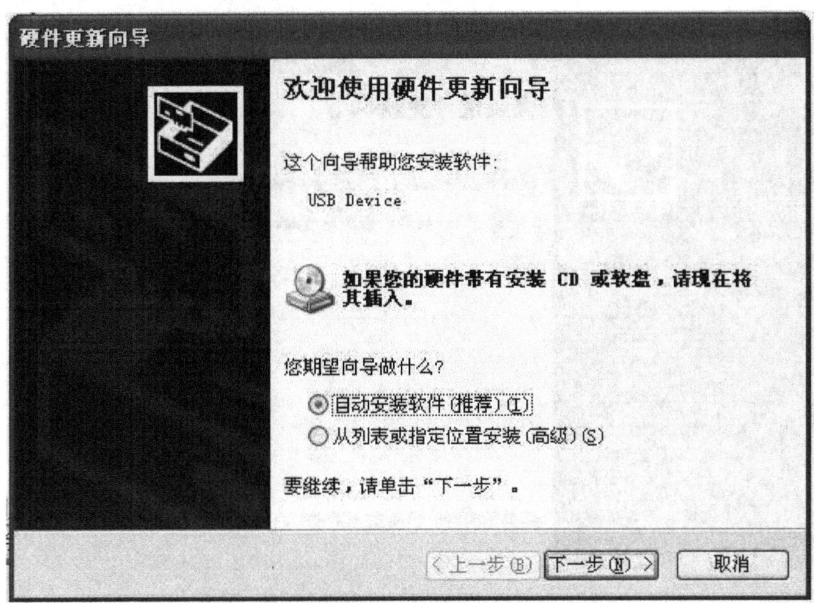

图1-66　硬件更新向导

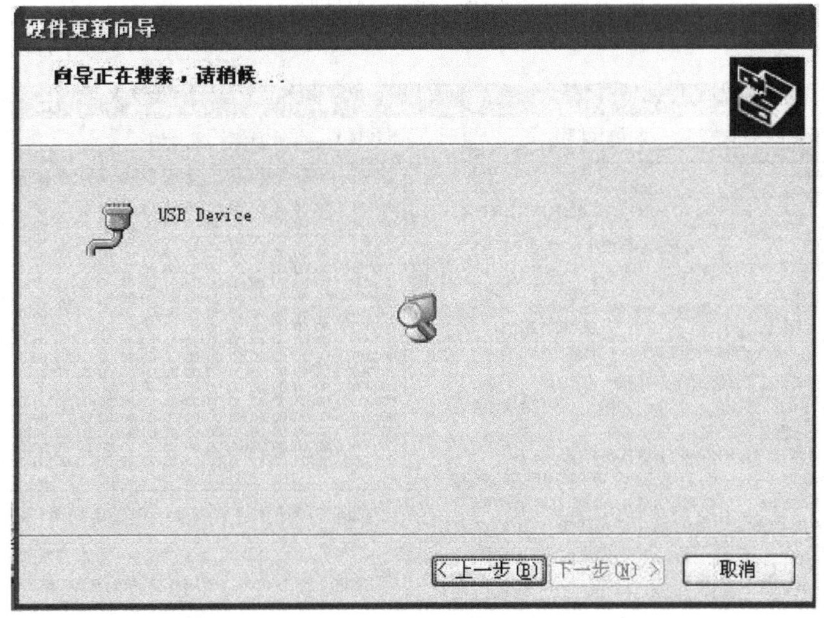

图1-67　安装向导搜索

(2) 单击“2”选择CMOS端口，也可以在Windows的硬件设备管理器中查看，端口查询如图1-71所示。

(3) 操作界面COM端口的选择如图1-72所示，单击操作界面中的“3”选择下载文件。

(4) 单击“下载”，并当出现图1-73所示下载界面时，关闭电源开关，然后重新打开开关完成下载。

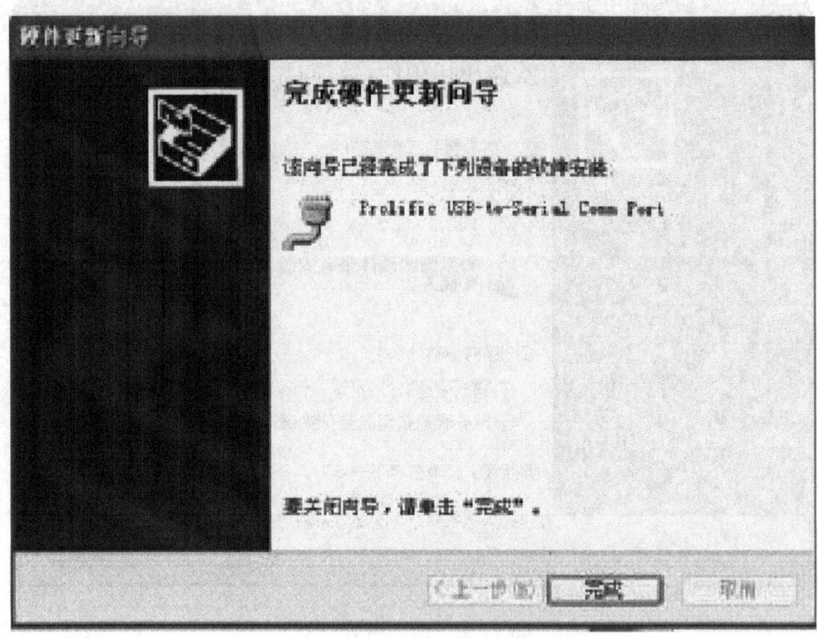

图 1-68　安装完成界面

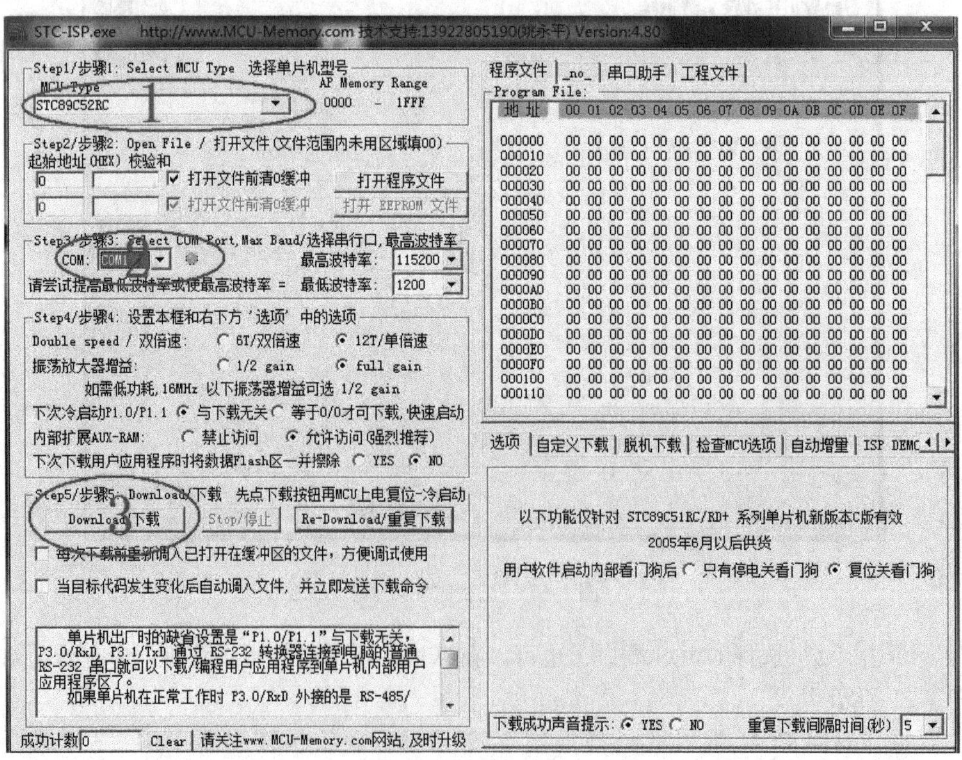

图 1-69　操作界面

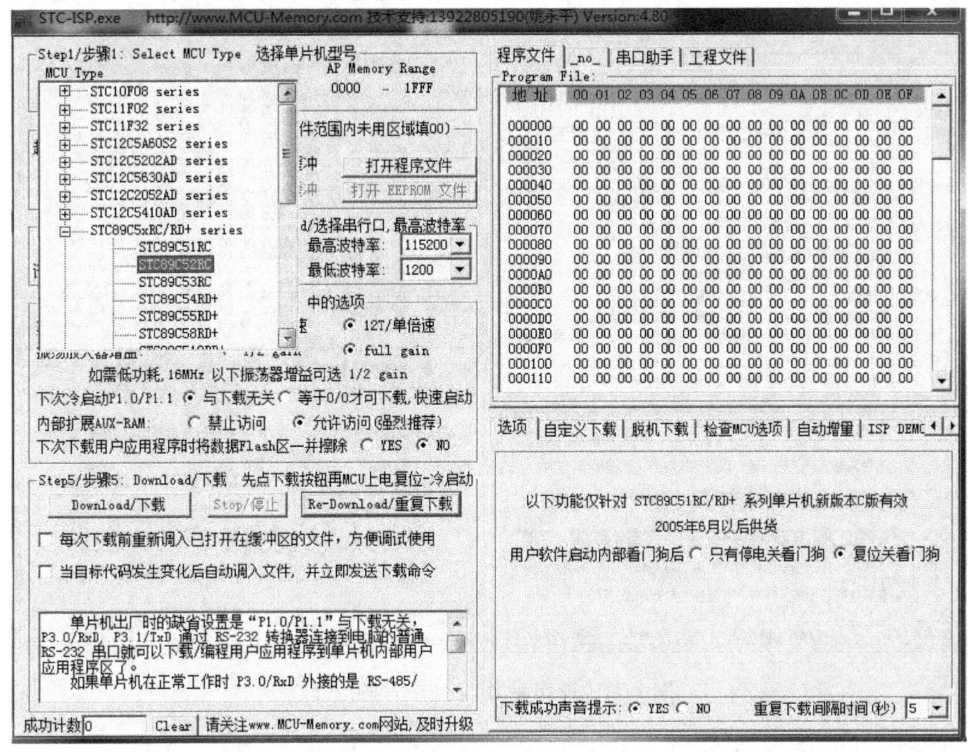

图1-70　选择芯片

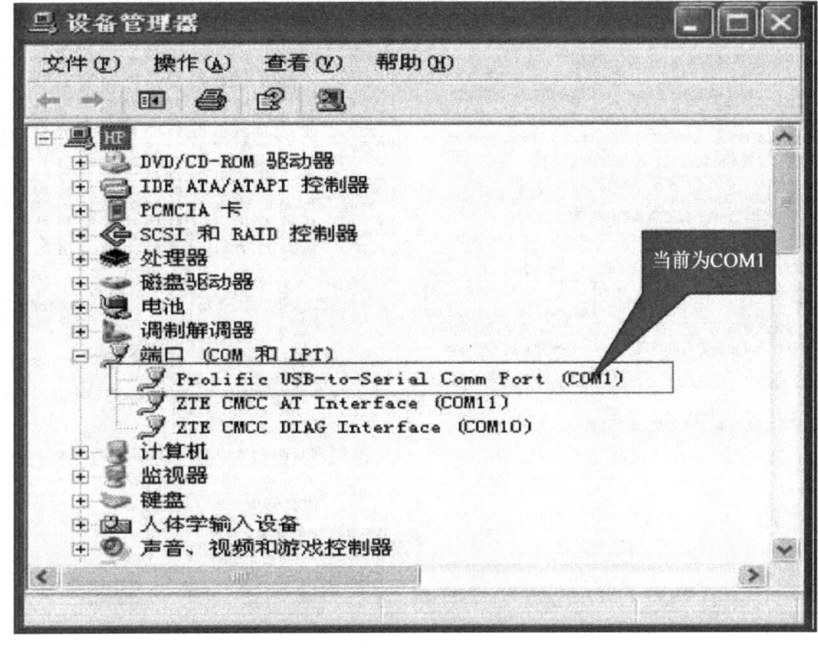

图1-71　端口查询

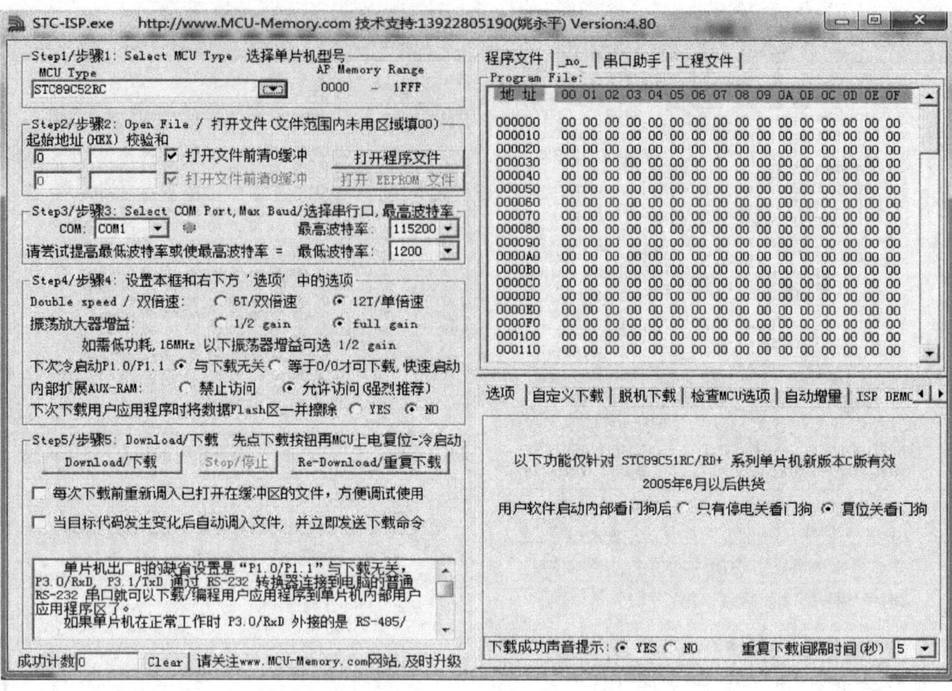

图 1-72　操作界面 COM 端口的选择

图 1-73　下载界面

2. HEX 文件的生成

将编译好的程序下载到单片机硬件中，还需要 Keil μVision4 输出 HEX 文件，可单击工具栏图标 ，在弹出的对话框中选择 Output，选中 Creat HEX File，再一次编译，即可输出 HEX 文件。

以上内容虽然比较独立，但对学习后续内容是缺一不可的，必须牢固掌握，否则无法学习后续课程。

项目2

广告灯的设计

任务 2.1　点亮一个发光二极管

【学习目标】

① 掌握单片机四个并行 I/O 口的功能；
② 掌握硬件电路连接和程序的编写；
③ 掌握延时子程序的编写。

【项目任务】

通过单片机控制 I/O 口的数据输出，从而实现控制 LED 灯的亮灭。

2.1.1　C51 单片机 I/O 操作

单片机的 I/O 端口就是数据输入输出端口，STC89C52RC 单片机有 4 个并行 I/O 端口，也就是前面讲的 P0、P1、P2、P3 口，每个接口上都有 8 位接口，共有 32 根 I/O 口线，而每一个口都能作为独立的输入或者输出口使用，从结构上看这四个 I/O 口，它们都具有锁存器、输出驱动器、输入缓冲器，这样就可以对输出数据锁存并对输入数据缓冲。

P0 口（39～32 引脚）：P0.0～P0.7，P0 口是一个漏极开路的 8 位双向 I/O 口。作为输出端口时，每个引脚能驱动 8 个 TTL 负载，对端口 P0 写入“1”时，可以作为高阻抗输入，需外接上拉电阻。在访问外部存储器时，P0 口也可以提供低 8 位地址和 8 位数据的复用总线，无需外接上拉电阻。

P1 口（1～8 引脚）：P1.0～P1.7，P1 口是一个带内部上拉电阻的 8 位双向 I/O 口。P1 的输出缓冲器可驱动 4 个 TTL 输入。对端口写入 1 时，通过内部的上拉电阻把端口拉到高电位，这时可用作输入口。P1 口作输入口使用时，因为有内部上拉电阻，那些被外部拉低的引脚会输出一个电流。另外，P1.0 和 P1.1 还可以作为定时器/计数器 T2 的外部计数输入（P1.0/T2）和定时器/计数器 T2 的触发输入（P1.1/T2EX），具体参见表 2-1。

表 2-1　P1 口引脚第二功能

引脚号	第 二 功 能
P1.0	T2（定时器/计数器 T2 的外部计数输入），时钟输出
P1.1	T2EX（定时器/计数器 T2 的捕捉/重载触发信号和方向控制）

P2 口：P2 口是一个具有内部上拉电阻的 8 位准双向 I/O 口。在访问外部程序存储器或用 16 位地址读取外部数据存储器时，P2 口送出高八位地址。在使用 8 位地址访问外部数据

存储器时，P2 口输出 P2 锁存器的内容。在 Flash 编程和校验时，P2 口也接收高 8 位地址字节和一些控制信号。

P3 口：P3 口不仅是一个具有内部上拉电阻的 8 位准双向 I/O 口，同时 P3 口也可作为 STC89C52RC 特殊功能（第二功能）使用，如表 2-2 所示。

表 2-2　P3 口第二功能

引　脚　号	第　二　功　能	引　脚　号	第　二　功　能
P3. 0	RXD（串行输入）	P3. 4	T0（定时器 0 外部输入）
P3. 1	TXD（串行输出）	P3. 5	T1（定时器 1 外部输入）
P3. 2	$\overline{\text{INT 0}}$（外部中断 0）	P3. 6	$\overline{\text{WR}}$（外部数据存储器写选通）
P3. 3	$\overline{\text{INT 1}}$（外部中断 1）	P3. 7	$\overline{\text{RD}}$（外部程序存储器读选通）

2. 1. 2　点亮一个发光二极管

现在开始进入了程序设计阶段，希望大家对于学习过的每一个程序都能够熟练运用，最好记忆下来。本任务将利用已经制作好的单片机系统训练板，设计成一个“会眨眼”的灯，要求“眨眼”的时间能够控制。

1. 项目任务

在已经制作的单片机系统训练板上，做一个会眨眼的灯，要求眨眼的时间能够随心所欲地控制。

2. 项目要求

（1）如图 2-1 所示，在 P1. 0 端口上接一个发光二极管 L1，使 L1 不停地一亮一灭，一亮一灭的时间间隔为 0. 2s。

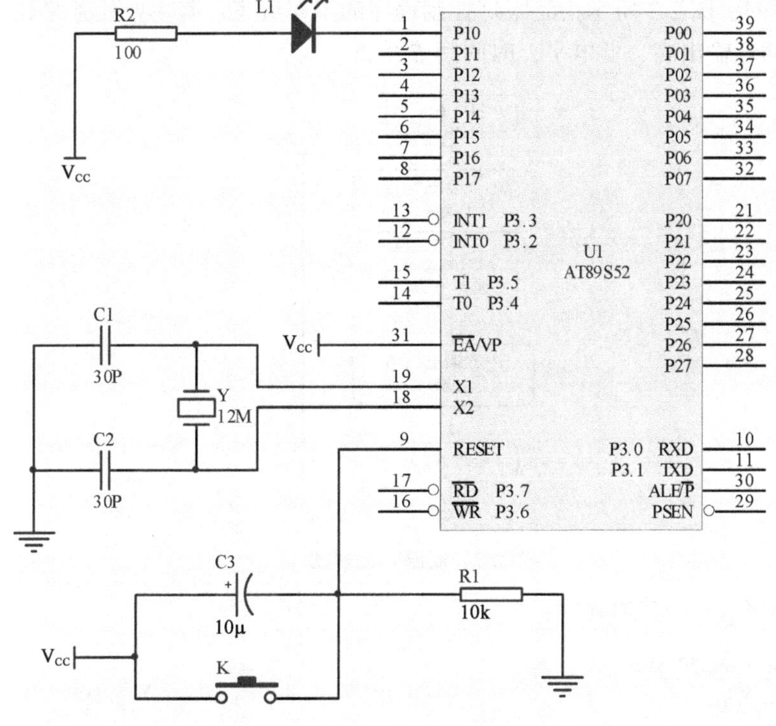

图 2-1　眨眼灯原理图

（2）用 Protel99se 画出原理图（可以照着给出的原理图画），关键要熟练掌握单片机的复位电路和晶振电路。

3. 电路原理图

这个电路的硬件连接比较简单，单片机只用到一个输出端 P1.0，当 P1.0 为高电平时，与它相连的发光二极管不导通；当 P1.0 为低电平时，与它相连的发光二极管导通发光。如何让 P1.0 的输出电位一会高一会低，而且时间还要间隔 0.2s 呢？这就要用程序设计来实现了。

4. 程序设计内容

（1）延时程序的设计方法。作为单片机指令的执行时间很短，是微秒级，因此，我们要求的闪烁时间间隔为 0.2s，相对于微秒来说相差太大，所以我们在执行某一指令时，通过插入延时程序，来达到任务设定的要求。这样的延时程序是如何设计的呢？

用 C 语言编写延时程序，时间不能准确地计算出来，我们可以编写程序，通过软件仿真的方法，来测算准确的时间。下面是用 C 语言编写的一个 0.2s 的延时程序。

```
void delay02s(void)//延时 0.2s 子程序
{
  unsigned char i,j,k;
  for(i=20;i>0;i--)
  for(j=50;j>0;j--)
  for(k=100;k>0;k--);
}
```

经实测，延时时间为 0.203454s。

（2）程序框图。图 2-2 所示为眨眼灯控制程序的工作流程。其主要任务是让控制灯的单片机 P1.0 引脚循环输出高、低电平，时间间隔 0.2s。

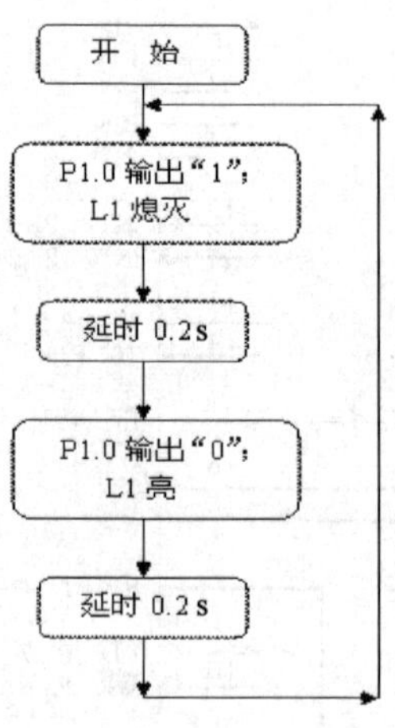

图 2-2　眨眼灯流程图

（3）参考程序。C 语言源程序：

```
#include <regx52.H>
sbit L1=P1^0;
```

```
void delay02s(void)          //延时 0.2s 子程序
{
  unsigned char i,j,k;
  for(i=20;i>0;i--)
  for(j=50;j>0;j--)
  for(k=100;k>0;k--);
}


void main(void)
{
  while(1)
    {
      L1=0;
      delay02s();
      L1=1;
      delay02s();
    }
}
```

【任务训练】

① 如图 2-1 所示，在 P1.0 端口上接一个发光二极管 L1，使 L1 不停地一亮一灭，一亮一灭的时间间隔为 1s，并更改晶振频率，如何实现？

② 如何实现从一个灯的眨眼到八个灯的眨眼？

任务 2.2　设计流动的广告灯

每当夜晚来临，街道和广场上都有各种色彩斑斓的霓虹灯在流动、闪烁，变换着各种亮灭的图案，我们在惊叹彩灯绚烂变换的同时，想一想，我们是不是也可以自己设计出一个这样的流水彩灯呢？通过以下内容的学习，读者将掌握单片机的控制原理，设计流动的广告灯。

【学习目标】

模拟设计广告灯，并且实现广告灯的左右流动。

【项目任务】

(1) 用 8 个发光二极管代替彩色广告灯，并使每个发光二极管从左至右依次点亮 0.2s。这样看起来，就像灯在流动一样。

(2) 左移到终点再反向右移，这种模式循环往复进行。

广告灯的设计与制作过程如下。

1. 电路原理图

流动的广告灯的原理图如图 2-3 所示。

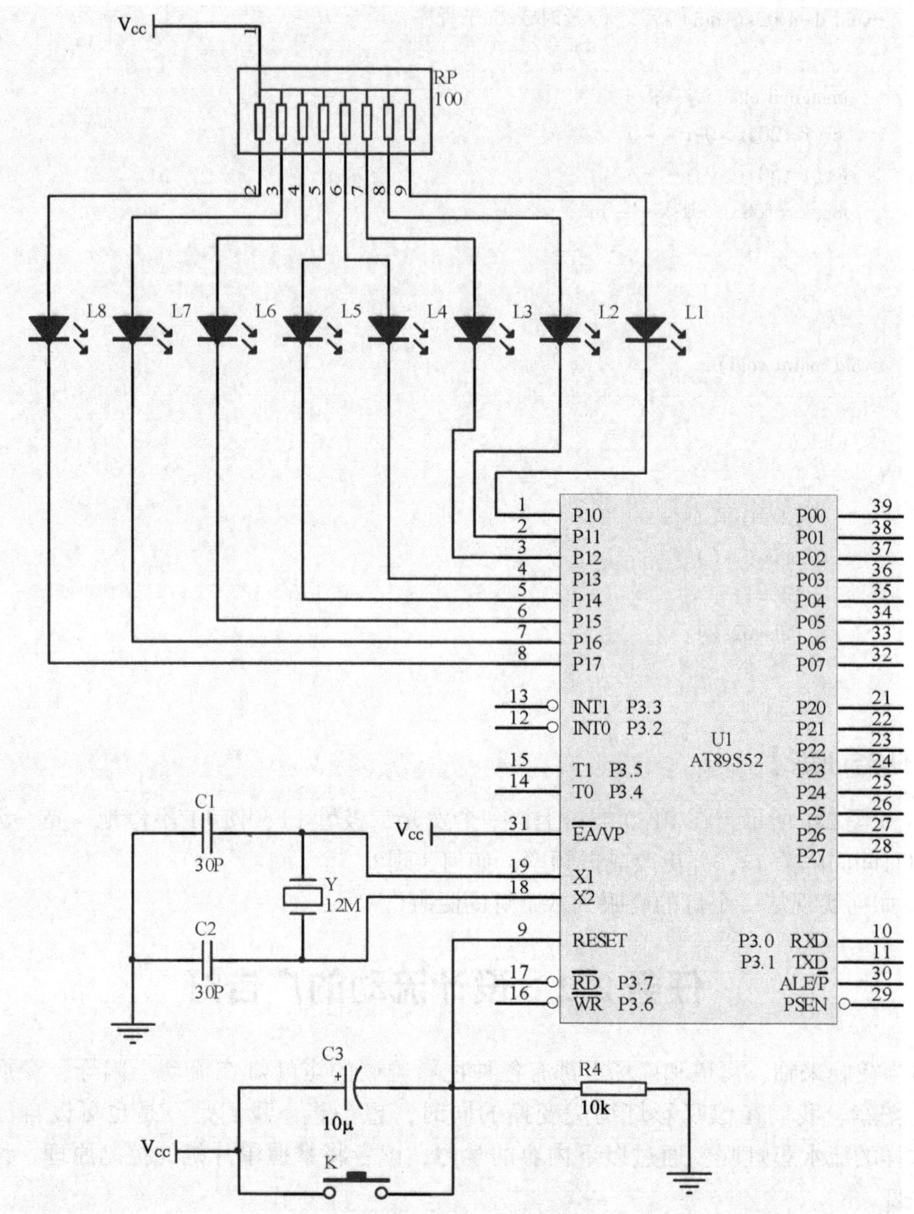

图 2-3　流动的广告灯原理图

2. 程序设计

（1）输出控制的动作。每次送出的数据是不同的，发光二极管输出状态具体的数据如表 2-3 所示。

表 2-3　发光二极管输出状态

接口	P1. 7	P1. 6	P1. 5	P1. 4	P1. 3	P1. 2	P1. 1	P1. 0	说明
二极管	L8	L7	L6	L5	L4	L3	L2	L1	
状态	1	1	1	1	1	1	1	0	L1 亮
	1	1	1	1	1	1	0	1	L2 亮
	1	1	1	1	1	0	1	1	L3 亮

续表

接口	P1.7	P1.6	P1.5	P1.4	P1.3	P1.2	P1.1	P1.0	说明
状态	1	1	1	1	0	1	1	1	L4 亮
	1	1	1	0	1	1	1	1	L5 亮
	1	1	0	1	1	1	1	1	L6 亮
	1	0	1	1	1	1	1	1	L7 亮
	0	1	1	1	1	1	1	1	L8 亮

（2）流动的广告灯程序框图（图 2-4）。

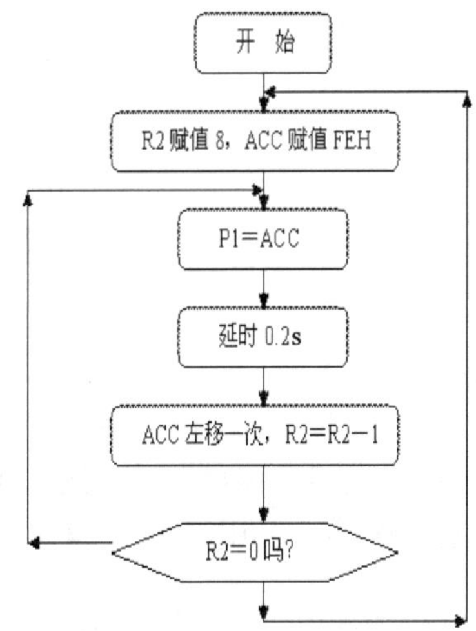

图 2-4　流动的广告灯程序框图

（3）参考程序。C 语言源程序：

```
#include <regx52.h>
unsigned char i;
unsigned char temp;
unsigned char a,b;

void delay(void)
{
  unsigned char m,n,s;
  for(m=20;m>0;m--)
  for(n=20;n>0;n--)
  for(s=248;s>0;s--);
}
void main(void)
{
  while(1)
    {
      temp=0xfe;   //0xfe 改成 0xfc,则预设两个灯,后面两盏灯可以同时移动//
      P1=temp;
```

```
            delay();
            for(i=1;i<8;i++)   // for(i=1;i<8;i++,i++),则能够同时移动2位//
              {
                a=temp<<i;
                b=temp>>(8-i);
                P1 =a|b;
                delay();
              }
            for(i=1;i<8;i++)    // for(i=1;i<8;i++,i++),则能够同时移动2位//
              {
                a=temp>>i;
                b=temp<<(8-i);
                P1 =a|b;
                delay();
              }
        }
    }
```

【任务训练】

① 用汇编语言编写并排两只灯的左移右移程序，连接方式和上面的相同，开始时 P1.0→P1.7→P1.6→…→P1.0 亮，重复循环，再用 C 语言编写 2 个灯间隔 2 位左右连续移位程序。

② 编写程序制作彩灯，从 P1.0 开始，每隔 0.2s 增加一个灯点亮，当全部都点亮后，再每隔 0.2s 减少一个灯，直到所有的灯都熄灭，如此循环往复。

提示：在编程并排两只灯左移右移 2 位时，C 语言可以运用 for（i=2；i<8；i++，i++）来完成。

任务 2.3　用查表法设计广告灯

【学习目标】

① 掌握 C 语言编写程序中数组的应用；

② 能够自己编写程序设计更多绚烂多彩的广告灯。

【项目任务】

① 做一款广告灯，编写程序并用查表的方式设计；

② 根据灯的变化方式，设计多彩多样的广告灯；

③ 设计彩灯：间隔 0.5s 依次左移，连续 2 个循环；

④ 设计彩灯：间隔 0.5s 依次右移，连续 2 个循环；

⑤ 设计彩灯：整体间隔 0.5s 闪烁 2 次。

本任务要进一步学习训练广告灯设计制作的一些技巧。在制作变化比较复杂的广告灯时，常用查表的方式来简化程序，使其执行的速度更快。

1. 任务要求

① 做一款广告灯，程序用查表的方式设计。

② 灯的变化方式：

间隔 0.5s 依次左移，连续 2 个循环；

间隔 0.5s 依次右移，连续 2 个循环；

整体间隔 0.5s 闪烁 2 次。

2. 控制电路

控制电路原理图和训练板的连接方式与任务 2.2 相同。

3. 控制程序

（1）设计要点。运用 C 语言编写程序时，可以建立一个一维数组 table [ ]，并执行 P1 = table [i]，即可调用数组中的数据。其中 i 为数组的下标，表示数组的元素，此下标从 0 开始。

（2）C 语言程序设计流程图（图 2-5）。

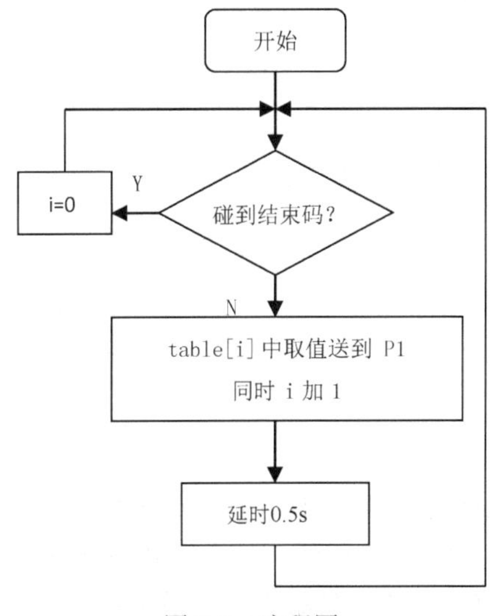

图 2-5　流程图

（3）C 语言源程序：

```
#include <REGX52.H>
unsigned char code table[ ] = {0xfe,0xfd,0xfb,0xf7,
                              0xef,0xdf,0xbf,0x7f,
                              0xfe,0xfd,0xfb,0xf7,
                              0xef,0xdf,0xbf,0x7f,
                              0x7f,0xbf,0xdf,0xef,
                              0xf7,0xfb,0xfd,0xfe,
                              0x7f,0xbf,0xdf,0xef,
                              0xf7,0xfb,0xfd,0xfe,
                              0x00,0xff,0x00,0xff,
                              0x01};
unsigned char i;
```

```
void delay()
{
  unsigned char m,n,s;
  for(m=20;m>0;m--)
  for(n=20;n>0;n--)
  for(s=248;s>0;s--);
}

void main()
{
  while(1)
    {
      if(table[i]!=0x01)
        {
          P1=table[i];
          i++;
          delay();
        }
      else
        {
          i=0;
        }
    }
}
```

【任务训练】

通过本任务训练，进一步熟练使用查表方式的编程技巧。请编制程序设计广告灯，使端口 P1 做单一灯的变化：右移 1 次，闪 1 次；左移 3 次，闪烁 3 次，数字显示间隔为 500ms。

提示：无论做什么样子的广告灯，只需要把表格中的数据改变就行了，程序的框架不用变化，真正做到“以不变应万变”。

项目3

抢答器的设计

任务 3.1　按键输入检测

【学习目标】

① 掌握 C 语言中的条件判断语句；
② 掌握按键的检测方法；
③ 掌握单片机的 I/O 口的按键输入检测方法。

【项目任务】

设计一个利用独立按键实现计数器功能的电路，并编写抢答器的控制程序。

3.1.1　C51 条件判断语句

1. if 判断语句

格式：
if（表达式）
语句 1；
else
语句 2；

说明：当表达式为真时，执行语句 1；当表达式为假时，执行语句 2。

注意事项：else 部分为可选项，可以连 else 一起省略；语句为多行时，使用 {} 括起来，使用复合语句方式。

2. if…elseif…分支语句

格式：
if（表达式 1）
语句 1；
else if（表达式 2）
语句 2；
else if（表达式 n）
语句 n；
else
语句 n + 1；

说明：从上往下，逐次判断表达式是否为真，如果为真，则执行对于的语句，并跳过其他判断条件；如果没有一个为真，则执行最后一个 else 分支语句。

注意事项：

① else 部分为可选项，可以连 else 一起省略；

② 语句为多行时，使用 {} 括起来，使用复合语句方式；

③ 注意 else 总和最邻近的 if 相配对。

3. if 嵌套语句

格式：

```
if（表达式）
if（表达式）语句 1；
else 语句 2；
else
if（表达式）语句 3；
else 语句 4；
```

注意事项：

① else 部分为可选项，可以连 else 一起省略；

② 语句为多行时，使用 {} 括起来，使用复合语句方式；

③ 条件语句允许多层条件嵌套，建议使用 {}，避免 else 匹配出错。

4. switch 开关语句

格式：

```
switch（表达式）
{
case 常量表达式 1：语句 1；break；
case 常量表达式 2：语句 2；break；
 ⋮
case 常量表达式 n：语句 n；break；
default：语句 n+1；
}
```

注意事项：

① default 部分为可选项，可以连 default 一起省略；

② 语句为多行时，使用 {} 括起来，使用复合语句方式；

③ 常量表达式可以为数值型和字符型；

④ break 语句可以省略，但如果省略，则会继续执行后续的语句，直到遇到 break 语句。

5. break 语句

格式：

```
break；
```

说明：

① beak 语句主要用于 switch 语句和循环语句 for、while、do while 中；

② 执行 break 语句，将中断当前的循环或者 switch 语句。

注意事项：

① break 语句通常和 if 语句联用，注意 break 是否在 else 内；

② 在多层循环语句中，一条 break 语句只能向外跳出一层循环。

6. continue 语句

格式：

continue；

说明：continue 语句用于跳过循环体中剩余的语句而进入下一次循环。

注意事项：

① continue 语句通常和 if 语句联用，注意 continue 是否在 else 内；

② continue 语句只用在 for、while、do while 循环语句的循环体中。

3.1.2 按键的检测

在生产实际中，输入有多种多样，包括各种传感器、手动开关、光电开关、行程开关等，甚至各种干扰信号都是输入信号的一种形式。按键按照结构原理可以分为：触电式开关和无触电式开关按键。按照接口原理键盘又可分为：编码式键盘，可以产生固定的字符，多由硬件电路实现，因电路复杂，单片机一般不用；还有就是非编码键盘，提供按键状态，可以通过编写程序实现，非编码键盘根据与单片机的连接方式不同，分为独立式按键和矩阵式键盘。

1. 独立式按键的检测

单片机检测独立按键的原理：把按键的一端接地，另一端与单片机的 I/O 口相连，开始时先给该 I/O 口赋一高电平，然后让单片机不断地检测该 I/O 口是否变成低电平，当按键闭合时，即相当于该 I/O 口通过按键与地相连接，变成低电平，程序一旦检测到 I/O 口变为低电平，则说明按键被按下，然后执行相应的指令。

2. 矩阵式按键的检测

当键盘中按键数量较多时，为了减少 I/O 口线的占用，通常将按键排列成矩阵形式。在矩阵式键盘中，每条水平线和垂直线在交叉处不直接连通，而是通过一个按键加以连接。这样做有什么好处呢？举例说明如图 3-1 所示，一个并行口可以构成 $4\times4=16$ 个按键，比之直接将端口线用于键盘多出了一倍，而且线数越多，区别就越明显。比如再多加一条线就可以构成 20 键 的键盘，而直接用端口线则只能多出一个键（9 键）。由此可见，在需要的按键数量比较多时，采用矩阵法来连接键盘是非常合理的。

矩阵式结构的键盘显然比独立式键盘复杂一些，识别也要复杂一些，在图 3-1 中，列线通过电阻接电源，并将行线所接的单片机 4 个 I/O 口作为输出端，而列线所接的 I/O 口则作为输入端。这样，当按键没有被按下时，所有的输出端都是高电平，代表无键按下，行线输出是低电平；一旦有键按下，则输入线就会被拉低，这样，通过读入输入线的状态，就可得知是否有键按下了，具体的识别及编程方法如下。

矩阵式键盘的按键识别方法：想要确定矩阵式键盘上任何一个键被按下，通常采用“行扫描法”或者“行反转法”。行扫描法又称为 逐行（或列）扫描查询法，它是一种最常用的多按键识别方法。下面就以“行扫描法”为例，介绍矩阵式键盘的工作原理。

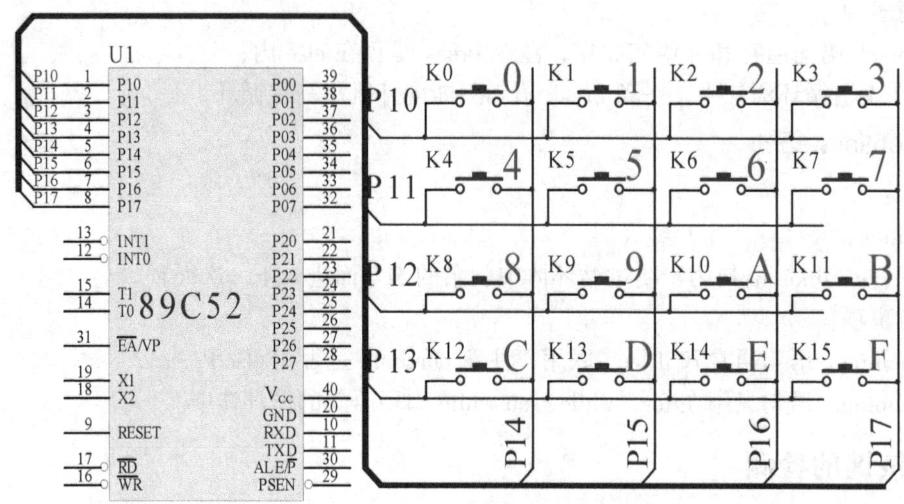

图 3-1　4×4 按键示意图

（1）判断键盘中有无键按下。将全部行线 X0－X3 置低电平，然后检测列线的状态，只要有一列的电平为低，则表示键盘中有键被按下，而且闭合的键位于低电平线与 4 根行线相交叉的 4 个按键之中；若所有列线均为高电平，则表示键盘中无键按下。

（2）判断闭合键所在的位置。在确认有键按下后，即可进入确定具体闭合键的过程。其方法是：依次将行线置为低电平（即在置某根行线为低电平时，其他线为高电平），当确定某根行线为低电平后，再逐行检测各列线的电平状态，若某列为低，则该列线与置为低电平的行线交叉处的按键就是闭合的按键。下面结合图 3-1 进行说明。

单片机的 P1 口用作键盘 I/O 口，键盘的列线接到 P1 口的高 4 位，键盘的行线接到 P1 口的低 4 位，也就是把列线 P1.0～P1.3 设置为输入线，行线 P1.4～P1.7 设置为输出线，4 根行线和 4 根列线形成 16 个相交点。

检测当前是否有键被按下：检测的方法是 P1.0～P1.3 输出全“0”，读取 P1.4～P1.7 的状态，若 P1.4～P1.7 为全“1”，则说明无键闭合；否则有键闭合。当检测到有键按下后，延时一段时间再做下一次的检测判断，若仍有键按下，应识别出是哪一个键闭合，方法是对键盘的行线进行扫描，P1.0～P1.3 按下述 4 种组合依次输出：P1.3 1110；P1.2 1101；P1.1 1011；P1.0 0111；在每组行输出时读取 P1.4～P1.7；若全为“1”，则表示为“0”这一行没有键闭合；否则就是有键闭合。由此得到闭合键的行值和列值，然后可采用计算法或查表法，将闭合键的行值和列值转换成所定义的键值。为了保证按键每闭合一次 CPU 仅作一次处理，必须去除键释放时的抖动。

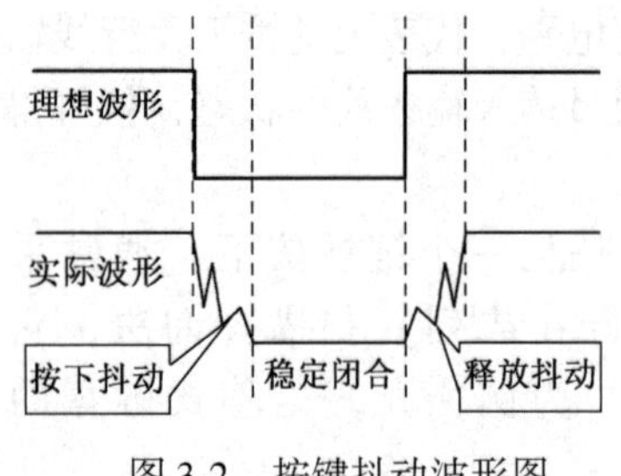

图 3-2　按键抖动波形图

（3）按键使用时的抖动问题处理。按键的抖动问题主要是由于机械触点接触不稳定造成的。由于人手的操作误差及按键的机械按下释放特性而出现的抖动现象，然后才进入按键的稳定闭合状态，按键抖动波形如图 3-2 所示。根据测量，一般抖动时间为 5～10ms 之间，从图 3-2 中可以看出，在抖动期间，如果去判断按键的通断，可能就判断出错，为了避免这种误判，必须采用去抖动措施。常见的去抖处理有硬件去抖和软件去抖两种：硬件去抖有采用双稳态电路、单稳态电路、滤波电路等；软件去抖一般采用延时程序，延时 10ms，然后再去判断按键状态，只要把按键的抖动期延时过去，就可以在按键的稳定期进行按键的正确判断。

3.1.3　利用独立按键实现计数器功能

1. 设计要求

① 设计十进制 0～9999 的计数器，采用按键计数，数码管显示；

② 采用加减按键产生计数值：按下一个按键，计数值增加 1；按下另外一个按键，计数值减 1；

③ 采用 4 位数码管显示，计数初值为 0；

④ 当计数达到 9999 时，再次按下按键，计数值从 0 开始增加。

2. 计数器的基本原理

利用 C51 单片机制作一个手动计数器。在单片机的 P3.2 引脚接一个轻触开关，作为手动加计数的按钮；P3.3 引脚接一个轻触开关，作为手动减计数的按钮。同时 C51 单片机的 P2.0～P2.3 接数码管的位选，作为 0～9999 计数选择的位置；用单片机的 P0.0～P0.7 接数码管的段选，作为 0000～9999 计数的显示，如图 3-3 所示。

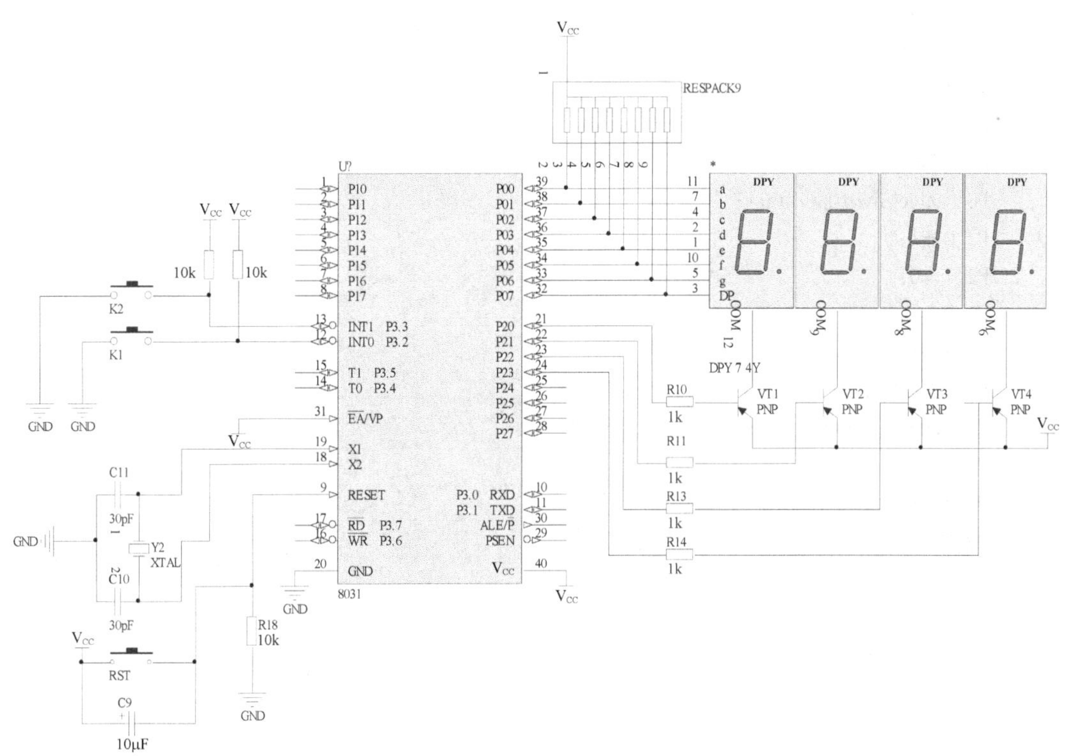

图 3-3　按键计数器原理图

3. 编写程序

```
#include <regx52. h>
```

```
#include <intrins.h>
unsigned char table[] = {0xc0,0xf9,0xa4,0xb0,0x99,0x92,0x82,0xd8,0x80,0x90};
int Count;

void Delay5ms()          //11.0592MHz
{
    unsigned char i, j;

    i=9;
    j=244;
    do
    {
        while (--j);
    } while (--i);
}

void Display(unsigned int n)
{
    P0=table[n%10000/1000];
    P2_0=0;
    P2_1=1;
    P2_2=1;
    P2_3=1;
    Delay5ms();
    P0=table[n%1000/100];
    P2_0=1;
    P2_1=0;
    P2_2=1;
    P2_3=1;
    Delay5ms();
    P0=table[n%100/10];
    P2_0=1;
    P2_1=1;
    P2_2=0;
    P2_3=1;
    Delay5ms();
    P0=table[n%10];
    P2_0=1;
    P2_1=1;
    P2_2=1;
    P2_3=0;
    Delay5ms();

}
```

```
void Delay10ms()          //11.0592MHz
{
    unsigned char i, j;

    i = 18;
    j = 235;
    do
    {
        while (--j);
    } while (--i);
}
void Keyscan()
{
    if(P3_2 == 0)
    {
        Delay10ms();
        if(P3_2 == 0)
        {
            Count++;
            if(Count > 9999)      Count = 0;
            while(P3_2 == 0)   ;
        }
    }
        if(P3_3 == 0)
        {
            Delay10ms();
            if(P3_3 == 0)
            {
                Count--;
                if(Count < 0)      Count = 0;
                while(P3_3 == 0)   ;
            }
        }
    }
}
void main()
{
    while (1)
    {
        Display(Count);
        Keyscan();
    }
}
```

任务 3.2　数码管的显示

【学习目标】

① 掌握数码管的结构和显示原理；
② 掌握数码管的静态显示和动态显示方法。

【项目任务】

点亮一个数码管的显示，并且在多个数码管显示不同的数字和字符。

3.2.1　数码管显示原理

常用的 LED 显示器有 LED 状态显示器（俗称发光二极管）、LED 七段显示器（俗称数码管）和 LED 十六段显示器。发光二极管可显示两种状态，用于系统状态显示；数码管用于数字显示；LED 十六段显示器用于字符显示。

1. 数码管的结构

数码管的结构：数码管由 8 个发光二极管（以下简称字段）构成，通过不同的组合可用来显示数字 0～9、字符 A～F、H、L、P、R、U、Y、符号“－”及小数点“.”。数码管的外形结构如图 3-4 所示。数码管又分为共阴极和共阳极两种结构。常用的 LED 显示器为 8 段（或 7 段，8 段比 7 段多了一个小数点“dp”段）。

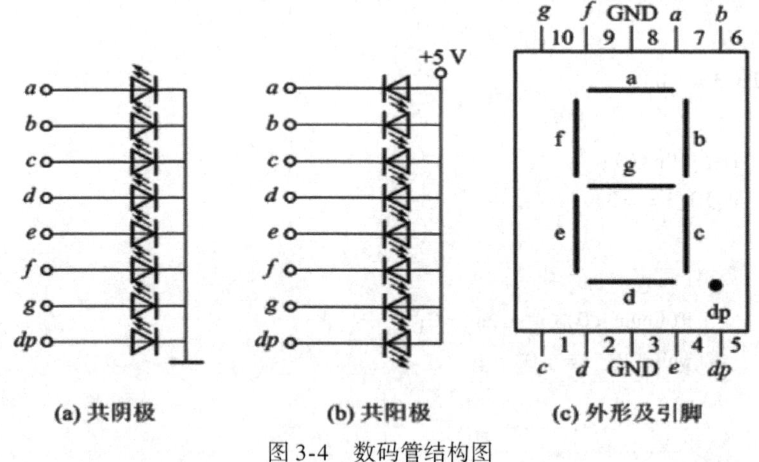

图 3-4　数码管结构图

2. 数码管的工作原理

共阳极数码管的 8 个发光二极管的阳极（二极管正端）连接在一起。通常，公共阳极接高电平（一般接电源），其他引脚接段驱动电路输出端。当某段驱动电路的输出端为低电平时，则该端所连接的字段导通并点亮。根据发光字段的不同组合，可显示出各种数字或字符。此时，要求段驱动电路能吸收额定的段导通电流，还需根据外接电源及额定段导通电流来确定相应的限流电阻。

共阴极数码管的 8 个发光二极管的阴极（二极管负端）连接在一起。通常，公共阴极接低电平（一般接地），其他引脚接段驱动电路输出端。当某段驱动电路的输出端为高电平时，则该端所连接的字段导通并点亮，根据发光字段的不同组合，可显示出各种数字或字符。此时，要求段驱动电路能提供额定的段导通电流，还需根据外接电源及额定段导通电流来确定相应的限流电阻。

3. 数码管的字形编码

要使数码管显示出相应的数字或字符，必须使段数据口输出相应的字形编码（简称字形码）。字形码各位定义为：数据线 D0 与 a 字段对应，D1 与 b 字段对应……依此类推。如使用共阳极数码管，数据为 0 表示对应字段亮，数据为 1 表示对应字段暗；如使用共阴极数码管，数据为 0 表示对应字段暗，数据为 1 表示对应字段亮。如要显示“0”，共阳极数码管的字形编码应为：11000000B（即 C0H）；共阴极数码管的字形编码应为：00111111B（即 3FH），依此类推。

图 3-5 为 LED 显示器的结构原理图。N 个 LED 显示块有 N 位位选线和 8 × N 根段码线。段码线控制显示的字形，位选线控制该显示位的亮或暗。LED 显示器有静态显示和动态显示两种显示方式。

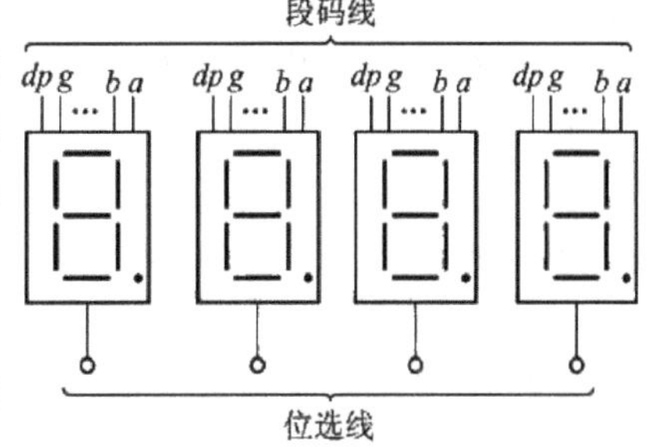

图 3-5 LED 显示器的结构原理图

单个数码管显示的例子：

① 如图 3-6 所示为利用单片机的 P0 端口直接驱动数码管显示；

② 在数码管上循环显示 0 ~ 9 数字，时间间隔为 0.2s。

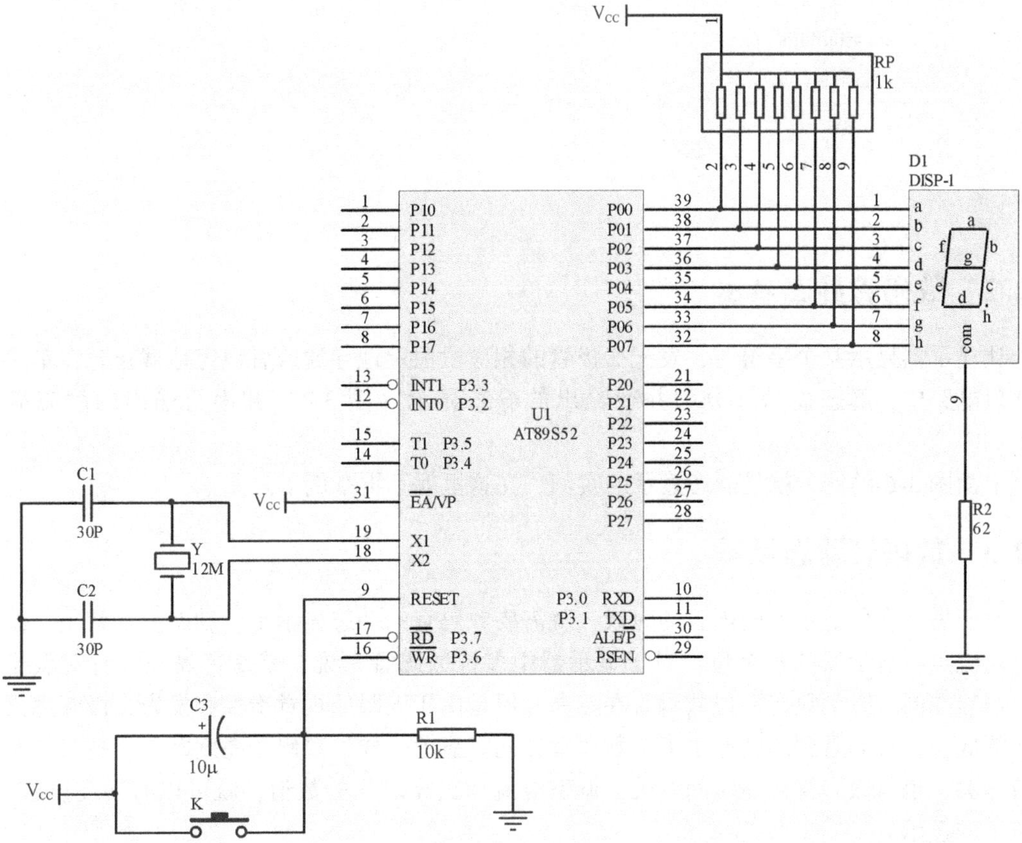

图 3-6 单个 LED 显示

C 语言源程序：

```
#include <regx52. H>
unsigned char code table[ ] = {0x3f,0x06,0x5b,0x4f,0x66,0x6d,0x7d,0x07,0x7f,0x6f}
unsigned chars;

void delay02s(void)
{
  unsigned char i,j,k;
  for(i=20;i>0;i--)
  for(j=20;j>0;j--)
  for(k=248;k>0;k--);
}

void main(void)
{
  while(1)
    {
      for(s=0;s<10;s++)
        {
          P0=table[s];
          delay02s();
        }
    }
}
```

3.2.2 数码管静态显示

让显示器显示某个字符时，发光二极管的相应段恒定地导通或者恒定地截止。在单片机的接口电路中，静态显示又分为并行输出的静态显示（图 3-7）和串行输出的静态显示(图 3-8)。

上面图 3-6 的例子就是静态显示的实例，在这里就不再举例了。

3.2.3 数码管动态显示

对于需要多位显示不同内容的时候，就需要数码管的动态显示了。动态显示就是一位一位地轮流点亮显示器的各个位，对于显示器中多位数码管来说，就是每隔一段时间点亮一次。虽然在同一时刻只有一位数码管在点亮，但是由于人眼的视觉惰性和发光二极管熄灭时的余晖效应，我们看到的就像是多个数码管在同时显示一样，数码管亮度既与点亮时的导通电流有关，也与数码管点亮时间有关，调整电流和点亮时间的数值，就可以实现亮度较高、较稳定的显示。

下面通过具体任务，举例说明。数码管动态显示。

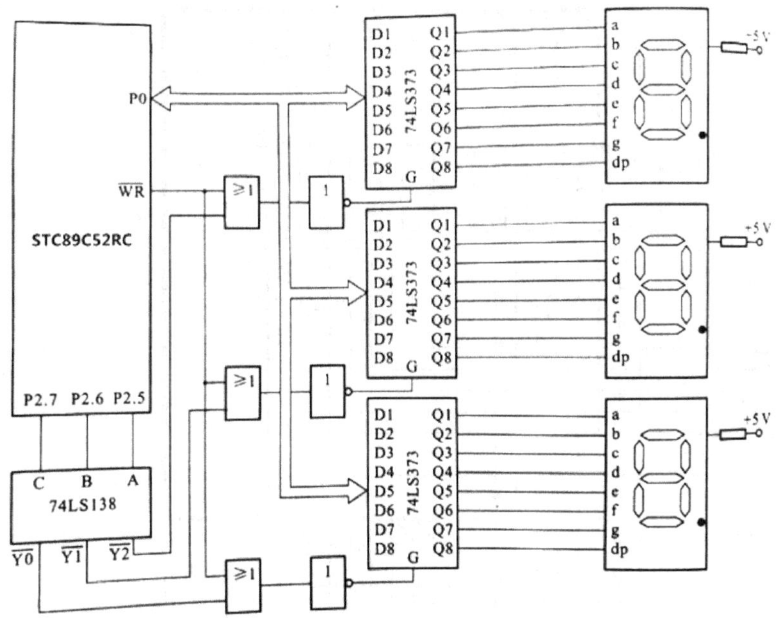

图3-7　并行输出静态显示接口电路

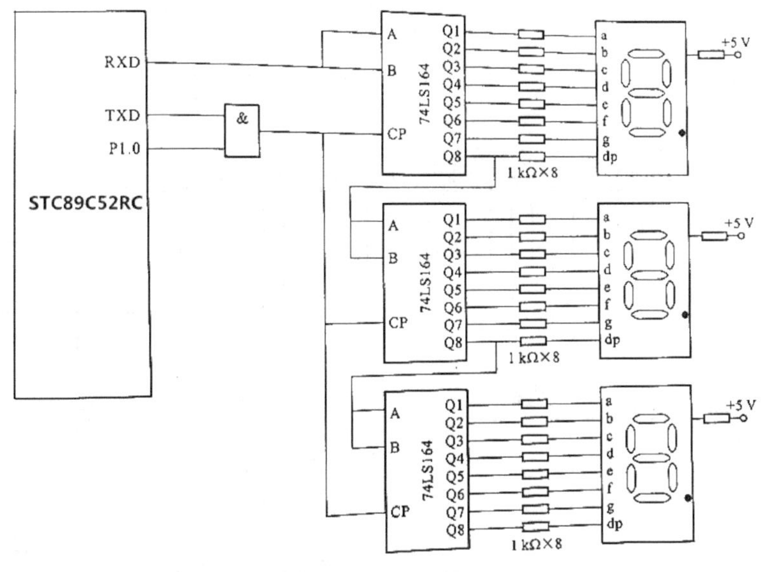

图3-8　串行输出静态显示接口电路

1. 任务说明

如图3-9所示，P0端口接动态数码管的字形码笔段，P2端口接动态数码管的数位选择端，P1.0接一个开关，当开关接高电平时，显示“12345”字样；当开关接低电平时，显示“HELLO”字样。

需要注意的事项如下。

（1）动态接口采用各数码管循环轮流显示的方法，当循环显示频率较高时，利用人眼的暂留特性，看不出闪烁显示现象，这种显示需要一个接口完成字形码的输出（字形选择），另一接口完成各数码管的轮流点亮（数位选择）。

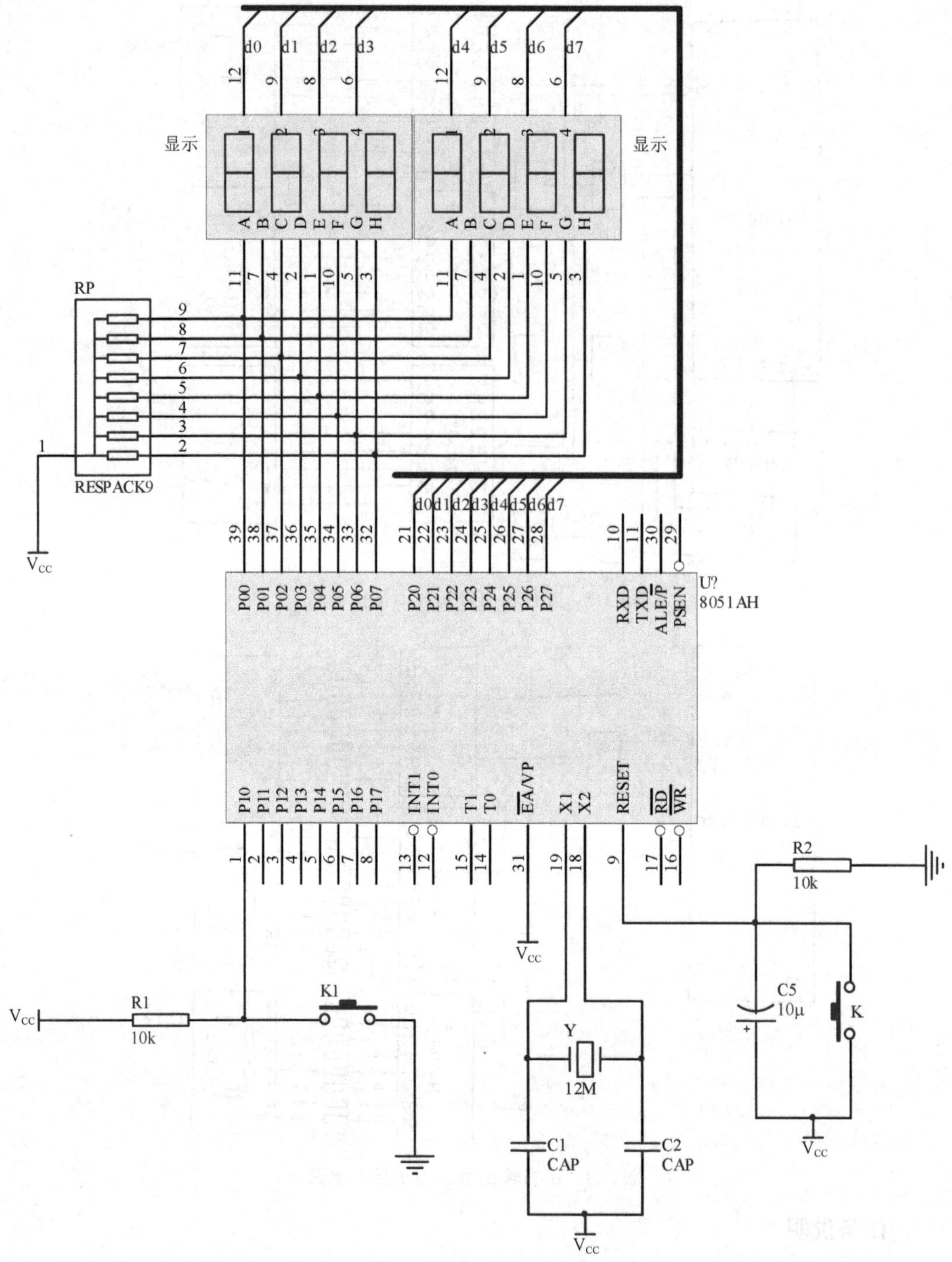

图 3-9　数码管动态显示原理图

（2）在进行数码显示的时候，要对显示单元开辟 8 个显示缓冲区，每个显示缓冲区装有显示的不同数据即可。

（3）对于显示的字形码数据我们采用查表方法来完成。

2．编程流程图（图 3-10）

C 语言源程序：

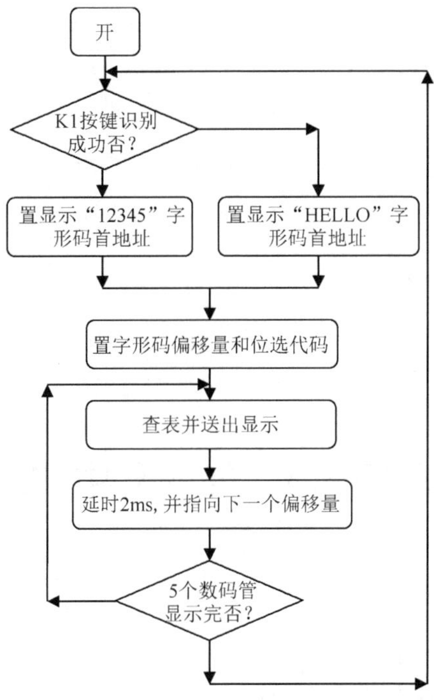

图3-10　编程流程图

```
#include <REGX52.H>
unsigned char code table1[] = {0x06,0x5b,0x4f,0x66,0x6d};
unsigned char code table2[] = {0x76,0x79,0x38,0x38,0x3f};
unsigned char i;
unsigned char a,b;
unsigned char temp;

void delay()
{
 for(a=4;a>0;a--)
 for(b=248;b>0;b--);
}

void main(void)
{
  while(1)
    {
      temp=0x01;
      for(i=0;i<5;i++)
        {
          if(P1_0==1)
            {
              P0=table1[i];
            }
```

```
            else
              {
                P0 = table2[i];
      }
         temp = temp < <1;
           P2 = ~temp;
          delay();

                }
        }
      }
```

任务3.3　外 部 中 断

【学习目标】

① 了解单片机的中断概念；

② 了解单片机的外部中断的定义和应用；

③ 掌握中断优先级的原则和应用。

【项目任务】

利用外部中断“0”和外部中断“1”实现计数器功能。

3.3.1　C51 单片机中断的概念

1. 中断的概念

单片机具有实时处理各种事件的能力，这就是依靠中断系统来实现的，其中断过程如图3-11所示。

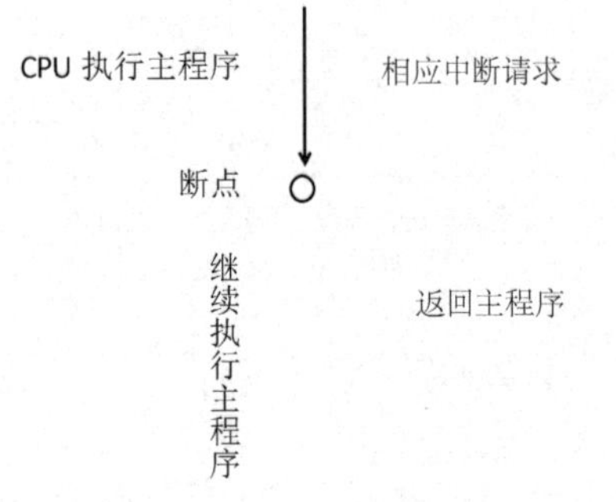

图 3-11　中断过程示意图

单片机的 CPU 正在执行主程序，有另外一个程序向 CPU 提出请求，CPU 终止正在执行的主程序而转去执行请求的程序，并处理完请求程序后再回到主程序进行执行，这个过程就称为中断。

随着计算机技术的应用，人们发现中断技术不仅解决了快速主机与慢速 I/O 设备的数据传送问题，而且还具有如下优点。

① 分时操作：CPU 可以分时为多个 I/O 设备服务，提高了计算机的利用率。

② 实时响应：CPU 能够及时处理应用系统的随机事件，系统的实时性大大增强。

③ 可靠性高：CPU 具有处理设备故障及断电等突发性事件能力，从而使系统可靠性提高。

2. 中断系统的结构

中断需要中断系统硬件结构支撑，中断系统由中断请求标志位、中断允许控制寄存器 IE、中断优先级控制寄存器 IP、内部硬件查询电路组成，如图 3-12 所示。

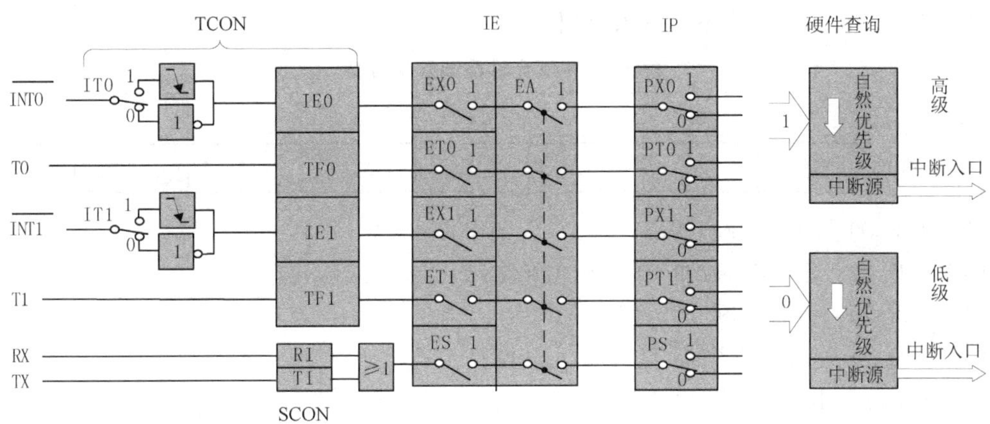

图 3-12 中断系统的硬件结构

（1）中断源。在中断的过程中，向 CPU 提出请求的程序称为中断源。通常 C51 单片机有 5 个基本的中断源，分别是外部中断 0、定时器 0、外部中断 1、定时器 1、串行口中断，但是在 STC89C52RC 单片机中又增加了三个中断源，分别是定时器 2、外部中断 2、外部中断 3。

（2）中断请求标志位。TCON 中包含的中断请求标志位见表 3-1。

表 3-1 TCON 中断请求标志位

位	7	6	5	4	3	2	1	0
字节地址：88H	TF1	TR1	TF0	TR0	IE1	IT1	IE0	IT0

IT0（TCON. 0）：外部中断 0 触发方式控制位。

当 IT0 =0 时，为电平触发方式；

当 IT0 =1 时，为边沿触发方式（下降沿有效）。

IE0（TCON. 1）：外部中断 0 中断请求标志位。

IT1（TCON. 2）：外部中断 1 触发方式控制位。

IE1（TCON. 3）：外部中断 1 中断请求标志位。

TF0（TCON. 5）：定时/计数器 T0 溢出中断请求标志位。

TF1（TCON. 7）：定时/计数器 T1 溢出中断请求标志位。

SCON 中断请求标志位见表 3-2。

表 3-2 SCON 中断请求标志位

位	7	6	5	4	3	2	1	0
字节地址：98H							TI	RI

RI（SCON. 0）：串行口接收中断标志位。当允许串行口接收数据时，每接收完一个串行帧，由硬件置位 RI。同样，RI 必须由软件清除。

TI（SCON.1）：串行口发送中断标志位。当 CPU 将一个发送数据写入串行口发送缓冲器时，就启动了发送过程。每发送完一个串行帧，由硬件置位 TI。CPU 响应中断时，不能自动清除 TI，TI 必须由软件清除。

（3）中断允许控制寄存器 IE（表 3-3）。CPU 对中断系统所有中断，以及某个中断源的开放和屏蔽，是由中断允许寄存器 IE 控制的。

表 3-3　中断允许控制寄存器 IE

位	7	6	5	4	3	2	1	0
字节地址：A8H	EA			ES	ET1	EX1	ET0	EX0

EX0（IE.0）：外部中断 0 允许位；

ET0（IE.1）：定时/计数器 T0 中断允许位；

EX1（IE.2）：外部中断 0 允许位；

ET1（IE.3）：定时/计数器 T1 中断允许位；

ES（IE.4）：串行口中断允许位；

EA（IE.7）：CPU 中断允许（总允许）位。

（4）中断优先级寄存器 IP 和 IPH。80C51 单片机有两个中断优先级，即可实现二级中断服务嵌套。每个中断源的中断优先级都是由中断优先级寄存器 IP（表 3-4）和 IPH（表 3-5）中的相应位的状态来规定的。

表 3-4　中断优先级寄存器 IP

位	7	6	5	4	3	2	1	0
字节地址：B8H			PT2	PS	PT1	PX1	PT0	PX0

PX0（IP.0）：外部中断 0 优先级设定位；

PT0（IP.1）：定时/计数器 T0 优先级设定位；

PX1（IP.2）：外部中断 0 优先级设定位；

PT1（IP.3）：定时/计数器 T1 优先级设定位；

PS（IP.4）：串行口优先级设定位；

PT2（IP.5）：定时/计数器 T2 优先级设定位。

表 3-5　中断优先级寄存器 IPH

位	7	6	5	4	3	2	1	0
字节地址：B7H			PT2	PS	PT1	PX1	PT0	PX0

PX0（IPH.0）：外部中断 0 优先级设定位；

PT0（IPH.1）：定时/计数器 T0 优先级设定位；

PX1（IPH.2）：外部中断 0 优先级设定位；

PT1（IPH.3）：定时/计数器 T1 优先级设定位；

PS（IPH.4）：串行口优先级设定位；

PT2（IPH.5）：定时/计数器 T2 优先级设定位。

同一优先级中的中断申请不止一个时，则有中断优先权排队问题。同一优先级的中断优先权排队，由中断系统硬件确定的自然优先级形成，其排列如表 3-6 所示。

表 3-6 中断优先级顺序表

中 断 源	中 断 编 号	优 先 级
$\overline{INT0}$	0	高
T0	1	↓
$\overline{INT1}$	2	
T1	3	
UART	4	
T2	5	
$\overline{INT2}$	6	
$\overline{INT3}$	7	低

中断优先级有三条原则：

① CPU 同时接收到几个中断时，首先响应优先级别最高的中断请求；

② 正在进行的中断过程，不能被新的同级或低优先级的中断请求所中断；

③ 正在进行的低优先级中断服务，能被高优先级中断请求所中断。

为了实现上述后两条原则，中断系统内部设有两个用户不能寻址的优先级状态触发器。其中一个置 1，表示正在响应高优先级的中断，它将阻断后来所有的中断请求；另一个置 1，表示正在响应低优先级中断，它将阻断后来所有的低优先级中断请求。

3. 单片机中断处理过程

中断处理过程分为：查询中断标志位、中断响应、中断返回三个过程。

（1）查询中断标志位

① CPU 开中断，即中断总允许标志位 EA = 1；

② 中断源开中断，即对应的中断源允许标志位为 1；

③ 查询对应的中断请求标志位由 0 变为 1。

若满足以上条件，单片机就会响应中断，但是若存在以下几种情况，则中断相应将受阻。

① 单片机正在相应同级及高优先级中断。

② 当前指令没有执行完成。

③ 执行完中断服务子程序后正在返回断点的状态。

（2）中断响应。中断响应分为三个步骤：保护断点、执行中断服务子程序、中断请求标志位的撤销。

① 保护断点：单片机内部硬件电路自动将断点地址压入堆栈保存。

② 执行中断服务子程序：将对应中断源的入口地址装入 PC，从而带着 CPU 执行中断服务子程序。

③ 中断请求标志位的撤销：中断执行完毕返回前必须撤销，否则会使单片机重复响应中断。

a. 外部中断请求的撤销

（a）跳沿方式的撤销。

（b）中断标志位清 0 和外中断信号的撤销。中断标志位清 0 是在中断相应后由硬件自动完成。

（c）外中断请求信号的撤销，由于跳沿信号过后也就消失了，自动撤销。

（d）电平方式外部中断请求的撤销。电平方式外中断请求信号的撤销，其中中断请求标志自动撤销，但中断请求信号的低电平可能继续存在，为此，除了标志位清“0”外，还需要在中断相应后把中断请求信号输入引脚，从低电平强制改变为高电平。

b. 定时/计数器中断请求的撤销。在中断相应后，硬件会自动把中断请求标志位（TF0、TF1）清0，自动撤销，TF2 或 EXF2 使用软件清0，如 CLR TF2。

c. 串行口中断请求的撤销。由于串行口中断有时是接受中断，有时是发送中断，所以需要先判定是接受中断还是发送中断，然后用软件的方法进行撤销，还是用清除指令。

在用 C 语言编写程序中的中断服务子程序时，需要掌握中断服务子程序的函数书写形式。

函数语法如下：

返回值　　函数名　　interrupt　　n

如：void　　int0（）　　interrupt　　0

其中，n 代表对应的中断源编号。

3.3.2　外部中断0

1. 任务说明

主程序任务：P1 控制 8 个 LED 灯，高低四位交替点亮；中断 0 时（P3.2 按下），从 P1.0 开始，每隔 0.2s 增加一个灯点亮；当全部都点亮后，再每隔 0.2s 减少一个灯，直到所有的灯都熄灭；当松开 K3 按键（P3_ 4）时，重复循环；按下 K3 按键（P3_ 4）时，回到主程序。

2. 电路原理图（图 3-13）

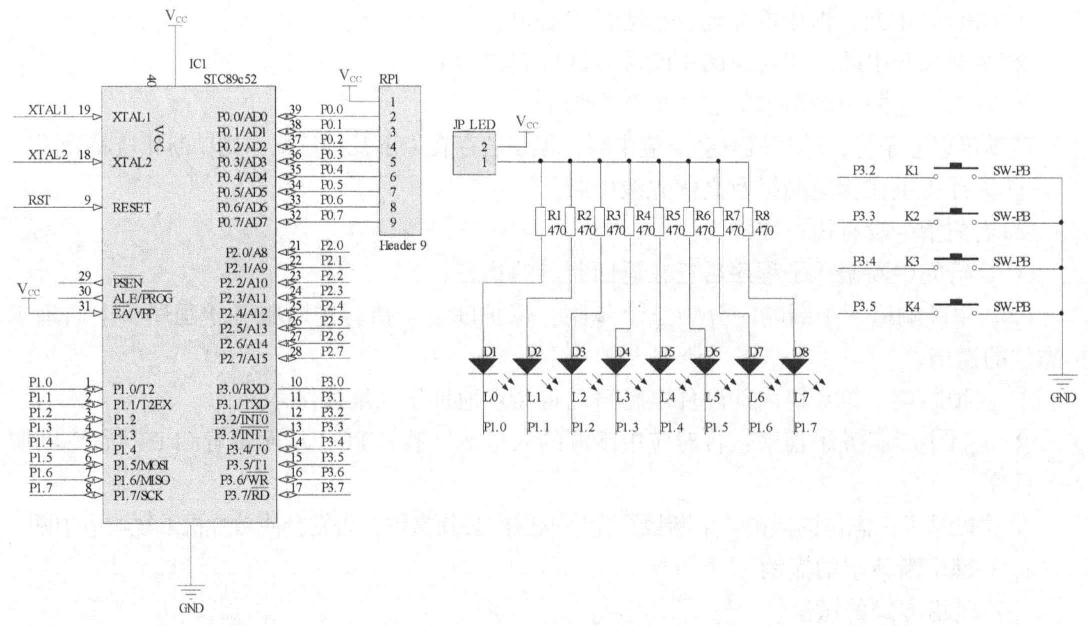

图 3-13　中断计数器电路原理图

3. 程序编写

```
#include <regx52.h>
```

```
#define uchar unsigned char

  void delay(void)
{
  uchar m,n,s;
  for(m=20;m>0;m--)
  for(n=20;n>0;n--)
  for(s=248;s>0;s--);
}
/*中断0时(P3.2按下),灯从P1.0开始,每隔0.2s增加一个灯点亮,当全部都点亮后,
再每隔0.2s减少一个灯,直到所有的灯都熄灭,重复循环。*/
  void int0() interrupt 0
    {

uchar i;
uchar temp;
uchar a,b;
while(P3_4==1)    /*按下P3.4,可以结束中断0的运行*/
    {
      temp=0xfe;
      P1=temp;
      delay();
      for(i=1;i<8;i++)
        {
          a=temp<<i;
          P1=a;
          delay();
        }
        b=0xff;
        for(i=8;i>0;i--)
        {
          b=b>>1;
          P1=~b;
          delay();
        }

    }
}


void main()
{
   EA = 1;
   EX0 =1;
```

```
    IT0 =1;

    while(1)
    {
        P1 =0xf0;
        delay();
        P1 =0x0f;
        delay();
    }
}
```

3.3.3 外部中断1

1. 任务说明

主程序任务：P1 控制 8 个 LED 灯，高低四位交替点亮；中断 1 时（P3.3 按下），并排两只灯开始左移、右移（2 个灯间隔 2 位移位）；当松开 K3 按键（P3_ 4）时，重复循环；按下 K3 按键（P3_ 4）时，回到主程序。

2. 电路原理图（图 3-14）

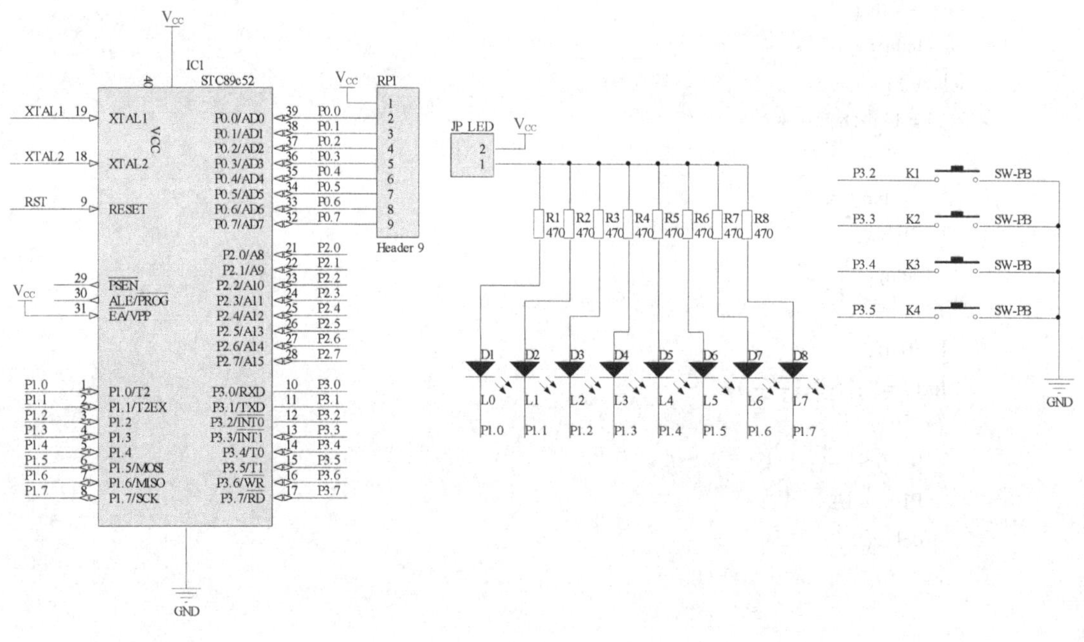

图 3-14 电路原理图

3. 程序编写

```
#include <regx52. h>
#define uchar unsigned char

  void delay(void)
```

```
{
  uchar m,n,s;
  for(m=20;m>0;m--)
  for(n=20;n>0;n--)
  for(s=248;s>0;s--);
}
/*中断0时(P3.2按下),灯从P1.0开始,每隔0.2s增加一个灯点亮,当全部都点亮后,
再每隔0.2s减少一个灯,直到所有的灯都熄灭,重复循环。*/
  void int0() interrupt 0
    {

uchar i;
uchar temp;
uchar a,b;
while(P3_4==1)    /*按下P3.4,可以结束中断0的运行*/
    {
      temp=0xfe;
      P1=temp;
      delay();
      for(i=1;i<8;i++)
        {
          a=temp<<i;
          P1=a;
          delay();
        }
        b=0xff;
        for(i=8;i>0;i--)
        {
          b=b>>1;
          P1=~b;
          delay();
        }

    }
}

void main()
{
      EA = 1;
      EX0 =1;
      IT0 =1;

   while(1)
   {
```

```
        P1 = 0xf0;
        delay( );
        P1 = 0x0f;
        delay( );
    }
}
```

3.3.4 利用外部中断0实现计数器功能

1. 设计要求

设计十进制0~9999的计数器，采用按键计数，数码管显示。

采用加减按键产生计数值：按下一个按键，计数值增加1；采用4位数码管显示，计数初值为0；当计数达到9999时，再次按下按键，计数值从0开始增加。

2. 计数器的基本原理

利用C51单片机来制作一个手动计数器，在单片机的P3.2引脚（外部中断0）接一个轻触开关，作为手动加计数的按钮，同理P3.3作为手动减少计数的按钮。同时，C51单片机的P2.0~P2.3接数码管的位选，作为0~9999计数选择的位置；用单片机的P0.0~P0.7接数码管的段选，作为0000~9999计数的显示。

3. 电路原理图（图3-15）

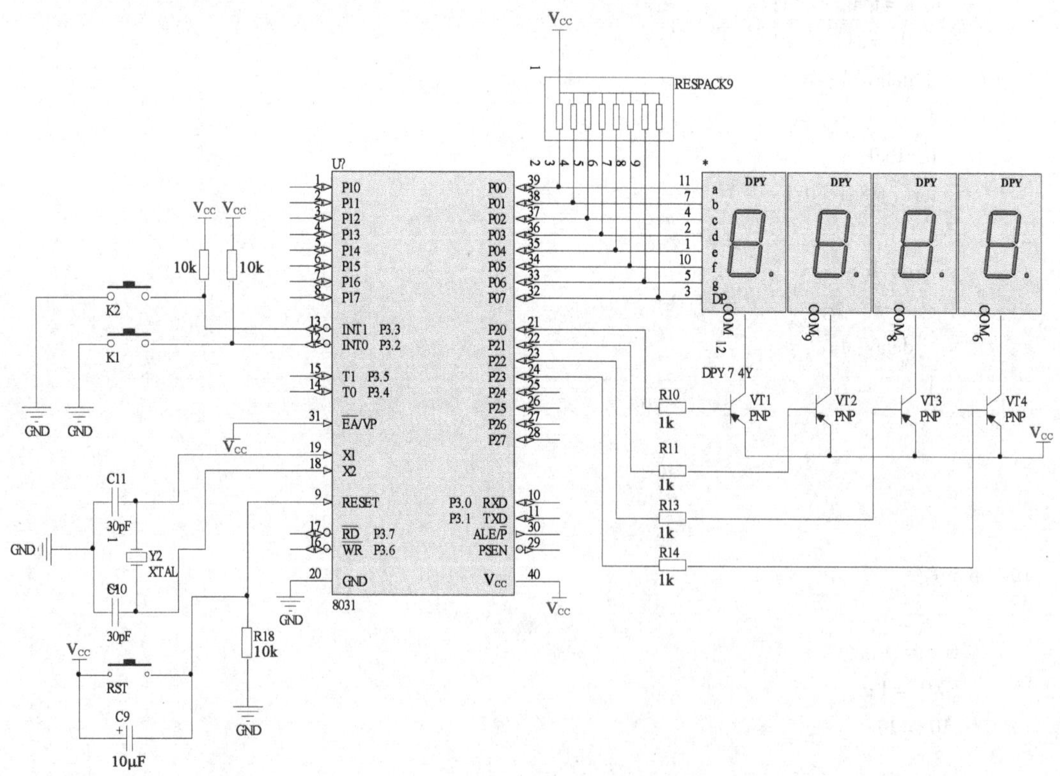

图3-15 电路原理图

4. 编写程序

```
#include <regx52.h>
#include <intrins.h>
unsigned char table[] = {0xc0,0xf9,0xa4,0xb0,0x99,0x92,0x82,0xd8,0x80,0x90};
int Count;

void Delay5ms()            //11.0592MHz
{
    unsigned char i, j;

    i = 9;
    j = 244;
    do
    {
        while (--j);
    } while (--i);
}

void Display(unsigned int n)
{
    P0 = table[n%10000/1000];
    P2_0 = 0;
    P2_1 = 1;
    P2_2 = 1;
    P2_3 = 1;
    Delay5ms();
    P0 = table[n%1000/100];
    P2_0 = 1;
    P2_1 = 0;
    P2_2 = 1;
    P2_3 = 1;
    Delay5ms();
    P0 = table[n%100/10];
    P2_0 = 1;
    P2_1 = 1;
    P2_2 = 0;
    P2_3 = 1;
    Delay5ms();
    P0 = table[n%10];
    P2_0 = 1;
    P2_1 = 1;
    P2_2 = 1;
    P2_3 = 0;
```

```
    Delay5ms();

}

void Intxinit()
{
    IT0 = 1;
    IT1 = 1;
    PX0 = 0;
    PX1 = 1;
    EX0 = 1;
    EX1 = 1;
    EA = 1;
}
void main()
{
    Intxinit();
    while (1)
    {
        Display(Count);
    }
}

void exint0() interrupt 0
{
    Count++;
    if(Count > 9999)    Count = 0;
}

void exint1() interrupt 2
{
    Count--;
    if(Count < 0)    Count = 0;
}
```

任务 3.4　抢答器的总体设计

【学习目标】

学习外部中断的综合应用。

【项目任务】

制作一个简易的抢答器。

3.4.1　抢答器总体设计

本设计是以简易三路抢答为基本理念，利用单片机及外围接口实现抢答系统，利用单片机的定外部中断的原理，将软、硬件有机地结合起来，使该系统能够正确地进行抢答，同时使数码管能够正确地显示抢答组号，用发光二极管和扬声器作为组号提示。同时，该系统能够实现：在抢答中，只有开始后抢答才有效，如果在开始抢答前抢答为无效；主持人能够在下次抢答之前手动复位。

① 设计一个可供3人进行的抢答器。

② 系统设置复位按钮，按动后，重新开始抢答。

③ 抢答器开始时数码管显示序号0，选手抢答实行优先显示，优先抢答选手的编号一直保持到主持人将系统清除为止。抢答后显示优先抢答者序号，同时发出音响和对应的灯亮，并且不出现其他抢答者的序号。

3.4.2　抢答器硬件电路设计

按照图3-16所示的抢答器原理图，设计抢答器的硬件电路。

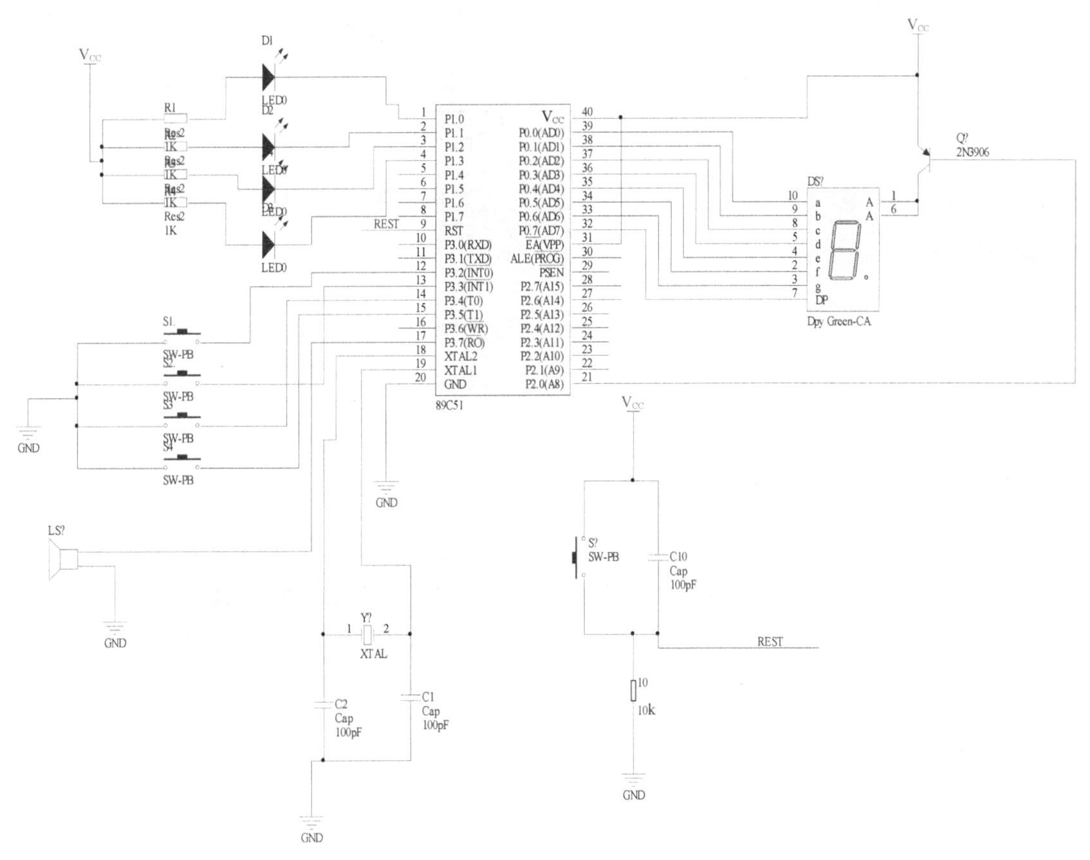

图3-16　抢答器原理图

3.4.3 抢答器程序设计

1. 流程图

抢答器程序设计流程如图3-17和图3-18所示。

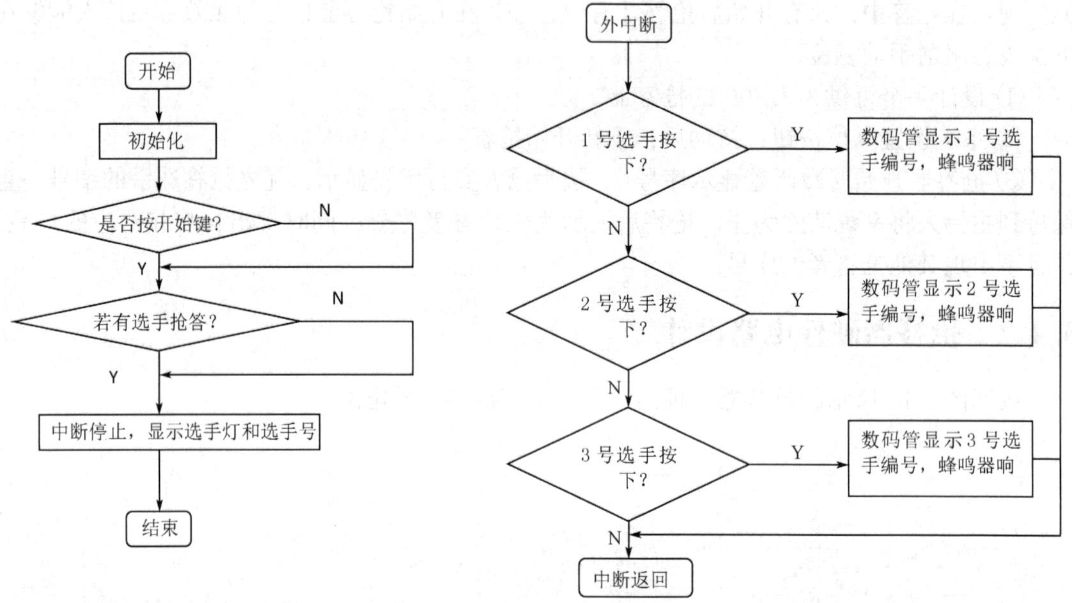

图3-17 抢答器程序流程图1

图3-18 抢答器程序流程图2

2. 程序编写

```
/* ------------------------------------------------
名称;三路抢答器
日期:201803221439

使用:P3^0是开始和暂停的选择

------------------------------------------------*/
#include <reg52.h>          //包含头文件,一般情况不需要改动,头文件包含特殊功能寄存器的
                              定义


#define GW P2 = 0xf7
#define SW P2 = 0xfb
#define BW P2 = 0xfd
#define QW P2 = 0xfe
#define OFF P2 = 0xff,P0 = 0xff
unsigned char table[ ] = {0xc0,0xf9,0xa4,0xb0,0x99,0x92,0x82,0xf8,0x80,0x90};

sbit key1 = P3^2;//定义按键位置独立按键模式
```

```
sbit key2 = P3^3;
sbit key3 = P3^4;
sbit key4 = P3^5;
sbit Speak = P3^7;

unsigned char a = 0, value;
unsigned char ADS = 0;
void delay(unsigned char z)    //误差    0.000000000227μs
                            //延时 1s
{
    unsigned char a,b,c,d;
    for(d = z;d > 0;d - - )
    for(c = 13;c > 0;c - - )
        for(b = 247;b > 0;b - - )
            for(a = 142;a > 0;a - - );


}

void delayxms(unsigned int x)
{
    unsigned int i,j;
    for(i = 0;i < x;i + + )
    for(j = 0;j < 120;j + + );
}
/*
蜂鸣器发声函数
 */
void Spesker()
{
    unsigned int a;
    a = 500;
    while(a - - )
    {
    Speak = ~Speak;
    delayxms(1);
    }
}
void Init_0()
{
    EA = 1;              //全局中断开
  EX0 = 1;             //外部中断 0 开
    ET0 = 1;
}
/* * * * 数码管显示 * * * */
```

```
void display( unsigned char ad)
{
  P0 = 0xff;
    P2 = 0xfe;
    P0 = table[ ad/1000% 10] ;
    delayxms(1) ;
    P0 = 0xff;
    P2 = 0xfd;
    P0 = table[ ad/100% 10] ;
    delayxms(1) ;
    P0 = 0xff;
    P2 = 0xfb;
    P0 = table[ ad/10% 10] ;
    delayxms(1) ;
    P0 = 0xff;
    P2 = 0xf7;
    P0 = table[ ad% 10] ;
    delayxms(1) ;
}


/ * * * * * * * 主函数 * * * * * */
void main( )
{
    bit Flag;
    Init_0( ) ;

    while( ! Flag)//执行一次就停止了先检测到的相应复位后有效
    {
        if( ! key2)        {P1 = 0xFE;Flag = 1;a = 1;Spesker( ) ;}//
        else if( ! key3) {P1 = 0xFD;Flag = 1;a = 2;Spesker( ) ;}//
        else if( ! key4) {P1 = 0xFB;Flag = 1;a = 3;Spesker( ) ;}//
        else if( ! key4) {P1 = 0xFB;Flag = 1;a = 3;Spesker( ) ;}//
        display( a) ;
    }

    while( Flag) ;
}

void int0( ) interrupt 0
{
    for( value = 10;value >0;value - - )
   {
    display( value) ;
```

```
        delay(1);

    }
}
```

【任务训练】

① 由三路抢答变成多路抢答。

② 在学习完定时/计数器以后，增加抢答时间的设定，然后再设计抢答器。

项目4

数字时钟的设计

任务 4.1　认识定时器/计数器

【学习目标】

① 掌握定时/计数器的工作方式；

② 掌握定时/计数器的相关控制寄存器；

③ 掌握定时/计数器的初始化方法。

【项目任务】

理解定时/计数器的结构（图 4-1），工作原理。学习定时/计数器的工作方式、相关控制寄存器等基础知识。

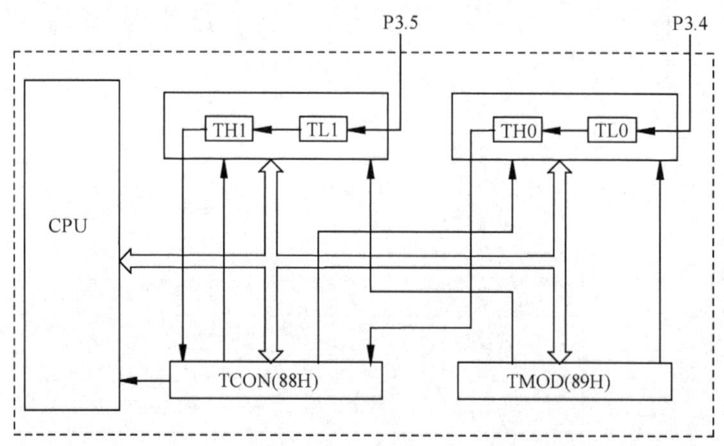

图 4-1　定时/计数器的结构

4.1.1　定时器的基本知识

C51 系列的单片机至少会有两个 16 位的定时/计数器，常见的 STC89C52 型号单片机使用了经典的 MCS－51 内核，但做了很多的改进。它有三个定时/计数器，两个基本定时/计数器是定时/计数器 0（T/C0）、定时/计数器 1（T/C1）。它们既可以作为定时器使用，也可以作为计数器来使用。本书只介绍基本的定时/计数器。

定时/计数器的基本功能如下。

（1）定时功能。计数内部晶振驱动时钟，为定时器的基本功能。

（2）计数功能。单片机的外部输入引脚的脉冲信号，作为计数功能。

实际上，单片机的定时/计数器是个加1计数器。定时器也是工作在计数的方式下，只不过是对固定频率的脉冲进行计数，因为脉冲的周期是固定的，通过计数值就可以计算出时间，完成定时的功能。

4.1.2　单片机中的时间周期

当单片机工作在定时器模式下时，是对固定频率的脉冲进行计数，也就是每个机器周期计数值加1。下面重点介绍单片机中几个时间周期的概念。

1. 时钟周期

时钟周期也叫晶振周期或者是振荡周期。

假设晶振的频率为12MHz（$f_{osc}=12\text{MHz}$），即每秒发出12×10^6个脉冲信号，那么发出一个脉冲的时间就是时钟周期，$T=1/12\mu s$，这就是系统的时钟周期或晶振周期。它是单片机中最小的、最基本的时间单位。

2. 机器周期

机器周期是单片机定时器和计数器的时间基准。

机器周期＝12×时钟周期（晶振周期）。如果晶振的频率为12MHz，那么机器周期就为1μs。

前面我们提到了，单片机定时器在定时模式下，每个机器周期计数值就会加1，如果采用晶振的振荡频率为12MHz，那么定时器就是1μs计数值增加1，这就是定时器的基本工作原理。

当定时器/计数器工作在计数器时，计数的脉冲来自外部脉冲输入引脚T0（P3.4）或（P3.5），当T0或T1脚上负跳变时，计数值加1。

4.1.3　与定时/计数器相关的特殊功能寄存器

1. 计数寄存器TH和TL

定时/计数器是16位存储单元，计数寄存器由TH高8位和TL低8位构成。定时/计数器T0/C0对应TH0和TL0，定时/计数器T1/C1对应TH1和TL1。定时/计数器的初始值，通过TH0/TL0和TH1/TL1设置。

2. 定时器/计数器控制寄存器TCON

TCON寄存器的功能如下：

D7	D6	D5	D4	D3	D2	D1	D0
TF1	TR1	TF0	TR0				

功能说明如下。

（1）TR0和TR1为定时/计数器0（T/C0）、定时/计数器1（T/C1）的启动控制位。

TR0＝1：定时/计数器0启动计数；

TR0＝0：定时/计数器0停止计数；

TR1＝1：定时/计数器1启动计数；

TR1 =0：定时/计数器 1 停止计数。

定时/计数器（T/C）需要受到软件控制才能启动计数，当计数寄存器计满时，产生向高位的进位 TF，即溢出中断请求标志。

（2）TF0、TF1 为定时/计数器 0、定时/计数器 1 的计数溢出标志位。

当 T/C0、T/C1 计数溢出时，由硬件置位（TF0/TF1 =1）。

当 CPU 响应中断请求时，由硬件自动清除（TF0/TF1 =0）。

3. 定时/计数器的方式控制寄存器 TMOD

TMOD 寄存器的功能如下：

D7	D6	D5	D4	D3	D2	D1	D0
GATE	$C/\overline{T}$	M1	M0	GATE	$C/\overline{T}$	M1	M0
T/C1				T/C0			

功能说明如下。

（1）$C/\overline{T}$：计数器或定时器选择位。

C =1 为计数器；

$\overline{T}$ =0 为定时器。

（2）GATE：门控信号。

GATE =1：定时/计数器的启动受到双重控制，即要求 TR0/TR1 和$\overline{INT0}/\overline{INT1}$同时为高电平。

GATE =0：定时/计数器的启动仅受 TR0 和 TR1 控制。

（3）M1 和 M0 工作方式选择。四种工作方式，由 M1、M0 的四种组合状态确定，具体见表 4-1。

表 4-1　定时/计数器工作方式

M1	M0	方式	功　能
0	0	0	为 13 位定时器/计数器，TL 存低 5 位，TH 存高 8 位
0	1	1	为 16 位定时器/计数器
1	0	2	常数自动装入的 8 位定时器/计数器
1	1	3	仅适用于 T/C0，两个 8 位定时器/计数器

4.1.4　定时器/计数器的工作方式

1. 方式 0

当 TMOD 中的 M1M0 =00 时，T/C 工作在方式 0。

方式 0 为 13 位的 T/C，由 TH 提供高 8 位，TL 提供低 5 位的计数值，最大计数数值为 2^{13}，也可预置初始值。定时/计数器工作方式 0 如图 4-2 所示。

T/C 启动后（TR0 或 TR1 =1）立即加 1 计数，当 TL 中的低 5 位寄存器加 1 进位时，TH 增 1，同时 TL 清 0；当 TH 溢出时将 TF 置位，申请中断，同时 TH 清 0，想要进行下一次定时或计数，如果 TH 和 TL 有初始值，那么在中断服务程序中应对 TH 和 TL 再预置初始值，否则 TH 和 TL 会从 0 开始计数。若 T/C 开中断（ET =1），且 CPU 开中断（EA =1），

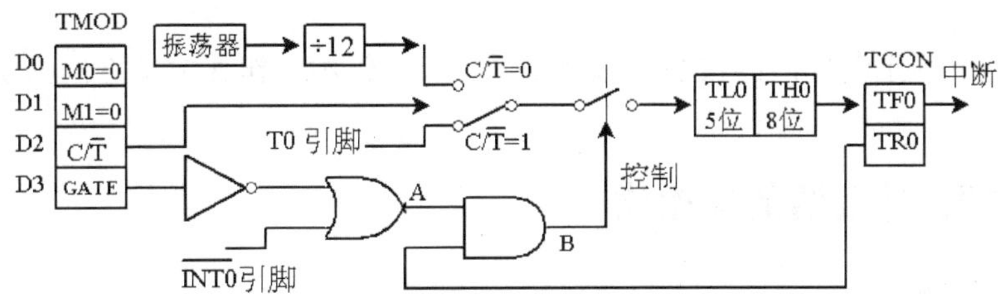

图 4-2　定时/计数器工作方式 0

则当 CPU 转向中断服务程序时，TF 自动清 0。

2. 方式 1

当 TMOD 中的 M1M0 = 01 时，T/C 工作在方式 1，如图 4-3 所示。

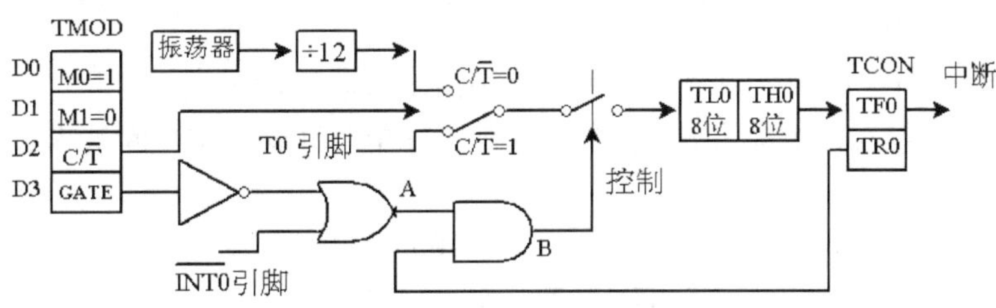

图 4-3　定时/计数器工作方式 1

方式 1 为 16 位 T/C，TH 提供高 8 位，TL 提供低 8 位，最大计数数值为 2^{16}，其他与方式 0 相同。

3. 方式 2

当 TMOD 中的 M1M0 = 10 时，T/C 工作在方式 2，如图 4-4 所示。

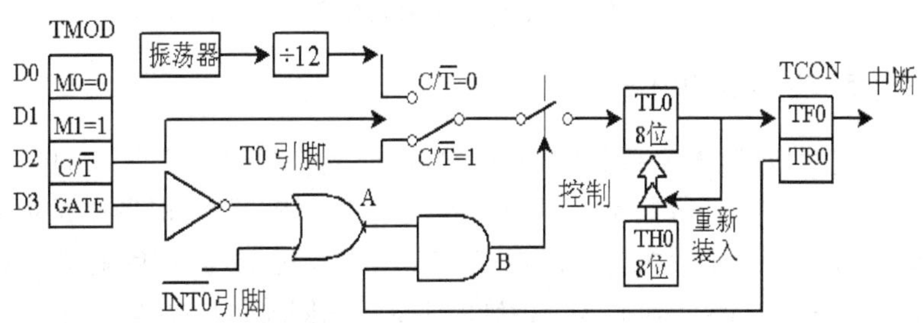

图 4-4　定时/计数器工作方式 2

方式 2 为 8 位可自动重装载的 T/C，最大计数数值为 2^8。计数过程中，TH 寄存 8 位初始值保持不变，由 TL 进行 8 位计数。TL 计数溢出时，除产生溢出中断请求外，还自动将 TH 中的初始值重装到 TL，即重装载。其他与方式 0 相同。

4. 方式 3

当 TMOD 中的 M1M0 = 11 时，T/C 工作在方式 3。

当 T/C1 工作在方式 3 时，将使 TH1 和 TL1 中的值保持不变，即使开启的计数功能有输入脉冲，TH1 和 TL1 也不会计数，也就是说，在工作方式 3 时，T/C1 失去作用。

当 T/C0 工作在方式 3 时，TH0 和 TL0 成为两个独立的计数器。这时 TL0 可作定时器或计数器用，占用 T/C0 在 TCON 和 TMOD 寄存器中的控制位和标志位；而 TH0 只能作定时器使用，占用 T/C1 的资源 TR1 和 TF1。在这种情况下，T/C1 仍可用于方式 0、1、2，但不能使用中断方式。

只有将 T/C1 用作串行口的波特率发生器时，T/C0 才工作在方式 3，以便增加一个定时器。

4.1.5 定时器/计数器的初始化

1. 初始化步骤

（1）确定 T/C 的工作方式——编程 TMOD 寄存器；

（2）计算 T/C 的计数初值，并装载到 TH 和 TL 中；

（3）T/C 在中断方式工作时，必须开启 CPU 中断和源中断——编程 IE 寄存器；

（4）启动定时器/计数器——编程 TCON 中的 TR1 或 TR0 位。

2. 初始值的计算

（1）计数器初值 = 最大计数值 - 计数器计满溢出所需的计数值。

比如，T/C1 工作在计数器方式 2，要求计数 100 个脉冲就产生中断请求，则计数初值 x 的计算方法为：

$$x = 2^8 - 100$$

则

$$TH1 = TL1 = 2^8 - 100$$

（2）定时器初值 =（最大定时间隔 - 需要定时间隔）×12/晶振频率。

比如，T/C0 工作在定时器方式 1，使用的晶振频率为 12MHz，要求定时时间为 1ms，则计数初值 x 的计算方法为：

$$x = (2^{16} - 1000) \times 1$$

则

$$TH0 = (2^{16} - 1000) / 2^8$$

$$TL0 = (2^{16} - 1000) \% 2^8$$

4.1.6 定时计数器应用实例

我们可以利用定时/计数器来得到所需要控制的时间，只要计数脉冲的间隔相等，则计数值就代表了时间的流逝。计数器是记录的外界发生的事情，而定时器则是由单片机提供一个非常稳定的计数源，如果单片机外接晶振是 12MHz，经过 12 分频后就可以获得的一个脉冲源。计数脉冲的间隔是 1μs，有了这个精确的 1μs，我们就可以实现对闪烁灯的控制。

1. 用定时器控制闪烁灯

单片机系统晶振频率为 12MHz，P0.0 端接有一个发光二极管，要求利用定时控制，使 LED 亮 1s，灭 1s，周而复始。

（1）任务分析。定时时间为 1s，T/C 最长的定时时间为 65536μs。对于较长时间的定时，可采用复合定时的方法：T/C0 工作在定时器方式 2，定时 200μs，定时时间到后，可以使 times 变量加 1，当 times 变量加 5000 次后，则 1s 时间到，将 P0.0 端反相，控制 LED 亮灭。在汇编语言中，数据长度只支持到 8 位，因此可以用定时工作方式 1，定时时间 50000μs 中断一次，中断 20 次则 1s 时间到。

（2）参考程序

```
#include <regx52.h>
int times;
```

```
/* ---定时中断服务程序 ---*/
void time0( ) interrupt 1
{  times ++;                          //每 200μs,times 加 1
if(times ==5000)                      //当 times 加满 5000 次后,1s 时间到
{  times =0;                          //times 清 0,重新计数
   P0_0 =! P0_0;                      //定时时间到 P0.0 反相
}
}
void main( )
{  TMOD =0x02;                        //定时器 0 工作方式 2
TH0 =256 -200;                        //预置初始值
TL0 =256 -200;
EA =1;                                //CPU 开中断
ET0 =1;                               //开定时中断 0
TR0 =1;                               //开启定时器 0,开始定时
while(1);                             //等待中断
}
```

2. 计数功能的实现

定时器/计数器应用硬件电路如图 4-5 所示，P3.4 端输入一脉冲信号，P0.0 端接一发光二极管，要求每采集到 P3.4 端 10 个脉冲，LED 改变一次状态，LED 初始状态为灭。

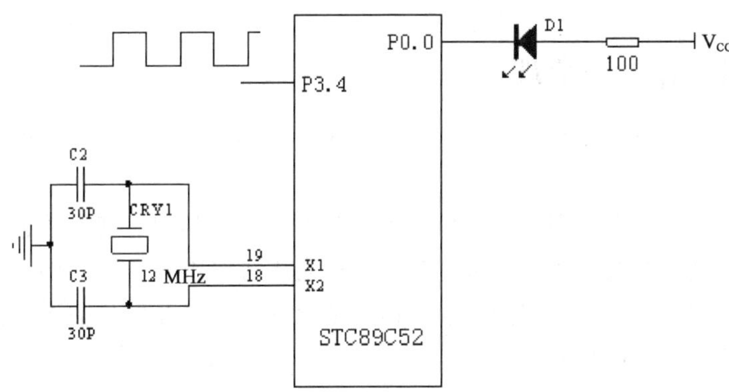

图 4-5　定时器/计数器应用硬件电路

（1）分析。需要采集外部脉冲输入端 T0 输入的脉冲数，因此采用计数器工作方式 0。当计数器计数 10 个脉冲后产生中断，使 P0.0 端反相，控制 LED。

（2）参考程序

```
#include <regx52.h>
int times;
void time0( ) interrupt 1     //中断服务程序入口
{
     P0_0 =! P0_0;            //计数到 10 个脉冲时 P0.0 反相
```

```
}
void main( )
{   TMOD = 0x06;              //计数器0工作方式2
TH0 = 256 - 10;               //预置计数器初始值
TL0 = 256 - 10;
EA = 1;                       //CPU开中断
ET0 = 1;                      //开定时器/计数器中断0
TR0 = 1;                      //开启计数器0,开始计数
while(1);                     //等待中断
}
```

任务4.2　用定时器驱动蜂鸣器

【学习目标】

① 了解蜂鸣器的种类；
② 掌握蜂鸣器的工作原理；
③ 掌握如何用定时器驱动蜂鸣器发出声音。

【项目任务】

要求单片机P3.7端口输出频率为250Hz的方波信号，利用定时器1，驱动蜂鸣器发出“Do”的声音。

4.2.1　蜂鸣器工作发声原理

蜂鸣器的发声电路由振动装置和谐振装置组成，而蜂鸣器又分为无源他激型与有源自激型两种。

无源蜂鸣器的工作发声原理：无源蜂鸣器与普通的喇叭类似，需要接通交流电或方波才会响声，频率即是交流电的频率。本单片机采用的是无源蜂鸣器，因此要给蜂鸣器输出一定频率的方波，来驱动它发声。方波信号输入谐振装置转换为声音信号输出。无源他激型蜂鸣器的工作发声原理如图4-6所示。

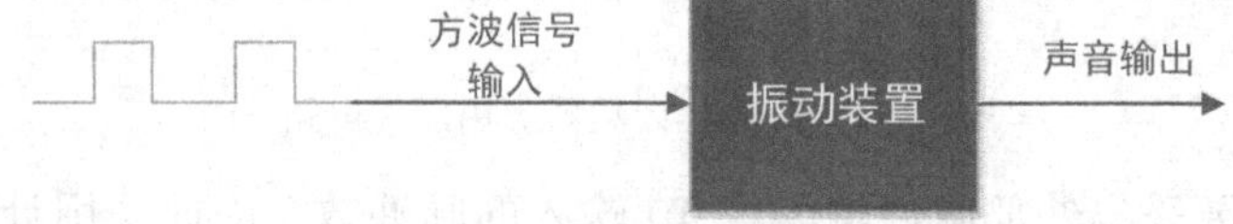

图4-6　无源他激型蜂鸣器工作原理

有源蜂鸣器的工作发声原理是：需要接通3～5V直流电才可响声，其频率是固定的。

4.2.2　驱动蜂鸣器程序

1. 任务分析

要求P3.7端口输出频率为250Hz的方波信号。若$f=250\text{Hz}$，则周期$T=4\text{ms}$。那么，定

时/计数器每隔2ms就要产生一次定时中断，也就是定时的时间是2ms，然后翻转电平，即可得到周期为4ms的方波。

第一步：先要确定工作方式，选择工作方式1，确定TMOD值。

TMOD &= 0x0F；

TMOD | = 0x10；//设置定时器模式

第二步：根据刚才分析得出的结论，采用定时/计数器1，工作方式1，计算计数初值得：

TL1 = 0x22；TH1 = 0xF9；

第三步：启动定时/计数器1，并开中断控制位。

TR1 =1；

ET1 =1；

EA =1；

2. 参考程序

```
#include <regx52.h>
void Timerxinit()
{
TMOD &= 0x0F;                    //设置定时器模式
TMOD |= 0x10;                    //设置定时器模式
TL1  = 0x22;                     //设置定时初值
TH1  = 0xF9;                     //设置定时初值
PT1 =0;
ET1 =1;
TR1 =1;
EA =1;
}
void main()
{
                                 //利用定时器1,驱动蜂鸣器发出"Do"
Timerxinit();
while(1)
{
    ;
}
}
void tm1_isr() interrupt 3       //2ms产生一次中断
{
TL1  = 0x22;                     //设置定时初值
TH1  = 0xF9;                     //设置定时初值
P3_7 = ~P3_7;                    //电平翻转产生方波
}
```

任务 4.3　利用定时器实现数字时钟功能

【学习目标】

学习定时器的数字时钟功能，并掌握在实例中的具体应用。

【项目任务】

① 使 4 个数码管显示 × 分 × 秒；
② 单片机定时器控制每一秒自动加 1，并且时、分、秒自动进位；
③ 通过键盘调整和设置当前时间及闹钟时间；
④ 增加闹钟功能。

4.3.1　设计方案

多功能数字时钟系统的系统框图如图 4-7 所示。以 STC89C52 单片机为核心，键盘作为控制信号输入部分，输出部分由数码管显示技术及音频输出电路组成。

（1）键盘电路由 4 个功能按键组成，各按键的功能如下。

Key1、Key2：分别是调整分、调整秒按键，在闹钟模式下，按此键可以设置闹钟时间。

Key3：模式切换按键，切换显示当前时间与闹钟时间，系统默认为当前时间显示。

Key4：停止按键。

（2）时间显示采用数码管显示技术来实现。分、秒共 4 位数码管，采用动态显示技术，可以节省单片机的 I/O 资源。

（3）闹钟功能：当设定的闹钟时间到时，P3.7 端口输出频率为 250Hz 的方波驱动蜂鸣器，直到按下 key4（停止键），闹钟才会停止。

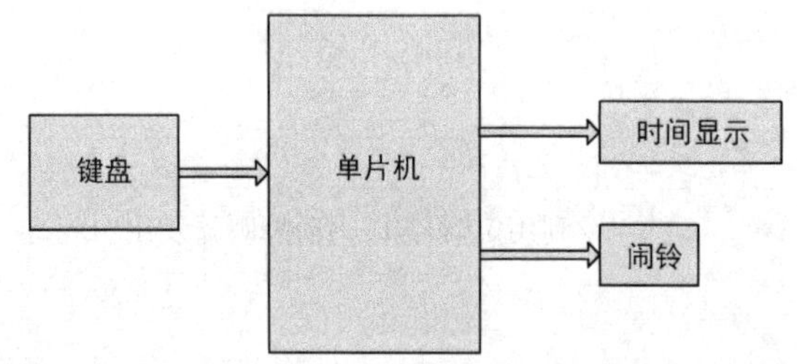

图 4-7　数字时钟系统框图

4.3.2　硬件电路设计

可调数字时钟主控电路包括主控芯片电路、数码管显示电路、蜂鸣器电路、晶振电路、复位电路和按键电路。

（1）CPU 模块：如图 4-8 所示，单片机采用 STC89C52，P3.2 ~ P3.5 采集键盘输入信号，P0 口控制数码管的八段码，P2.0 ~ P2.3 控制数码管的公共端，P3.7 控制闹铃输出。

（2）键盘电路：如图 4-8 所示，共 4 位按键开关，由单片机的 P3.2 ~ P3.5 采集按键信号。

(3) 闹铃电路：如图4-8所示，单片机P3.7口输出方波信号驱动蜂鸣器。

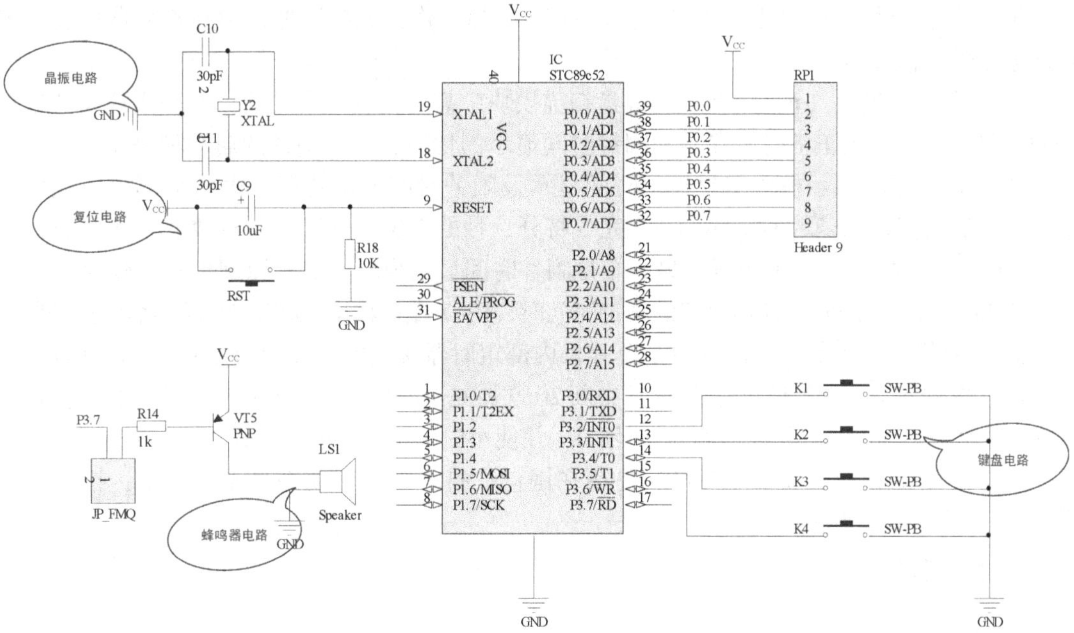

图4-8　可调数字时钟主控电路

(4) 时间显示电路：如图4-9所示，分、秒显示采用4位数码管动态显示，数码管的A～H段由单片机的P0口控制，1H～4H数码管公共端由单片机的P2.0～P2.3口控制。

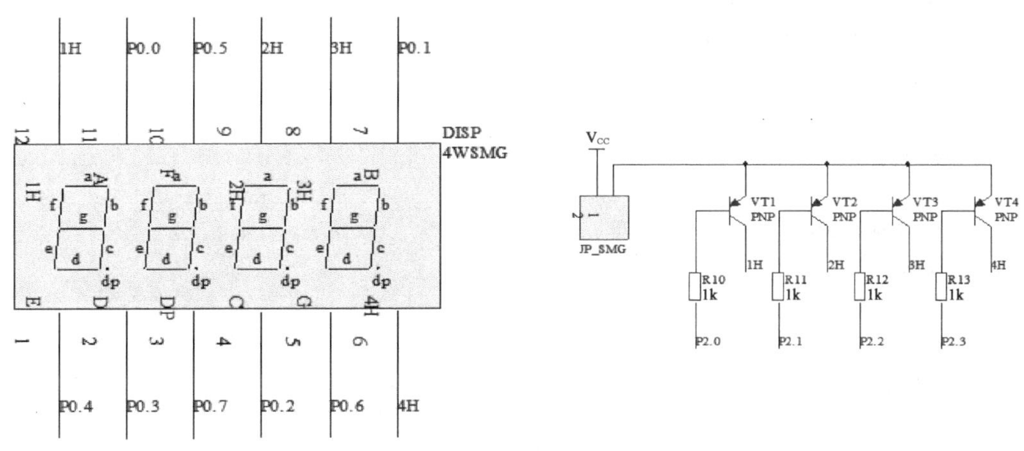

图4-9　时间显示电路

4.3.3　软件电路设计

软件电路设计采用模块化、结构化程序设计方式，将系统分解成若干子程序模块。有利于程序的编写与理解，也有利于不同系统之间程序的移植。多功能数字电子钟系统的程序设计分为初始化模块、键盘扫描模块（设定闹钟）、显示模块、闹钟模块、定时模块、软件延时模块。

1. 各模块任务分配

① 初始化模块。初始化模块中包括定时/计数器工作方式的选择、中断寄存器设置、定时计数器赋初值等。

② 键盘扫描模块（设定闹钟）。键盘扫描模块中需要实现三个功能：一是实现闹钟秒和分的调整；二是实现正常时间显示和闹钟时间显示的切换；三是闹钟的启动和停止。

③ 显示模块。显示模块实现正常时间显示及闹钟时间显示功能，由两个部分组成：一个是普通的时间显示函数 Display（），完成将分、秒的 2 位十进制数分解成 2 个 1 位数，并对应 table［］中 0～9 的字形码；另一个是闹钟时间显示模块，显示原理也是一样的。

④ 闹钟模块。当时间到达设定的闹钟时间时，P3.7 端口输出 250Hz 的方波驱动蜂鸣器。

⑤ 定时模块。当前时间的计数是单片机内部定时器实现的。在定时模块中，采用定时/计数器工作方式 1，中断时间是 50ms，中断 20 次就是 1s 时间，秒数加 1；当秒数加到 60 时清 0，并使分钟加 1；当分钟加到 60 时清 0，并使小时加 1；当小时加到 24 时清 0。

⑥ 软件延时模块。软件延时模块是用在键盘去抖动程序和动态显示程序中，按键去抖为 10ms，动态显示为 5ms。

2. 参考程序

```
#include <regx52.h>
#include <intrins.h>
Unsigned char table[] = {0xc0,0xf9,0xa4,0xb0,0x99,0x92,0x82,0xd8,0x80,0x90};
int Count;
unsigned char Timer0_C;
unsigned char Sec =55,Min,Hour;
char Min_set =1,Sec_set =1;
bit Flag =0;

void Delay5ms()          //11.0592MHz
{
    unsigned char i, j;
    i = 9;
    j = 244;
    {
    while (--j);
    } while (--i);
}

void Display() //时间显示
{
    P0 =table[Min/10];
    P2_0 =0;
    P2_1 =1;
    P2_2 =1;
    P2_3 =1;
```

```
    Delay5ms();
    P0 = table[Min%10];
    P2_0 = 1;
    P2_1 = 0;
    P2_2 = 1;
    P2_3 = 1;
    Delay5ms();
    P0 = table[Sec/10];
    P2_0 = 1;
    P2_1 = 1;
    P2_2 = 0;
    P2_3 = 1;
    Delay5ms();
    P0 = table[Sec%10];
    P2_0 = 1;
    P2_1 = 1;
    P2_2 = 1;
    P2_3 = 0;
    Delay5ms();
}
void Displayset()  //闹钟显示
{
    P0 = table[Min_set/10];
    P2_0 = 0;
    P2_1 = 1;
    P2_2 = 1;
    P2_3 = 1;
    Delay5ms();
    P0 = table[Min_set%10];
    P2_0 = 1;
    P2_1 = 0;
    P2_2 = 1;
    P2_3 = 1;
    Delay5ms();
    P0 = table[Sec_set/10];
    P2_0 = 1;
    P2_1 = 1;
    P2_2 = 0;
    P2_3 = 1;
    Delay5ms();
    P0 = table[Sec_set%10];
    P2_0 = 1;
    P2_1 = 1;
    P2_2 = 1;
```

```
    P2_3 =0;
    Delay5ms( );

}

void Timerxinit( )                  //定时/计数器初始化
{
    TMOD & =  0xF0;                 //设置定时器模式,定时/计数器0,工作方式1
    TMOD | =  0x01;                 //设置定时器模式
    TL0  =  0x00;                   //设置定时初值
    TH0  =  0x4C;                   //设置定时初值
    PT0 =1;
    ET0 =1;
    TR0 =1;

    TMOD & =  0x0F;                 //设置定时器模式,定时/计数器1,工作方式1
    TMOD | =  0x10;                 //设置定时器模式
    TL1  =  0x22;                   //设置定时初值
    TH1  =  0xF9;                   //设置定时初值
    PT1 =0;
    ET1 =1;
    EA =1;
}
void Delay10ms( )                   //11.0592MHz
{
    unsigned char i, j;

    i  =  18;
    j  =  235;
    do
    {
        while ( - -j);
        } while ( - -i);
}
void Alarmclock( )                  //闹钟设定
{
    if( P3_2 = =0)                  //秒调整
    {
        Delay10ms( );
        if( P3_2 = =0)
        {
            Min_set + +;
            if( Min_set > =60) Min_set =59;
            while( P3_2 = =0);
```

```
            }
    }
    if(P3_3 = =0)                          //分调整
    {
        Delay10ms();
        if(P3_3 = =0)
        {
            Sec_set + +;
            if(Sec_set > =60)Sec_set =0;
            while(P3_3 = =0);
        }
    }
    if(Min = =Min_set&&Sec = =Sec_set)
    {
         TR1 =1;                           //启动闹钟
    }
    if(P3_4 = =0)                          // 模式切换
    {
        Delay10ms();
        if(P3_4 = =0)
        {
            Flag = ~Flag;
        }
        while(P3_4 = =0);
    }
    if(P3_5 = =0)                          //闹钟停止
    {
        TR1 =0;
      }
    }
void main()
{
Timerxinit();
while(1)
{
    if(Flag = =0)Display();
    else             Displayset();
    Alarmclock();
}
}

void tm0_isr() interrupt 1                 //计时
{
    TL0  =  0x00;                          //设置定时初值,定时/计数器0,工作方式1
```

```
    TH0 = 0x4C;                                 //设置定时初值
    Timer0_C++;
    if(Timer0_C==20)
    {
        Timer0_C=0;
        Sec++;
        if(Sec>=60)
        {
            Sec=0;
            Min++;
            if(Min>=60)
            {
                Min=0;
                Hour++;
                if(Hour>=24)Hour=0;
            }
        }
    }
}

void tm1_isr() interrupt 3                      //2ms 产生一次中断,250Hz 方波
{
    TL1 = 0x22;                                 //设置定时初值
    TH1 = 0xF9;                                 //设置定时初值
    P3_7 = ~P3_7;
}
```

项目5

数控直流稳压源

数控直流稳压电源就是能用数字来控制电源输出电压的大小，而且能使输出的直流电压能保持稳定、精确的直流电压源。其原理是利用 A/D 转换电路测量输入的模拟量，再通过 D/A 转换电路和辅助电路输出稳定的电压。它与传统的稳压电源相比，具有操作方便，电压稳定度高的特点，其结构简单、制作方便、成本低。

任务 5.1　学习 A/D 转换相关知识

【学习目标】

通过本任务的学习，了解模拟量和数字量的概念，掌握 A/D 转换的基本工作原理和典型应用电路，掌握 A/D 转换的技术指标和典型 A/D 芯片的应用。

【项目任务】

① 了解模拟量和数字量的概念；

② 掌握 A/D 转换的基本工作原理和典型应用电路；

③ 掌握 A/D 转换的技术指标；

④ 掌握 ADC0809 的应用方法。

5.1.1　A/D 转换器的原理及主要技术指标

（1）模数转换的定义

① 模拟信号（Analog Signal）：时间和幅度均连续变化的信号。

② 数字信号（Digital Signal）：时间和幅度离散，且按一定方式编码后的脉冲信号。

将模拟信号转换为相应的数字信号称为模数转换，简称 A/D 转换或者 ADC（Analog to Digital Conversion）。

ADC 输出与输入关系可表示为：

$$D_{out} = A_{in}/(V_{REF}/2^n)$$

即 ADC 是将输入信号 A_{in} 与其所能分辨的最小电压增量 $V_{REF}/2^n$ 相比较，得到与输入模拟量对应的倍数（取整）。

以 3 位 ADC 转换器为例，如图 5-1 所示。

（2）模数转换器的组成。图 5-2 所示为模数转换器的组成框图，A/D 转换是将模拟信号转换为数字信号，转换过程通过取样、保持、量化和编码四个步骤完成。

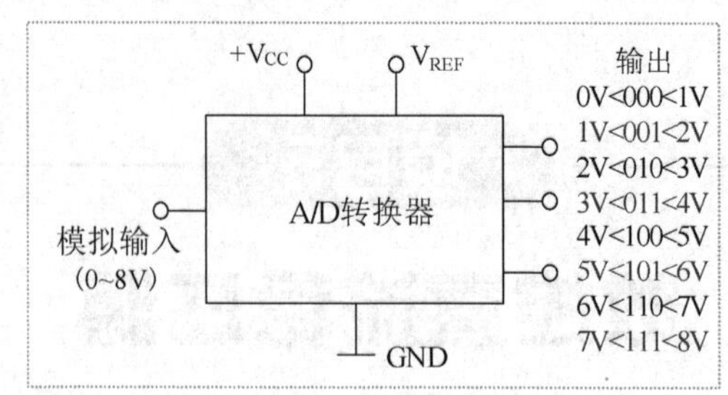

图 5-1　3 位 ADC 转换器

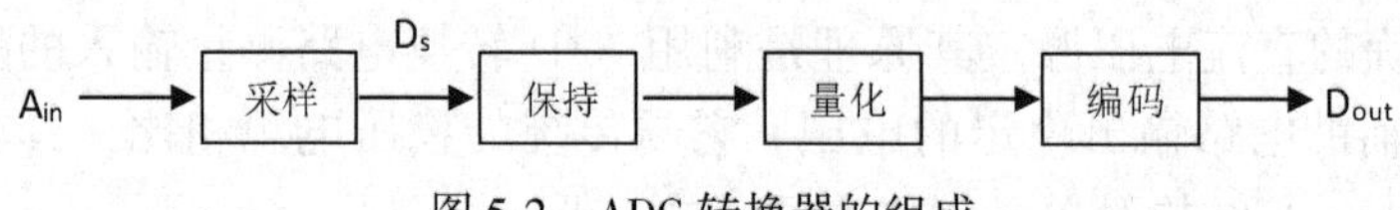

图 5-2　ADC 转换器的组成

① 采样和采样定理。和数字信号相比，模拟信号是随时间连续变化的，如果对其中某一时刻的信号进行 ADC，则需要首先将该时刻的数值进行采样。因此，ADC 周期性地将输入模拟值转换成与其大小对应的数字量，该过程称为采样。如图 5-3（a）所示，$U_i(t)$ 为输入的模拟信号，$S(t)$ 为采样脉冲，$U_s(t)$ 为采样输出信号。经过采样以后，连续的模拟信号已经转化为离散的数字信号。如图 5-3（b）所示，采样信号 $S(t)$ 的频率越高，取得的信号越能够真实地复现输入的模拟信号，因此，合理的采样频率，由采样定理确定。

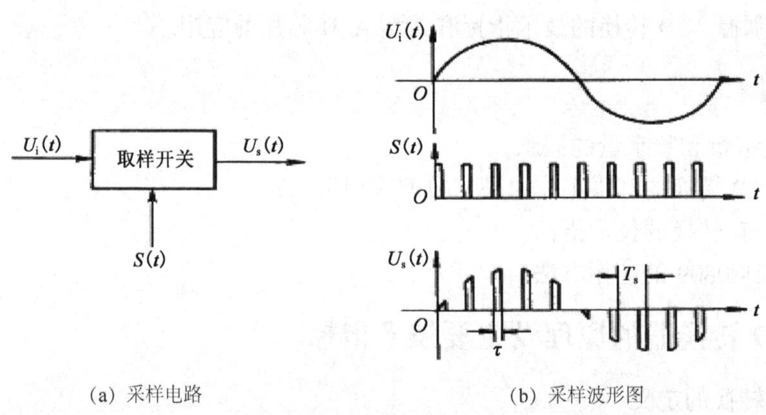

（a）采样电路　　（b）采样波形图

图 5-3　采样过程

采样定理：设采样信号 $S(t)$ 的频率为 f_s，输入模拟信号 $U_i(t)$ 的最高频率分量的频率为 f_{imax}，则 f_s 与 f_{imax} 必须满足下面的关系

$$f_s \geqslant 2f_{imax} \tag{5-1}$$

一般取 $f_s = (3 \sim 5) f_{imax}$。

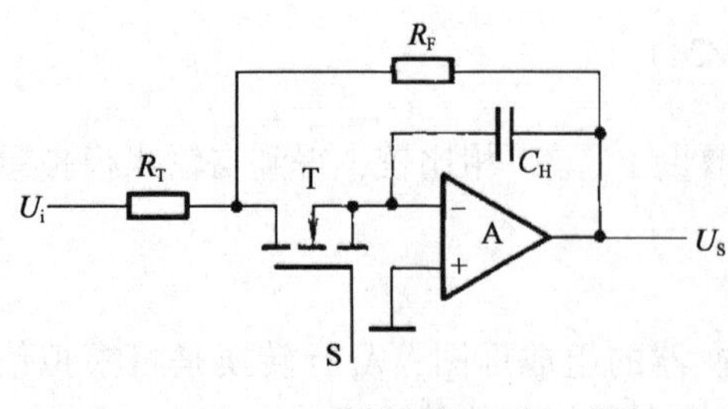

图 5-4　采样保持电路

② 保持。将采样所得的信号转化为数字信号往往需要一定时间，故采样输出信号在 ADC 转换期间应保持不变，否则 ADC 转换将出错，因此需要保持电路将采样电路的输出维持一段时间。一般来说，采样与保持过程同时完成。简单的采样保持电路如图 5-4 所示，MOS 管 T 为采样门，高质量的电容 C_H 为保持元件，高输入阻抗的运放 A

作为电压跟随器，起缓冲隔离和增强负载能力的作用，S 为采样脉冲，控制 MOS 管 T 的导通或关断。

③ 量化。数字信号不仅仅在时间上是离散的，而且在幅度上也是离散的，因此任何数字量只能是某个最小数量单位的整数倍，量化就是将采样保持电路得到的数值，以连续的模拟信号转换为相应的数字信号。最小数量单位 Δ 称为量化单位，量化单位 Δ 是数字信号最低位为 1 时所对应的模拟量，即 1LSB。LSB 值越小，量化级越多，与模拟量所对应的数字量的位数就越多；反之，LSB 值越大，量化级越少，与模拟量所对应的数字量的位数就越少。由于被采样电压是连续的，它的值不一定都能被 Δ 整除，所以，在量化过程中不可避免地存在误差，称为量化误差，用 ε 表示，ε 属于理论误差，它是无法消除的。

④ 编码。将量化后的结果用二进制码或其他代码表示出来的过程称为编码，经编码输出的代码，就是 ADC 转换器的转换结果，也就是 A/D 转换的输出信号。

（3）模/数转换器（ADC）的主要性能参数

① 分辨率。它表明 A/D 对模拟信号的分辨能力，由它确定能被 A/D 辨别的最小模拟量的变化。一般来说，A/D 转换器的位数越多，其分辨率则越高。实际的 A/D 转换器，通常为 8、10、12、16 位等。

② 量化误差。在 A/D 转换中，由于量化将产生固有误差，量化误差通常在 ±1/2LSB（最低有效位）之间。

例如：一个 8 位的 A/D 转换器，它把输入电压信号分成 $2^8=256$ 层，若它的量程为 0～5V，那么，量化单位 q 为：

$$q=\frac{\text{电量的测量范围}}{2^n}=\frac{5.0\text{V}}{256}\approx 0.0195\text{V}=19.5\text{mV} \tag{5-2}$$

q 正好是 A/D 输出的数字量中最低位 LSB = 1 时所对应的电压值。因而，这个量化误差的绝对值是转换器的分辨率和满量程范围的函数。

③ 转换时间。转换时间是 A/D 完成一次转换所需要的时间。一般转换速度越快越好，常见有高速（转换时间 $<1\mu s$）、中速（转换时间 $<1ms$）和低速（转换时间 $<1s$）等。

④ 绝对精度。对于 A/D 转换器，绝对精度指的是对应于一个给定模拟量，A/D 转换器的误差。其误差大小由实际模拟量输入值与理论值之差来度量。

⑤ 相对精度。对于 A/D 转换，指的是满度值校准以后，任一数字输出所对应的实际模拟输入值（中间值）与理论值（中间值）之差。例如，对于一个 8 位 0～+5V 的 A/D 转换器，如果其相对误差为 1LSB，则其绝对误差为 19.5mV，相对误差为 0.39%。

（4）A/D 转换器的种类。A/D 转换器按信号转换形式，可分为直接 A/D 型和间接 A/D 型，直接 A/D 转换器将模拟信号直接转化为数字信号，这类 A/D 转换器具有较快的转换速度，典型电路有并联比较型 A/D 转换器、逐次比较型 A/D 转换器；间接 A/D 转换器先将模拟信号转化为某一中间量（时间或频率），再将中间量转化为数字量输出，此类 A/D 转换器的速度较慢，典型电路有双积分型 A/D 转换器、电压频率转换型 A/D 转换器。

5.1.2　ADC0809 芯片的应用及与单片机的接口

双积分式 A/D 转换器和逐次逼近式 A/D 转换器是目前最常用的 A/D 转换器之一。双积分式 A/D 转换器的主要优点是转换精度高、抗干扰性能好、价格便宜，但转换速度较慢，因此这种转换器主要用于速度要求不高的场合。另一种常用的 A/D 转换器是逐次逼近式的，逐次逼近式 A/D 转换器是一种速度较快、精度较高的转换器，其转换时间大约在几微秒到几百微秒之间。通常使用的逐次逼近式典型 A/D 转换器芯片有以下几种。

（1）ADC0801～ADC0805 型 8 位 MOS 型 A/D 转换器，是美国国家半导体公司产品。它是目前最流行的中速廉价型产品，片内有三态数据输出锁存器，单通道输入，转换时间 100μs 左右。

（2）ADC0809 型 8 位 MOS 型 A/D 转换器，可实现 8 路模拟信号的分时采集，片内有 8 路模拟选通开关，以及相应的通道地址锁存用译码电路，其转换时间为 100μs 左右。

（3）ADC0816，除输入通道数增加至 16 个以外，其他性能与 ADC0809 型基本相同。

下面分析下 ADC0809 转换器结合单片机的应用技术。

1. ADC0809 的内部逻辑结构

ADC0809 内部逻辑结构如图 5-5 所示。在图 5-5 中，多路开关可选 8 个模拟通道，允许 8 路模拟量分时输入，共用一个 A/D 转换器进行转换。地址锁存与译码电路完成对 A、B、C 三个地址位进行锁存和译码，其译码输出用于通道选择，如表 5-1 所示。

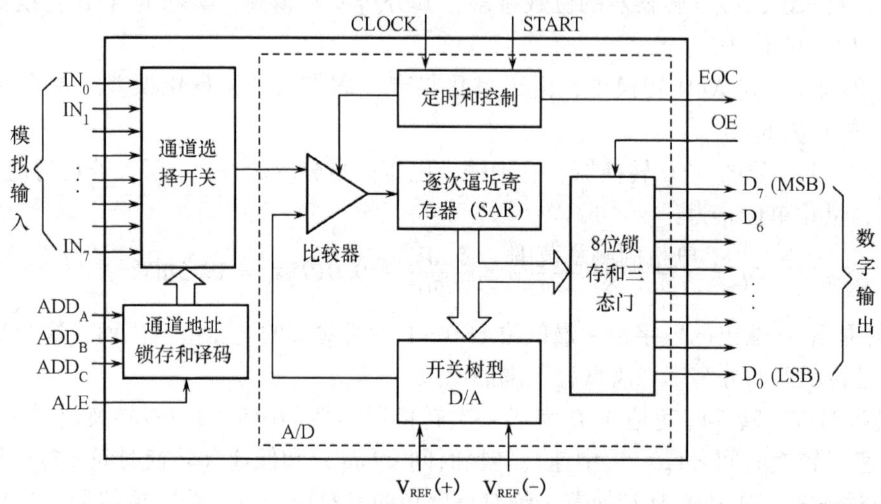

图 5-5　ADC0809 内部逻辑结构

表 5-1　通道选择表

地址			选中通道
ADD_C	ADD_B	ADD_A	
0	0	0	IN_0
0	0	1	IN_1
0	1	0	IN_2
0	1	1	IN_3
1	0	0	IN_4
1	0	1	IN_5
1	1	0	IN_6
1	1	1	IN_7

八位 A/D 转换器是逐次逼近式，由控制与时序电路、逐次逼近寄存器、树状开关，以

及 256R 电阻阶梯网络等组成。输出锁存器用于存放和输出转换得到的数字量。

2. 信号引脚

ADC0809 芯片为 28 引脚双列直插式封装，其引脚排列如图 5-6 所示。

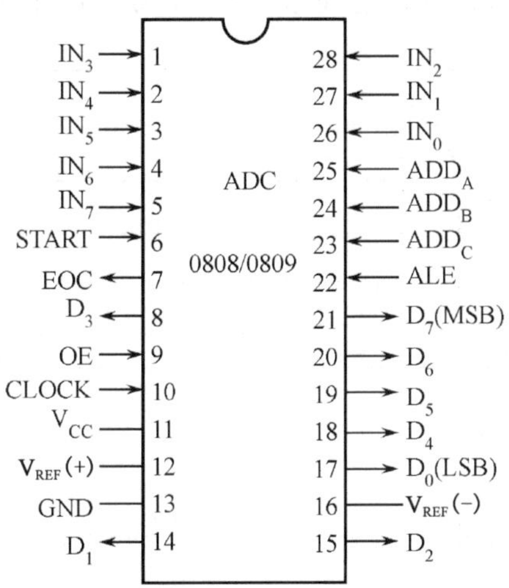

图 5-6　ADC0809 引脚图

对 ADC0809 主要信号引脚的功能说明如下。

(1) IN_0 ~ IN_7：模拟量输入通道。ADC0809 对输入模拟量的要求主要有：信号单极性，电压范围 0 ~ 5V，若信号过小还需进行放大。另外，模拟量输入在 A/D 转换过程中其值不应变化太快，因此对变化速度快的模拟量，在输入前应增加采样保持电路。

(2) A、B、C：地址线。A 为低位地址，C 为高位地址，用于对模拟通道进行选择，引脚图 5-6 中为 ADD_A、ADD_B 和 ADD_C，其地址状态与通道相对应关系见表 5-1。

(3) ALE：地址锁存允许信号。对应 ALE 上跳沿，A、B、C 地址状态送入地址锁存器中。

(4) START：转换启动信号。START 上跳沿时，所有内部寄存器清 0；START 下跳沿时，开始进行 A/D 转换；在 A/D 转换期间，START 应保持低电平。

(5) D_0 ~ D_7：数据输出线。为三态缓冲输出形式，可以和单片机的数据线直接相连。

(6) OE：输出允许信号。用于控制三态输出锁存器向单片机输出转换得到的数据。当 OE = 0，输出数据线呈高电阻；当 OE = 1，输出转换得到的数据。

(7) CLK：时钟信号。ADC0809 的内部没有时钟电路，所需时钟信号由外界提供，因此有时钟信号引脚。通常使用频率为 500kHz 的时钟信号。

(8) EOC：转换结束状态信号。EOC = 0，正在进行转换；EOC = 1，转换结束。该状态信号既可作为查询的状态标志，又可以作为中断请求信号使用。

(9) V_{cc}：+5V 电源。

(10) V_{REF}：参考电压。

参考电压用来与输入的模拟信号进行比较，作为逐次逼近的基准。其典型值为 +5V [V_{REF} (+) = +5V，V_{REF} (−) = 0V]

3. 工作时序与使用说明

ADC 0808/0809 的工作时序如图 5-7 所示。当通道选择地址有效时，ALE 信号一出现，地址便马上被锁存，这时转换启动信号紧随 ALE 之后（或与 ALE 同时）出现。START 的上升沿将逐次逼近寄存器 SAR 复位，在该上升沿之后的 2μs 加 8 个时钟周期内（不定），EOC 信号将变低电平，以指示转换操作正在进行中，直到转换完成后 EOC 再变高电平。微处理器收到变为高电平的 EOC 信号后，便立即送出 OE 信号，打开三态门，读取转换结果。

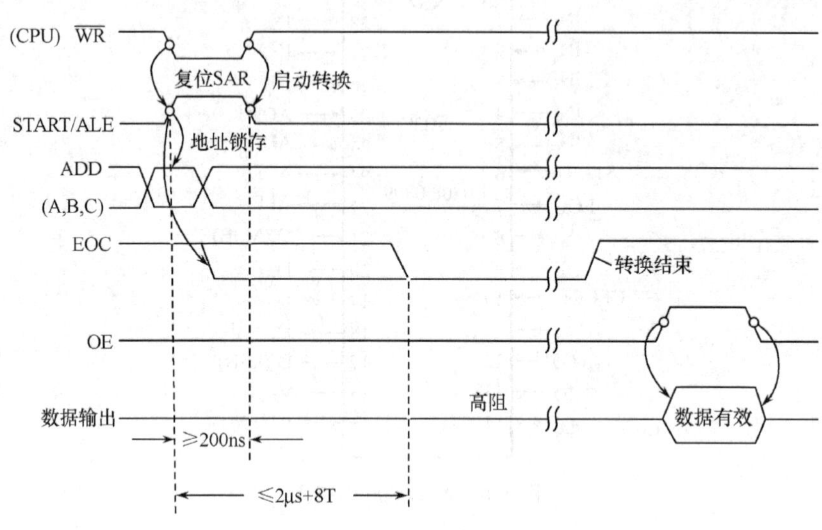

图 5-7　ADC 0808/0809 工作时序

模拟输入通道的选择可以相对于转换开始，独立地进行操作（当然，不能在转换过程中进行），然而，通常是把通道选择和启动转换结合起来完成（因为 ADC 0808/0809 的时间特性允许这样做）。这样可以用一条写指令，既选择模拟通道又启动转换。在与微机接口时，输入通道的选择可有两种方法：一种是通过地址总线选择；另一种是通过数据总线选择。

如用 EOC 信号去产生中断请求，要特别注意 EOC 信号相对于启动信号有 2μs + 8 个时钟周期的延迟，要设法使它不会产生虚假的中断请求。为此，最好利用 EOC 上升沿产生中断请求，而不是靠高电平产生中断请求。

任务 5.2　数控直流稳压源 A/D 转换电路

【学习目标】

通过本任务的学习，能够掌握 ADC0809 的基本工作原理及与单片机的接口，能够通过与单片机的连接，结合单片机应用电路，实现对模拟电压的测量，最终掌握 ADC0809 芯片的实际应用方法。

【项目任务】

设计 ADC0809 和单片机的接口电路，通过 A/D 转换器和单片机，实现对 0 ~ 5V 模拟电压的测量和显示，能够设计单片机的控制程序，并且能够利用 Proteus 软件进行仿真验证。

5.2.1　数控直流稳压源 A/D 转换电路硬件设计

利用电位器实现 0～5V 的模拟电压输入，通过 ADC0809 结合单片机应用系统电路，实现 0～5V 电压的测量和显示，显示电路用 2 位数码管来实现，数码管选择 2 位一体共阳 7 段数码管，考虑到整个项目的实现和单片机的整体 I/O 口分配，数码管的显示由串接芯片 74HC595 来实现，其硬件设计电路如图 5-8 所示。

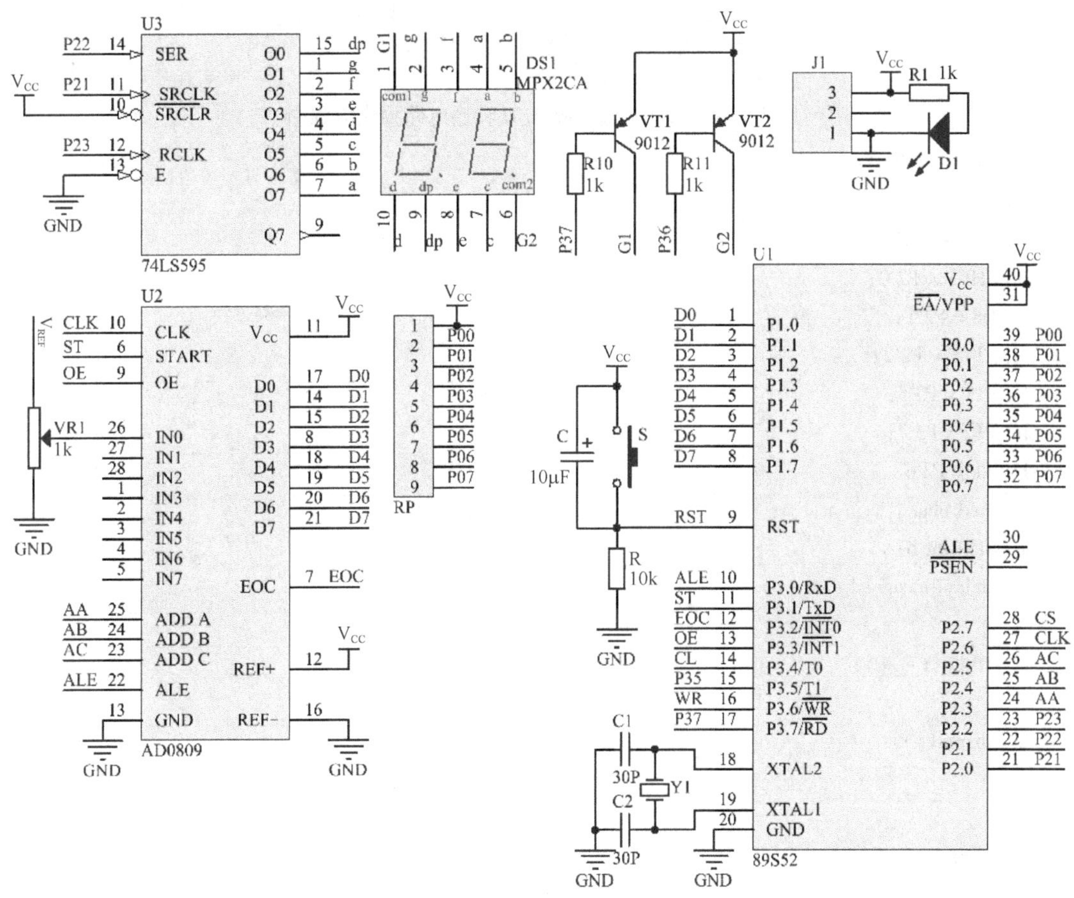

图 5-8　数控直流稳压源 A/D 转换电路硬件设计原理图

5.2.2　数控直流稳压源 A/D 转换电路程序设计

1. 程序流程图

程序流程图如图 5-9 所示。

2. C 语言程序

```
#include <reg51. h>
#include <absacc. h>
unsigned char code shu[ ] = {0xc0,0xf9,0xa4,0xb0,0x99,0x92,0x82,0xf8,0x80,0x90};
float s;
sbit ALE = P3^0;
```

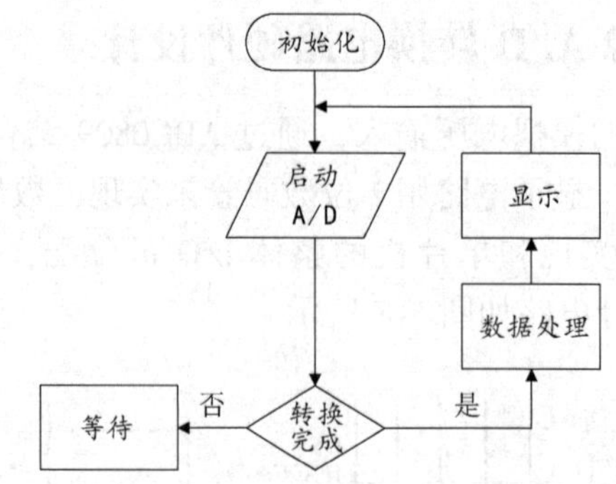

图 5-9　数控直流稳压源 A/D 转换电路程序流程图

```
sbit START = P3^1;
sbit EOC = P3^2;
sbit OE = P3^3;
sbit SHCP = P2^0;
sbit DS = P2^1;
sbit STCP = P2^2;
sbit P11 = P3^5;
sbit P12 = P3^7;
sbit clk = P2^6;
unsigned char j,k,m,n,i,a;
unsigned int b;
void delay(unsigned char t)
{
    while(t--);
}
void display()
{

  j = 0x01;
  for(i = 0;i < 8;i++)
  {
      if((shu[m]&0X7F&j) == 0){DS = 0;}      //将段码转换为位发送
     else {DS = 1;}
     SHCP = 1;
     SHCP = 0;
     j <<= 1;
  }
    P12 = 0;
    P11 = 1;     //选通高位数码管
    STCP = 0;
    STCP = 1;
    delay(200);
    j = 0x01;
```

```
      for(i =0;i <8;i + + )
        {
          if( (shu[n]&j) = =0)
        { DS =0;}
            else {DS =1;}
            SHCP =1;
            SHCP =0;
            j< < =1;
    }
            P11 =0;
            P12 =1;      //选通低位数码管
      STCP =0;
            STCP =1;
            delay(200);
}
void main()
{
      P2 =0X87;
      TMOD =0X20;            //定时器1模式2,8位自动装载产生ADC0809时钟信号
      TH1 =0X06;             //初值产生2.5kHz时钟
      TL1 =0X06;
      EA =1;
      ET1 =1;
      TR1 =1;
while(1)
{
       ALE =1;
       ALE =0;
       START =1;
       START =0;
       while(EOC = =0);      //等待转换完成
       OE =1;
       k =P1;
       a =P1;
       b =a * 50/255;
       m =b/10;
       n =b% 10;
       display();
    }
}
void   time() interrupt 3
   {
       clk =! clk;
   }
```

5.2.3 数控直流稳压源 A/D 转换电路仿真

实现电压测量的电路原理图，如图 5-10 所示。

电路说明如下：

① C52 单片机采用 +5V 电源供电；

② 显示部分采用 2 位共阳数码管；

③ 电压输入电路用可变电阻来实现；

④ A/D 转换由 ADC0808 来完成。

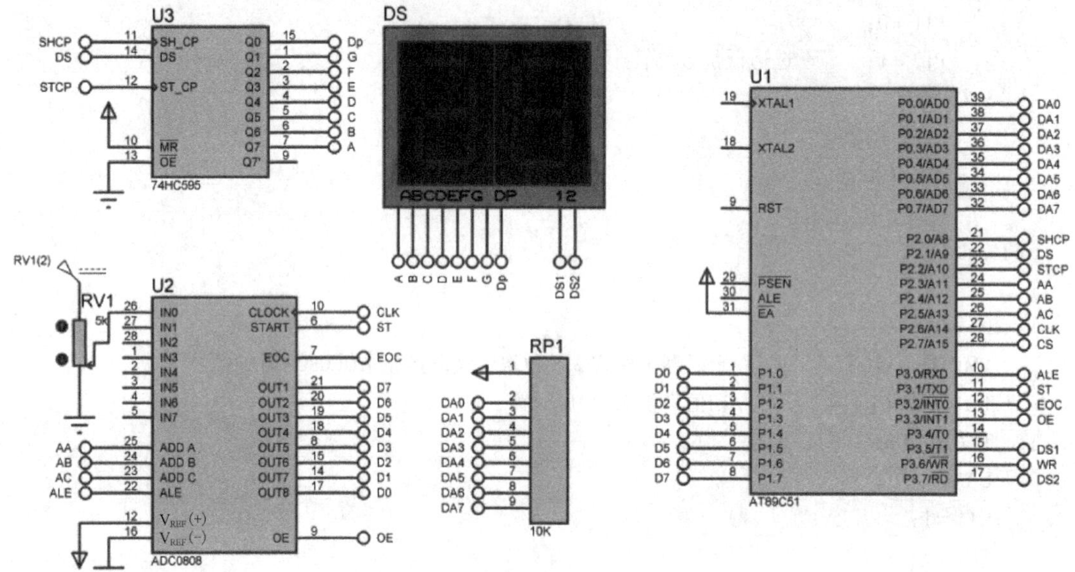

图 5-10 数控直流稳压源 A/D 转换电路仿真原理图

电路仿真结果如图 5-11（a）～（c）所示。

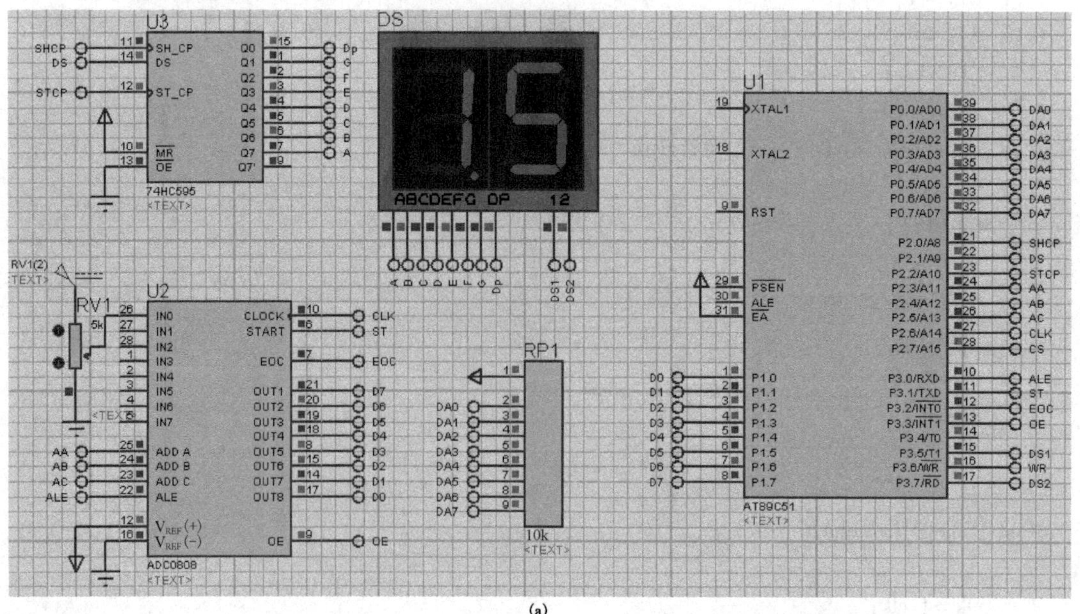

(a)

图 5-11

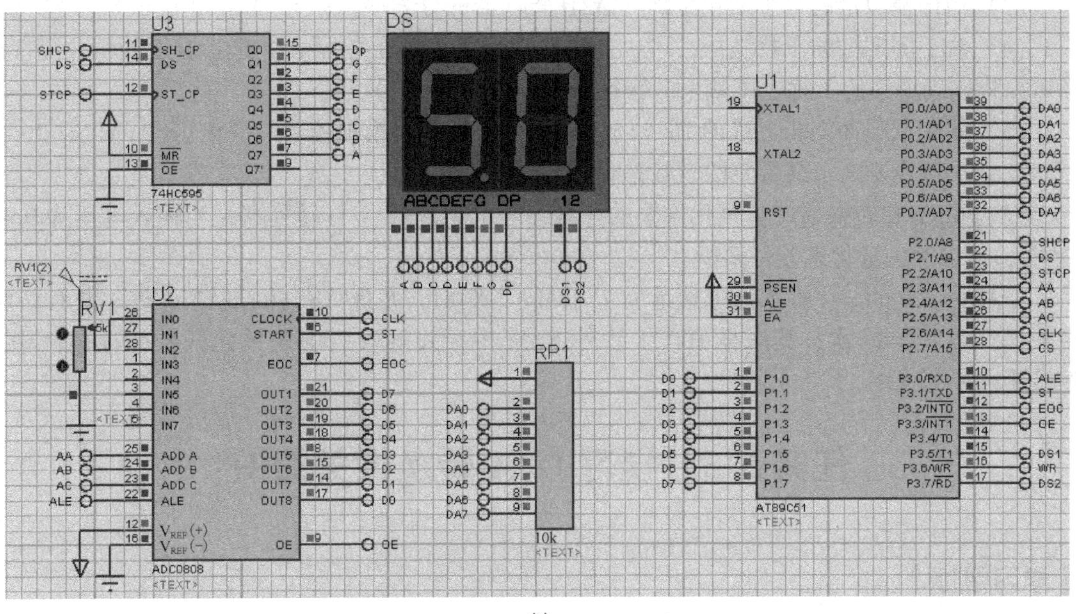

(b)

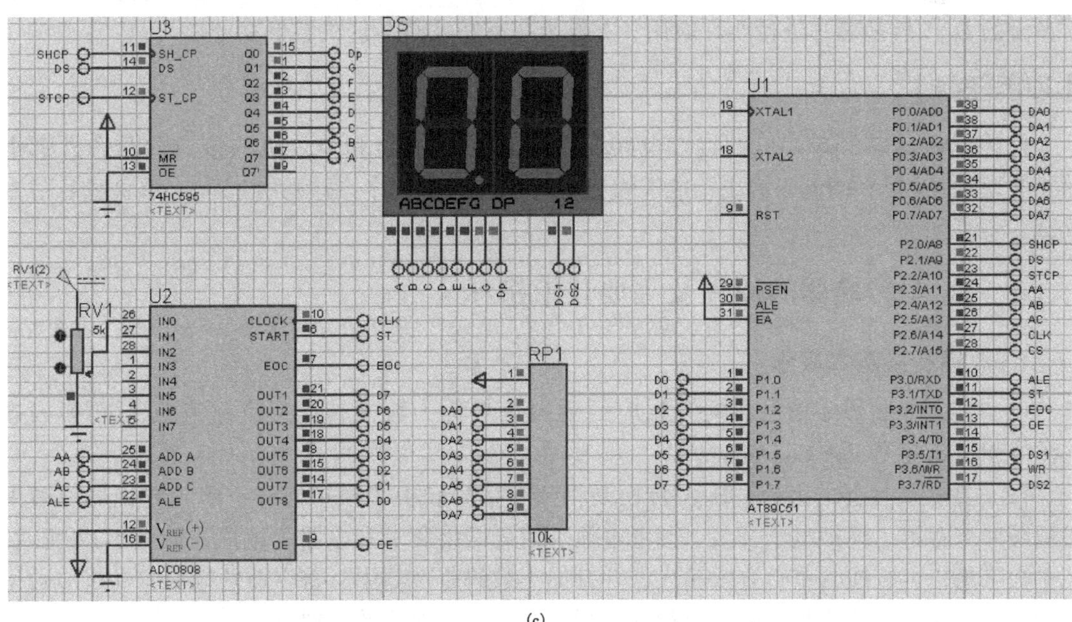

(c)

图 5-11　数控直流稳压源 A/D 转换电路仿真结果

【任务训练】

1. 判断下列说法是否正确。

（1）“转换速度”这一指标仅适用于 A/D 转换器，D/A 转换器不用考虑“转换速度”问题。（　　）

（2）ADC0809 可以利用“转换结束”信号 EOC 向 AT89C51 单片机发出中断请求。（　　）

(3) 输出模拟量的最小变化量称为 A/D 转换器的分辨率。(　　)

(4) 对于周期性的干扰电压，可以使用双积分型 A/D 转换器，并选择合适的积分元件，还可以将该周期性的干扰电压带来的转换误差消除。(　　)

(5) 使用双缓冲同步方式的 D/A 转换器，可实现多路模拟信号的同步输出。(　　)

2. A/D 转换器两个最重要的指标是什么？

3. 分析 A/D 转换器产生量化误差的原因，一个 8 位的 A/D 转换器，当输入电压为 0 ~ 5V 时，其最大的量化误差是多少？

4. ADC0809 的 8 个输入通道地址为 7FF8H ~ 7FFFH，并且每隔 60s 轮流采集一次 8 个通道数据，共采样 50 次，其采样值存入片外 RAM 中，并且以 2000H 单元开始的存储区中。请按要求编写程序。

任务 5.3　学习 D/A 转换相关知识

【学习目标】

通过本任务的学习，读者将掌握 D/A 转换的基本知识与技术指标，能够通过查阅手册对典型的 D/A 转换芯片进行实际应用，并结合单片机实现相应的控制功能。

【项目任务】

设计 DAC0832 和单片机的接口电路，通过 D/A 转换器和单片机的接口并结合外部电路，实现对 0 ~ 15V 的电压输出，能够设计单片机的控制程序，并利用 Proteus 软件进行仿真验证。

5.3.1　D/A 转换器的原理及主要技术指标

1. 数模转换基本概念

(1) 定义。将数字信号转换为相应的模拟信号称为数模转换，简称为 D/A 转换或者 DAC（Digital to Analog Conversion）。

(2) 数模转换器的组成。D/A 转换是将数字信号转换为模拟信号，D/A 转换器一般由数码缓冲寄存器、模拟电子开关、参考电压、解码网络和求和电路等组成，如图 5-12 所示。图中数字量以并行或者串行方式输入，并存储于数码寄存器中，寄存器的输出驱动对应数位上的电子开关，将相应数位的权值相加，得到与数字量对应的模拟量。

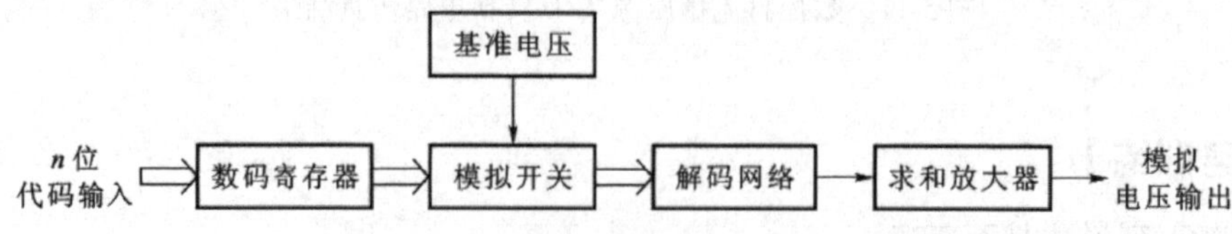

图 5-12　数模转换器的组成框图

由于构成数字代码的每一位都有一定的“权重”，因此为了将数字量转换成模拟量，就必须将每一位代码按其“权重”转换成相应的模拟量，然后再将代表各位的模拟量相加，即可得到与该数字量成正比的模拟量，这就是构成 D/A 变换器的基本思想。图 5-13 所示为

DAC 转换器的组成。

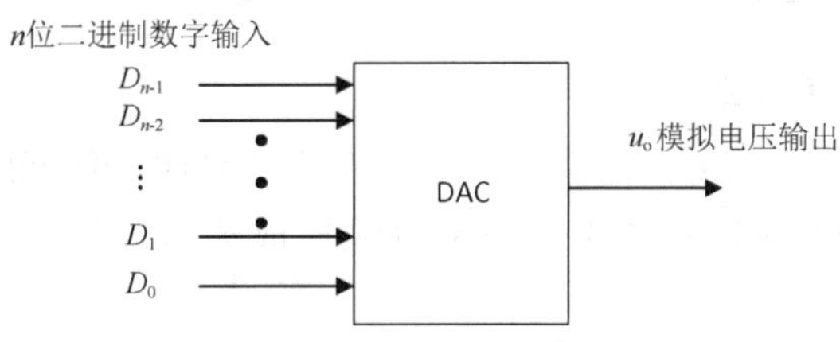

图 5-13　DAC 转换器的组成

D/A 转换器实质上是一个译码器（解码器）。一般常用的线性 D/A 转换器，其输出模拟电压 u_o 和输入数字量 D_n 之间成正比关系。V_{REF} 为参考电压。

输入：n 位二进制数字量为　$D = [d_{n-1}d_{n-2}\cdots d_1 d_0]$

对应的十进制数为

$$D_n = d_{n-1} \cdot 2^{n-1} + d_{n-2} \cdot 2^{n-2} + \cdots + d_1 \cdot 2^1 + d_0 \cdot 2^0 = \sum_{i=0}^{n-1} d_i 2^i$$

输出：与之为正比的模拟量为

$$\begin{aligned} u_o &= D_n V_{REF} \\ &= d_{n-1} \cdot 2^{n-1} \cdot V_{REF} + d_{n-2} \cdot 2^{n-2} \cdot V_{REF} + \cdots + d_1 \cdot 2^1 \cdot V_{REF} + d_0 \cdot 2^0 \cdot V_{REF} \\ &= \sum_{i=0}^{n-1} d_i 2^i V_{REF} \end{aligned}$$

2. 模/数转换器（DAC）的主要性能参数

（1）分辨率。分辨率表示 DAC 对模拟量的分辨能力，它是最低有效位（LSB）所对应的模拟量，它确定能由 D/A 产生的最小模拟量的变化。通常用二进制数的位数表示 DAC 的分辨率，如分辨率为 8 位的 D/A，能给出满量程电压的 1/28 的分辨能力，显然 DAC 的位数越多，则分辨率越高。

（2）线性误差。D/A 的实际转换值偏离理想转换特性的最大偏差，与满量程之间的百分比称为线性误差。

（3）建立时间。这是 D/A 的一个重要性能参数，其定义为：在数字输入端发生满量程的变化以后，D/A 的模拟输出稳定到最终值 ±1/2LSB 时所需要的时间。

（4）温度灵敏度。它是指数字输入不变的情况下，模拟输出信号随温度的变化量。一般 D/A 转换器的温度灵敏度为 $\pm 50 \times 10^{-6}$/℃。

（5）输出电平。不同型号的 D/A 转换器的输出电平相差较大，一般为 5～10V，有的高压输出型的输出电平高达 24～30V。

3. D/A 转换器的种类

按解码网络结构不同，D/A 转换器可分为权电阻、倒 T 型电阻、权电流和权电容型网络 D/A 转换器。按模拟电子开关电路的不同，D/A 转换器还可以分为 CMOS 开关型和双极型开关型 D/A 转换器。其中双极型开关型 D/A 转换器又分为电流开关型和 ECL 电流开关型两种，在速度要求不高的情况下，可选用 CMOS 开关型。如果要求较高的转换速度，则应选用双极型电流开关型 D/A 转换器，或转换速度更快的 ECL 电流开关型 D/A 转换器。

5.3.2 DAC0832 芯片的应用及与单片机的接口

1. 数模转换器 DAC0832

（1）电气符号与封装。DAC0832 是一种相当普遍，且成本较低的数/模转换器。该器件是一个 8 位转换器，它将一个 8 位的二进制数转换成模拟电压，可产生 256 种不同的电压值。

DAC0832 转换器的内部结构和外部引脚如图 5-14 所示，DAC0832 具有双缓冲功能，输入数据可分别经过两个锁存器保存：第一个是保持寄存器；第二个锁存器与 D/A 转换器相连。DAC0832 中的锁存器的门控端 G 输入为逻辑 1 时，数据进入锁存器；而当 G 输入为逻辑 0 时，数据被锁存。

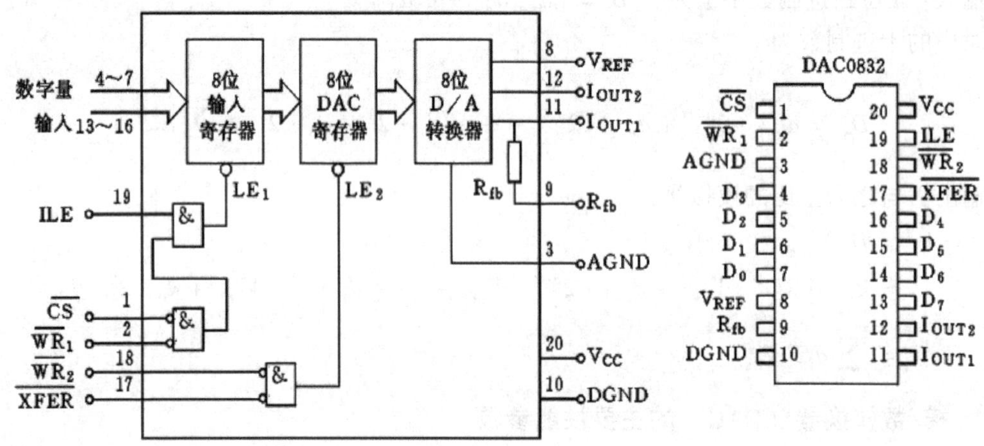

图 5-14 DAC0832 的内部结构和引脚

DAC0832 有一组 8 位数据线 $D_0 \sim D_7$，用于输入数字量。一对模拟输出端 I_{OUT1} 和 I_{OUT2}，用于输出与输入数字量成正比的电流信号，外部连接由运算放大器组成的电流/电压转换电路。转换器的基准电压输入端为 V_{REF}，基准电压一般在 -10 ~ +10V 范围内。

（2）DAC0832 的主要技术指标为：

- 电源电压：+5 ~ +15V；
- 分辨率：8 位；
- 工作方式：双缓冲、单缓冲和直通方式；
- 电流建立时间：1μs；
- 非线性误差：0.002FSB（FSB：满量程）；
- 逻辑电平输入：与 TTL 电平兼容；
- 功耗：20mW。

（3）DAC0832 各引脚的功能见表 5-2。

表 5-2 DAC0832 各引脚的功能

引　脚	功　能
$D_0 \sim D_7$	8 位数据输入端，TTL 电平
ILE	输入数据锁存允许，高电平有效
$\overline{CS}$	片选信号输入端，低电平有效

续表

引　脚	功　能
$\overline{WR}_1$、$\overline{WR}_2$	两个写入命令输入端，低电平有效
$\overline{XFER}$	传送控制信号，低电平有效
I_{OUT1}和I_{OUT2}	互补的电流输出端。当输入数据全为0时，$I_{OUT1}=0$；当输入数据全为1时，I_{OUT1}最大；$I_{OUT1}+I_{OUT2}=$常数
R_{FB}	反馈电阻15kΩ，被制作在芯片内，与外接的运算放大器配合构成电流/电压转换电路
V_{REF}	转换器的基准电压，电压范围$-10\sim+10$V
V_{CC}	工作电源输入端，$+5\sim+15$V
A_{GND}	模拟地，模拟电路接地点
D_{GND}	数字地，数字电路接地点（为减小误差和干扰，数字地和模拟地可分别接地）

2. DAC0832与单片机的连接方式

DAC0832有三种不同的工作模式，与单片机的接口也有相对应的几种连接方式。

（1）直通方式。当ILE接高电平，$\overline{CS}$、$\overline{WR}_1$、$\overline{WR}_2$和$\overline{XFER}$都接数字地时，DAC处于直通方式，如图5-15所示。8位数字量一旦到达$D_0\sim D_7$输入端，就立即加到D/A转换器，被转换成模拟量。在D/A实际连接中，要注意区分“模拟地”和“数字地”的连接。为了避免信号串扰，数字量部分只能连接到数字地，而模拟量部分只能连接到模拟地。这种方式可用于不采用微机的控制系统中。

（2）单缓冲方式。单缓冲方式是将一个锁存器处于缓冲方式，另一个锁存器处于直通方式，输入数据经过一级缓冲送入D/A转换器，如图5-16所示。如把$\overline{WR}_2$和$\overline{XFER}$都接地，使寄存锁存器2处于直通状态，ILE接+5V，$\overline{WR}_1$接CPU系统总线的$\overline{IOW}$信号，$\overline{CS}$接端口地址译码信号，这样CPU可执行一条OUT指令，使$\overline{CS}$和$\overline{WR}_1$有效，写入数据并立即启动D/A转换。

（3）双缓冲方式。即数据通过两个寄存器锁存后，再送入D/A转换电路，执行两次写操作，才能完成一次D/A转换，如图5-17所示。这种方式可在D/A转换的同时，进行下一个数据的输入，以提高转换速度。更为重要的是，这种方式特别适用于系统中含有2片及以上的DAC0832，且要求同时输出多个模拟量的场合。

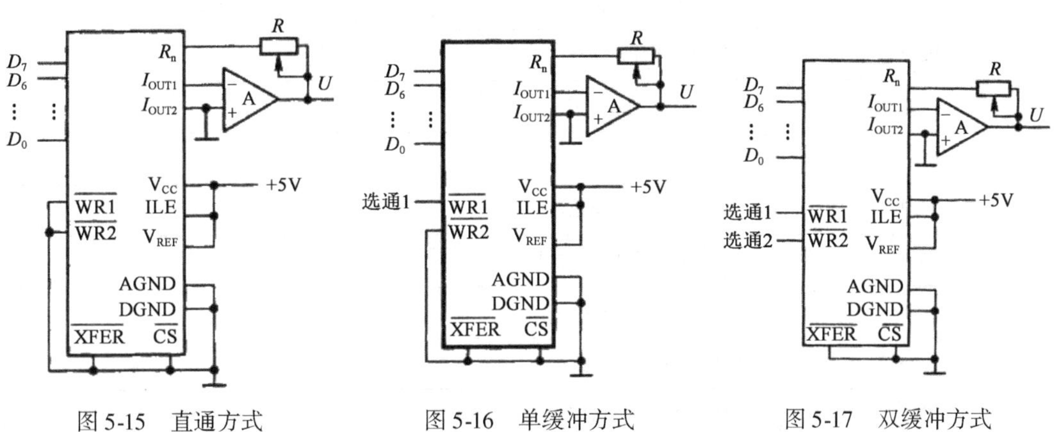

图5-15　直通方式　　图5-16　单缓冲方式　　图5-17　双缓冲方式

任务 5.4　数控直流稳压源的设计实现

【学习目标】

通过本任务的学习，读者能够实现数控直流稳压源的软硬件设计，掌握 ADC0809 和 ADC0832 与单片机的硬件连接和软件控制，设计 ADC0809 和 ADC0832 的硬件应用电路，并且对数控直流稳压电源进行仿真和测试。

【项目任务】

完成数控直流稳压源的硬件电路设计，并且根据硬件电路进行软件编程，实现数控直流稳压源的功能，利用 proteus 软件对系统的功能进行仿真和测试。

5.4.1　数控直流稳压源 D/A 转换电路总体设计

通过定位器来实现模拟信号的输入，根据模拟输入信号的大小，将转换出来的数字量，送至 ADC0832 进行 D/A 转换，再通过外部的变换电路输出相应的电压值。

5.4.2　数控直流稳压源 D/A 转换硬件电路设计

其硬件电路设计如图 5-18 所示，单片机的 I/O 分配如表 5-3 所示。

表 5-3　单片机 I/O 分配表

引脚名称	作　用
P0. 0-P0. 7	DAC0832 数字信号输入
P1. 0-P1. 7	ADC0809 数字信号输出
P2. 0	74HC595 时钟控制信号
P2. 1	74HC595 串行输入输入
P2. 2	74HC595 锁存时钟控制信号
P2. 3-P2. 5	ADC0809 通道选择信号
P2. 6	ADC0809 时钟信号
P2. 7	DAC0832 片选信号
P3. 0	ADC0809 ALE 信号
P3. 1	ADC0809 启动信号
P3. 2	ADC0809 转换结束信号
P3. 3	ADC0809 输出允许信号
P3. 5	数码管高位位选信号
P3. 6	ADC0809WR 信号
P3. 7	数码管低位位选信号

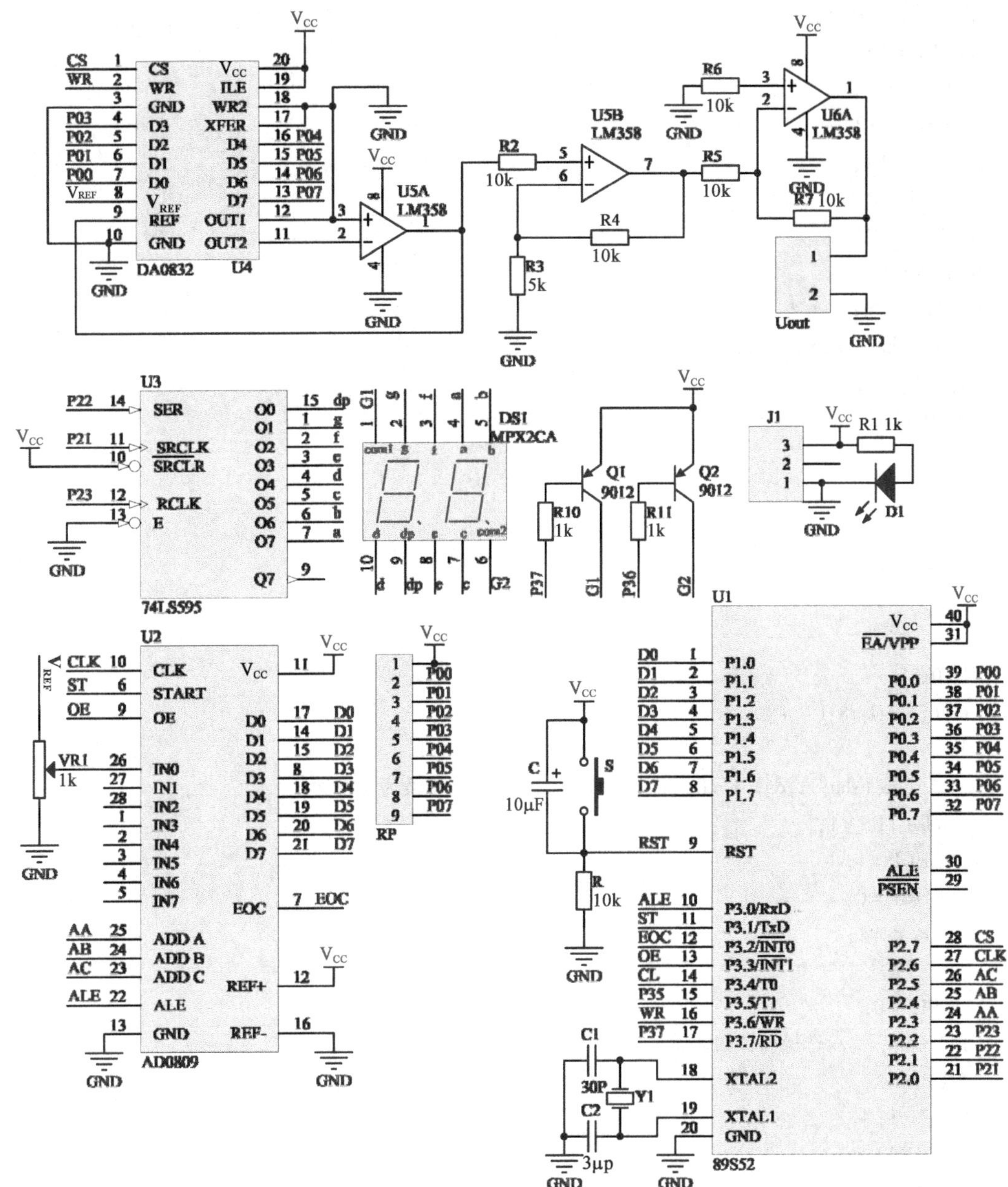

图 5-18　数控直流稳压源 D/A 转换硬件电路设计图

5.4.3　数控直流稳压源 D/A 转换电路程序设计

程序代码如下。

```
#include <reg51. h>
#include <absacc. h>
#define  dac0832 XBYTE[0X7fff]
unsigned char code shu[] = {0xc0,0xf9,0xa4,0xb0,0x99,0x92,0x82,0xf8,0x80,0x90};
float s;
sbit ALE = P3^0;
```

```
sbit START = P3^1;
sbit EOC = P3^2;
sbit OE = P3^3;
sbit SHCP = P2^0;
sbit DS = P2^1;
sbit STCP = P2^2;
sbit P11 = P3^5;
sbit P12 = P3^7;
sbit clk = P2^6;
unsigned char j,k,m,n,i,a;
unsigned int b;
void delay(unsigned char t)
{
    while(t--);
}
void display()
{

  j = 0x01;
  for (i = 0;i < 8;i++)
  {
        if((shu[m]&j) == 0){DS = 0;}       //将段码转换为位发送
     else {DS = 1;}
     SHCP = 1;
     SHCP = 0;
     j<<=1;
  }
     P12 = 0;
  P11 = 1;       //选通高位数码管
  STCP = 0;
  STCP = 1;
  delay(200);
  j = 0x01;
  for (i = 0;i < 8;i++)
   {
          if((shu[n]&j) == 0)
     { DS = 0;}
            else {DS = 1;}
            SHCP = 1;
            SHCP = 0;
            j<<=1;
  }
            P11 = 0;
            P12 = 1;       //选通低位数码管
```

```
        STCP=0;
                STCP=1;
                delay(200);
    }
    void main()
    {
      P2=0X87;
      TMOD=0X20;      //定时器1模式2,8位自动装载产生ADC0809时钟信号
      TH1=0X06;     //初值产生2.5kHz时钟
      TL1=0X06;
      EA=1;
      ET1=1;
      TR1=1;
    while(1)
      {
        ALE=1;
        ALE=0;
        START=1;
        START=0;
        while(EOC==0);      //等待转换完成
        OE=1;
        k=P1;
        a=P1;
        b=a*150/255;
        m=b/100;
        n=b%100/10;
        dac0832=k;
        display();     }
    }
     void  time() interrupt 3
      {
       clk=! clk;
      }
```

5.4.4 数控直流稳压源的proteus仿真

实现数控直流稳压源D/A转换电路的proteus的仿真原理图如图5-19所示。电路说明如下:

① C52单片机采用+5V电源供电;
② 显示部分采用2位共阳数码管;
③ 电压输入电路用可变电阻来实现;
④ A/D转换由ADC0808来完成;
⑤ D/A转换电路由DAC0832完成,外围运放由LM358完成;
⑥ LM358用±15V供电电压。

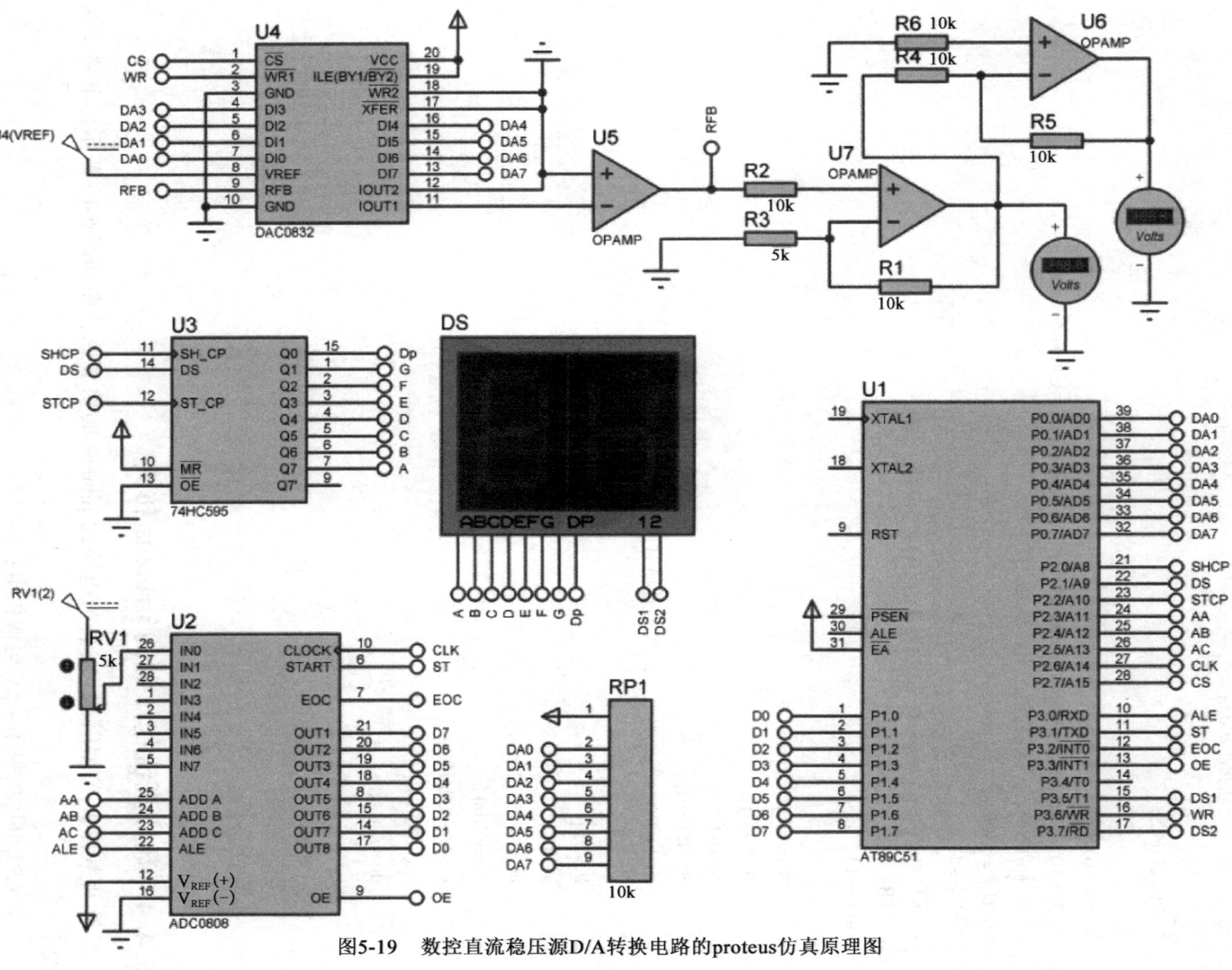

图5-19 数控直流稳压源D/A转换电路的proteus仿真原理图

电路仿真结果如图5-20（a）～（c）所示。

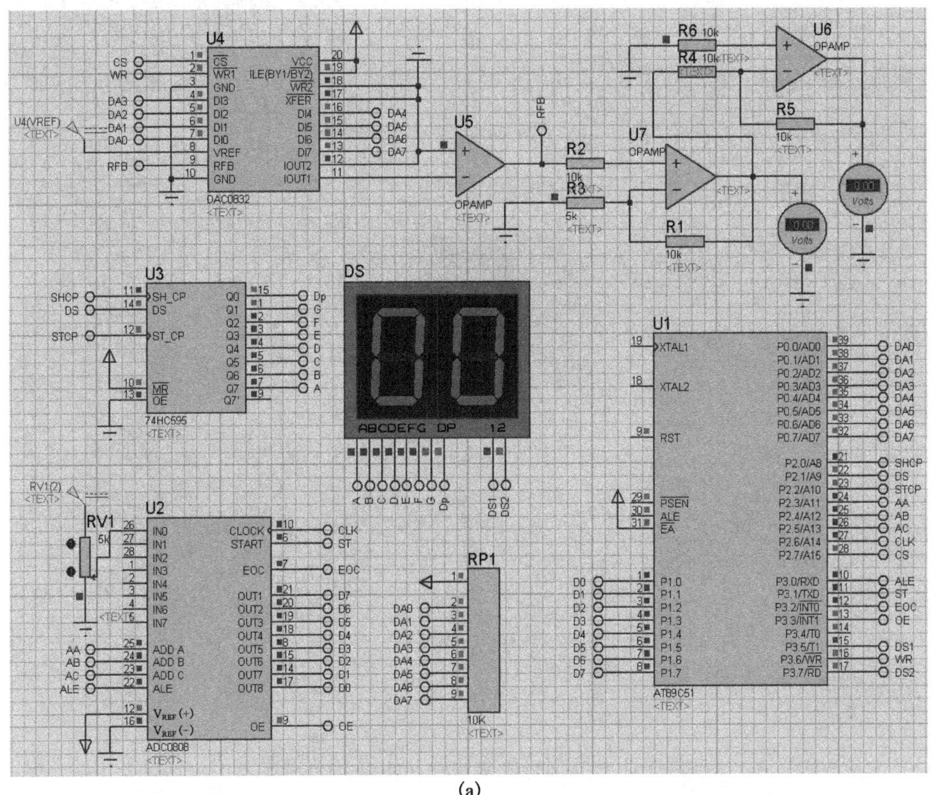

(a)

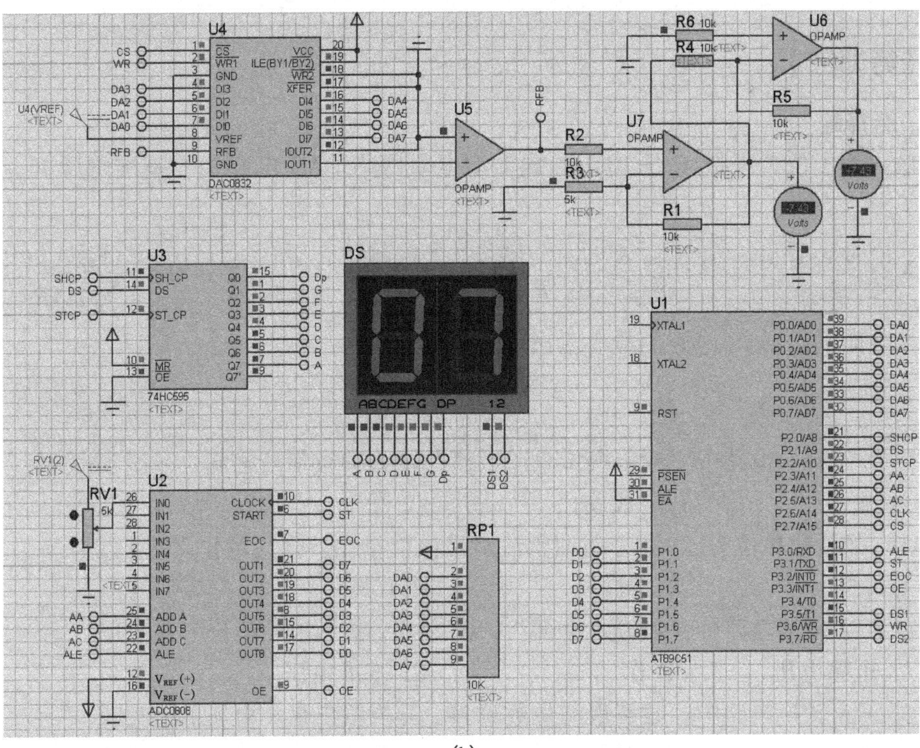

(b)

图5-20

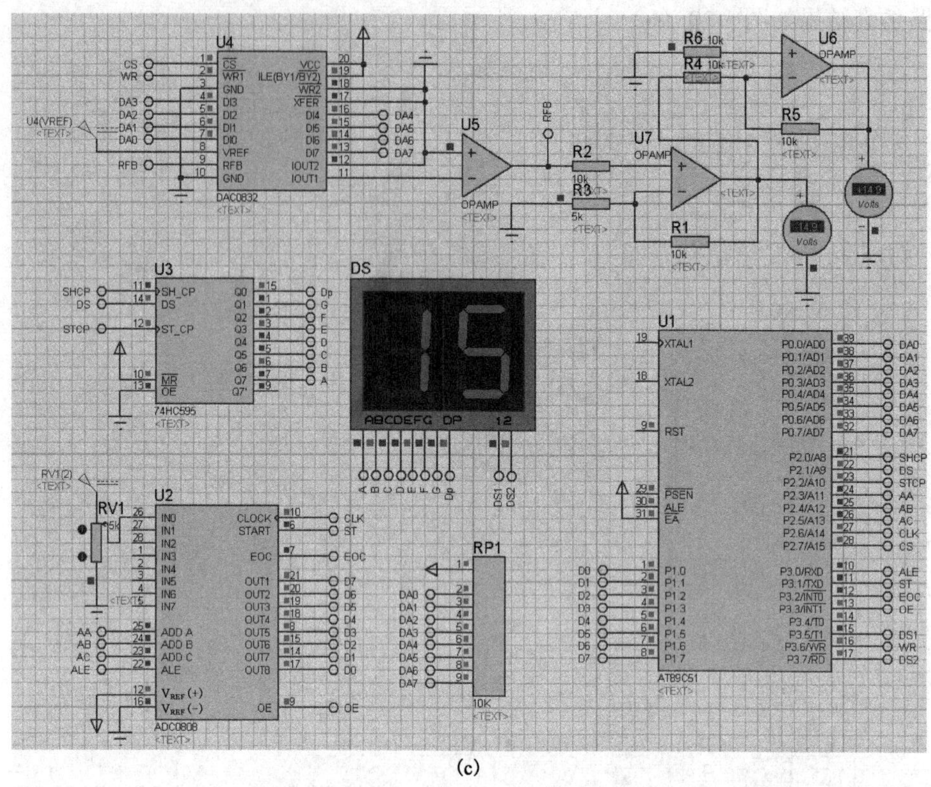

(c)

图 5-20　数控直流稳压源 proteus 仿真结果

【任务训练】

一、选择题

1. 输入为十位二进制（$n=10$）的倒 T 型电阻网络 DAC 电路中，基准电压 V_{REF} 提供的电流为（　　）。

A. $\frac{V_{REF}}{2^{10}R}$　　B. $\frac{V_{REF}}{2\times10^{10}R}$　　C. $\frac{V_{REF}}{R}$　　D. $\frac{V_{REF}}{(\sum 2^{i})R}$

2. 权电阻网络 DAC 电路的最小输出电压是（　　）。

A. $\frac{1}{2}V_{LSB}$　　B. V_{LSB}　　C. V_{MSB}　　D. $\frac{1}{2}V_{MSB}$

3. 在 D/A 转换电路中，输出模拟电压数值与输入的数字量之间（　　）关系。

A. 成正比　　B. 成反比　　C. 无

4. ADC 的量化单位为 s，用舍尾取整法对采样值量化，则其量化误差 $\varepsilon_{max}=$（　　）。

A. 0.5s　　B. 1s　　C. 1.5s　　D. 2s

5. 在 D/A 转换电路中，当输入全部为“0”时，输出电压等于（　　）。

A. 电源电压　　B. 0　　C. 基准电压

6. 在 D/A 转换电路中，数字量的位数越多，分辨输出最小电压的能力（　　）。

A. 越稳定　　B. 越弱　　C. 越强

7. 在 A/D 转换电路中，输出数字量与输入的模拟电压之间（　　）关系。

A. 成正比　　　B. 成反比　　　C. 无

8. 集成 ADC0809 可以锁存（　　）模拟信号。

A. 4 路　　　B. 8 路　　　C. 10 路　　　D. 16 路

9. 双积分型 ADC 的缺点是（　　）。

A. 转换速度较慢　　　B. 转换时间不固定

C. 对元件稳定性要求较高　　　D. 电路较复杂

二、填空题

1. 理想的 DAC 转换特性应该是使输出模拟量与输入数字量成（　　　）。

2. 将模拟量转换为数字量，采用（　　　）转换器；将数字量转换为模拟量，采用（　　　）转换器。

3. A/D 转换器的转换过程，可分为（　　　）、（　　　）及（　　　）和（　　　）4 个步骤。

4. A/D 转换电路的量化单位为 s，用四舍五入法对采样值量化，则其 ε_{max} =（　　　）。

5. 在 D/A 转换器的分辨率越高，分辨的能力（　　　）；A/D 转换器的分辨率（　　　），分辨的能力越强。

6. 在 A/D 转换过程中，量化误差是指（　　　），量化误差是消除（　　　）的。

三、简答题

1. 什么叫 D/A 转换和 A/D 转换？

2. 写出并说明数字信号和模拟信号互相转化时对应的量化关系表达式。

3. D/A 转换精度与哪些参数有关？

4. D/A 转换误差有哪些？

5. DAC0832 有哪几种工作方式？如何控制？

6. A/D 转换器为什么要对模拟信号进行采样和保持？

7. 什么叫量化和量化误差？

8. A/D 转换的转换精度和分辨率有什么关系？

项目6

利用PCF8591实现温度的测量

任务 6.1　单片机的串行通信

【学习目标】

通过本任务的学习，读者将掌握单片机串行通信的基本工作原理。

【项目任务】

利用 PCF8591 芯片实现温度数据的采集，并在数码管上进行实时显示。

1. 单片机串行通信概述

（1）异步通信和同步通信。串行通信按同步方式，可分为异步通信和同步通信。

① 异步通信。异步通信依靠起始位、停止位保持通信同步。

数据传送形式：按帧传输，一帧数据包含起始位、数据位、校验位和停止位。

特点：对硬件要求较低，实现起来比较简单、灵活，适用于数据的随机发送/接收，但因每个字节都要建立一次同步，即每个字符都要额外附加两位，所以工作速度较低，在单片机中主要采用异步通信方式。

② 同步通信。同步通信依靠同步字符保持通信同步。

数据传送形式：数据块，数据块是由 1 ~ 2 个同步字符和多字节数据位组成，同步字符作为起始位，以触发同步时钟开始发送或接收数据；多字节数据之间不允许有空隙，每位占用的时间相等；空闲位需发送同步字符。

特点：传输速度较快，但要求有准确的时钟来实现收发双方的严格同步，对硬件要求较高，适用于成批数据传送。

（2）通信波特率。波特率 bps（bit per second）定义：每秒传输数据的位数，即：1 波特 = 1 位/秒（1bps），波特率的倒数即为每位传输所需的时间。相互通信的甲乙双方必须具有相同的波特率，否则无法成功地完成串行数据通信。

（3）串行通信的制式。串行通信按照数据传送方向可分为以下三种制式。

① 单工制式（Simplex）。单工制式是指甲乙双方通信时只能单向传送数据，发送方和接收方固定，如图 6-1 所示。

② 半双工制式（Half Duplex）。半双工制式是指通信双方都具有发送器和接收器，既可发送也可接收，但不能同时接收和发送，发送时不能接收，接收时不能发送，如图 6-2 所示。

③ 全双工制式（Full Duplex）。全双工制式是指通信双方均设有发送器和接收器，并且信道划分为发送信道和接收信道，因此全双工制式可实现甲乙双方同时发送和接收数据，发送时能接收，接收时也能发送，如图 6-3 所示。

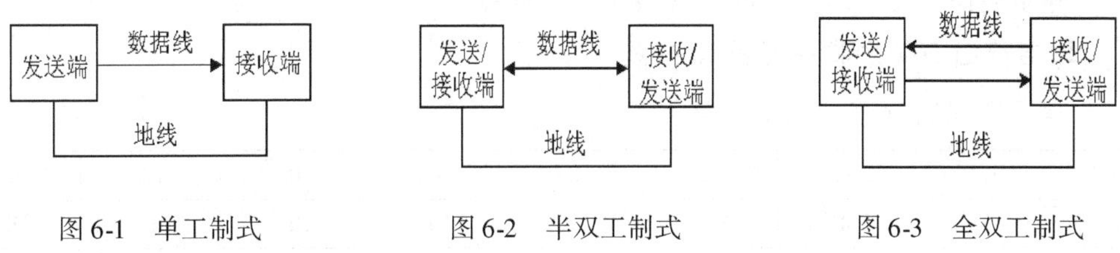

图 6-1　单工制式　　图 6-2　半双工制式　　图 6-3　全双工制式

(4) 串行通信的校验

① 奇偶校验（Parity Check）。根据被传输的一组二进制代码的数位中“1”的个数是奇数或偶数来进行校验。采用奇数的称为奇校验，反之称为偶校验。采用何种校验是事先规定好的。通常专门设置一个奇偶校验位，用它使这组代码中“1”的个数为奇数或偶数。若用奇校验，则当接收端收到这组代码时，校验“1”的个数是否为奇数，从而确定传输代码的正确性。

奇偶校验的工作方式：偶校验就是在每一字节（8 位）之外又增加了一位作为错误检测位。在某字节中存储数据之后，在其 8 个位上存储的数据是固定的，因为位只能有两种状态 1 或 0。假设存储的数据用位标示为 1、1、1、0、0、1、0、1，那么把每个位相加（1 1 1 0 0 1 0 1 =5），结果是奇数。对于偶校验，校验位就定义为 1，反之则为 0；对于奇校验，则相反。当 CPU 读取存储的数据时，它会再次把前 8 位中存储的数据相加，计算结果是否与校验位相一致。从而一定程度上能检测出内存错误。例如：采用奇校验，则在数据后补上个 0，数据变为 0001 1010 0，数据中 1 的个数为奇数个（3 个）；采用偶校验，则在数据后补上个 1，数据变为 0001 1010 1，数据中 1 的个数为偶数个（4 个）。接收方通过计算数据中 1 个数是否满足奇偶性来确定数据是否有错。

② 代码和校验。代码和校验是发送方将所发送的数据块求和（或各字节异或），产生一个字节的校验字符（校验和）附加到数据块末尾，接收方数据接收数据时同时，对数据块（除校验字节外）求和（或字节异或），将所得到的结果与发送方的“校验和”进行比较，相符则无差错，否则认为传送过程中出现了差错。例如：要传输的信息为：6、23、4，加上校验和后的数据包：6、23、4、33，这里 33 为前三个字节的校验和。接收方收到全部数据后，对前三个数据进行同样的累加计算，如果累加和与最后一个字节相同，则认为传输的数据没有错误。

③ 循环冗余校验（CRC 校验）。循环冗余码校验（Cyclical Redundancy Check，CRC）是利用除法和余数的原理来做错误侦测（Error Detecting）的。在实际应用时，发送装置计算出 CRC 值，并随数据一同发送给接收装置 RX，RX 对收到的数据重新计算 CR，并与收到的 CRC 值相比较，若两个 CRC 值不同，则说明数据通信出现了错误，该数据包应该舍弃不用。在远距离数据通信中，为确保高效而无差错的传送数据，必须对数据进行校验控制，而 CRC 是对一个传送数据块进行校验，是一种非常高效的差错控制方法。目前，主流的 CRC 可以分为以下几个标准：CRC-12 码；CRC-16 码；CRC-CCITT 码；CRC-32 码。CRC-12 码通常用来传送 6bit 字符串。CRC-16 及 CRC-CCITT 码则用来传送 8bit 字符，其中 CRC-16 为美

国采用，而 CRC-CCITT 为欧洲国家所采用。CRC-32 码用途有限。

2. MCS-51 的串行口

MCS-51 系列单片机有一个全双工的串行口，这个串行口既可以用于网络通信，也可以实现串行异步通信，还可以作为同步移位寄存器使用。

1）与串行口有关的特殊功能寄存器

（1）串行控制寄存器 SCON（98H）：

SCON	D7	D6	D5	D4	D3	D2	D1	D0
位名称	SM0	SM1	SM2	REN	TB8	RB8	TI	RI
位地址	9FH	9EH	9DH	9CH	9BH	9AH	99H	98H
功能	工作方式选择		多机通信控制	接收允许	发送第 9 位	接收第 9 位	发送中断	接收中断

① SM0 SM1—— 串行口工作方式选择位：

SM0	SM1	工作方式	功能说明
0	0	0	同步移位寄存器输入/输出
0	1	1	8 位 UART，波特率可变
1	0	2	9 位 UART，波特率固定
1	1	3	9 位 UART，波特率可变

② SM2 ——多机通信控制位。

③ REN ——允许接收控制位，REN =1，允许接收。

④ TB8 ——方式 2 和方式 3 中要发送的第 9 位数据。

⑤ RB8 ——方式 2 和方式 3 中要接收的第 9 位数据。

⑥ TI——发送中断标志。

⑦ RI——接收中断标志。

（2）串行数据缓冲器 SBUF（99H）。在逻辑上只有一个，既表示发送寄存器，又表示接收寄存器，具有同一个单元地址 99H，用同一寄存器名 SBUF。

在物理上有两个：一个是发送缓冲寄存器；另一个是接收缓冲寄存器。发送时，只需将发送数据输入 SBUF，CPU 将自动启动和完成串行数据的发送；接收时，CPU 将自动把接收到的数据存入 SBUF，用户只需从 SBUF 中读出接收数据。

（3）电源控制寄存器 PCON（87H）：

PCON	D7	D6	D5	D4	D3	D2	D1	D0
位名称	SMOD	—	—	—	—	—	—	—

SMOD =1，串行口波特率加倍；PCON 寄存器不能进行位寻址。

2）串行工作方式

MCS-51 串行通信共有 4 种工作方式，由串行控制寄存器 SCON 中 SM0 SM1 决定。

（1）串行工作方式 0（同步移位寄存器工作方式）。以 RXD（P3.0）端作为数据移位的输入/输出端，以 TXD（P3.1）端输出移位脉冲。移位数据的发送和接收以 8 位为一帧，不设起始位和停止位，无论输入/输出，均是低位在前，高位在后。方式 0 可将串行输入、输出数据转换成并行输入、输出数据。

其帧格式为：

←	D0	D1	D2	D3	D4	D5	D6	D7

（2）串行工作方式1。方式1是一帧10位的异步串行通信方式，包括1个起始位，8个数据位和一个停止位。其帧格式为：

起	D0	D1	D2	D3	D4	D5	D6	D7	停

① 数据发送。发送时只要将数据写入 SBUF，在串行口由硬件自动加入起始位和停止位，构成一个完整的帧格式，然后在移位脉冲的作用下，由 TXD 端串行输出。一帧数据发送完毕，将 SCON 中的 TI 置1。

② 数据接收。接收时，在 REN = 1 前提下，当采样到 RXD 从 1 向 0 跳变状态时，就认定为已接收到起始位。随后在移位脉冲的控制下，将串行接收数据移入 SBUF 中。一帧数据接收完毕，将 SCON 中的 RI 置1，表示可以从 SBUF 取走接收到的一个字符。

③ 波特率。方式1波特率可变，由定时/计数器 T1 的计数溢出率来决定。

$$\text{波特率} = 2^{SMOD} \times （\text{T1 溢出率}）/ 32$$

其中 SMOD 为 PCON 寄存器中最高位的值，SMOD = 1 表示波特率倍增。在实际应用时，通常是先确定波特率，后根据波特率求 T1 定时初值，因此上式又可写为：

$$\text{T1 初值} = 256 - 2^{SMOD} \times f_{osc} / （12 \times \text{波特率} \times 32）$$

（3）串行工作方式2。方式2是一帧11位的串行通信方式，即1个起始位、8个数据位、1个可编程位 TB8/RB8 和1个停止位，其帧格式为：

起始	D0	D1	D2	D3	D4	D5	D6	D7	TB8/RB8	停止

可编程位 TB8/RB8 既可作奇偶校验位用，也可作控制位（多机通信）用，其功能由用户确定。数据发送和接收与方式1基本相同，区别在于方式2把发送/接收到的第9位内容送入 TB8/RB8。

波特率：方式2波特率固定，即 $f_{osc}/32$ 和 $f_{osc}/64$。如用公式表示则为：

$$\text{波特率} = 2^{SMOD} \times f_{osc}/64$$

（4）串行工作方式3。方式3同样是一帧11位的串行通信方式，其通信过程与方式2完全相同，所不同的仅在于波特率。方式2的波特率只有固定的两种，而方式3的波特率则与方式1相同，即通过设置 T1 的初值来设定波特率。

（5）串行口四种工作方式的比较。四种工作方式的区别主要表现在帧格式及波特率两个方面。表6-1为四种工作方式比较。

表6-1　四种工作方式比较

工作方式	帧格式	波特率
方式0	8位全是数据位，没有起始位、停止位	固定，即每个机器周期传送一位数据
方式1	10位，其中1位起始位，8位数据位，1位停止位	不固定，取决于 T1 溢出率和 SMOD
方式2	11位，其中1位起始位，9位数据位，1位停止位	固定，即 2SMOD × f_{osc}/64
方式3	同方式2	同方式1

（6）常用波特率及其产生条件。常用波特率通常按规范取 1200、2400、4800、

9600、…，若采用晶振 12MHz 和 6MHz，则计算得出的 T1 定时初值将不是一个整数，将产生波特率误差而影响串行通信的同步性能。解决的方法只有调整单片机的时钟频率 f_{osc}，通常采用 11.0592MHz 晶振。

任务 6.2　I2C 通信的实现

【学习目标】

掌握 I2C 通信方式的应用，以及串行 A/D、D/A 转换芯片的应用，能够利用单片机对串行 A/D、D/A 转换芯片进行 I2C 通信。

【项目任务】

利用 PCF8591 芯片实现温度数据的采集，并在数码管上进行实时显示。

1. I2C 总线串行扩展技术

I2C（Inter-Integrated Circuit）总线是一种由 PHILIPS 公司开发的两线式串行总线，用于连接微控制器及其外围设备。I2C 总线产生于 20 世纪 80 年代，最初是为音频和视频设备开发的，如今主要在服务器管理中使用，其中包括单个组件状态的通信。

（1）I2C 总线的概念。I2C 总线是一种串行总线，用于连接微控制器及其外围设备，其总线系统连接图如图 6-4 所示，I2C 总线具有以下特点。

① 两条总线线路：一条是串行数据线（SDA）；另一条是串行时钟线（SCL）。

② 每个连接到总线的器件，都可以使用软件根据它的唯一的地址来识别。

③ 传输数据的设备之间是简单的主从关系。

④ 可以用作主机发送器或主机接收器。

⑤ 它是一个多主机总线，两个或多个主机同时发起数据传输时，可以采用冲突检测和仲裁的方式。

⑥ 串行的 8 位双向数据传输，位速率在标准模式下可达 100Kbps，在快速模式下可达 400Kbps，在高速模式下可达 3.4Mbp/s。

⑦ 片上的滤波器可以增加干扰功能，保证数据的完整。

⑧ 连接到同一总线上的 I2C 数量，受到总线最大电容的限制，I2C 总线的最大电容负载能力为 400pF，所有器件等效电容的和应小于 400pF。

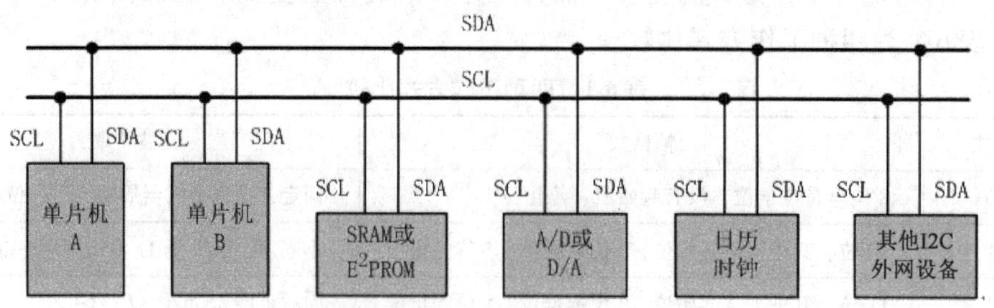

图 6-4　I2C 总线系统连接图

I2C 总线系统中包括下列器件或结构：

① 发送器：发送数据到总线的器件；

② 接收器：从总线接收数据的器件；

③ 主机：发送/停止数据传输，提供时钟信号的器件；

④ 从机：被主机寻址的器件；

⑤ 多主机：可以有多个主机试图去控制总线，但是不会破坏数据；

⑥ 仲裁：当多个主机试图去控制总线时，通过仲裁可以使得只有一个主机获得总线控制权，并且它传输的信息不会被破坏；

⑦ 同步：多个器件同步时钟信号的过程。

I2C 总线通过上拉电阻接正电源。当总线空闲时，两根线均为高电平。连到总线上的任一器件输出的低电平，都将使总线的信号变低，即各器件的 SDA 及 SCL 都是线“与”关系。I2C 总线电气结构如图 6-5 所示。

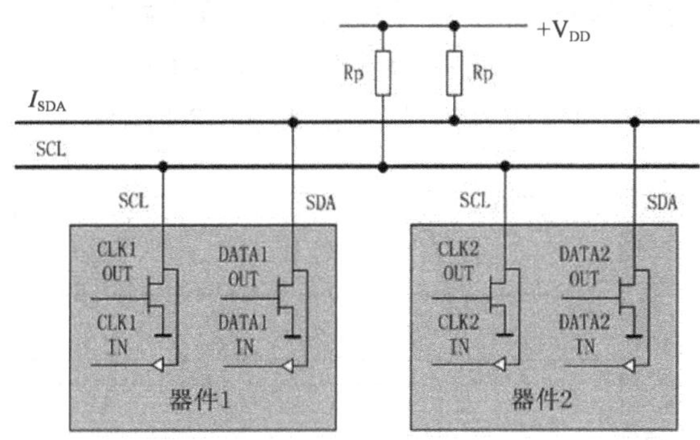

图 6-5　I2C 总线电气结构

每个接到 I2C 总线上的器件都有唯一的地址。主机与其他器件间的数据传送，可以由主机发送数据到其他器件，这时主机即为发送器；在总线上接收数据的器件则为接收器。

在多主机系统中，可能同时有几个主机企图启动总线传送数据。为了避免混乱，I2C 总线要通过总线仲裁，以决定由哪一台主机控制总线。在 80C51 单片机应用系统的串行总线扩展中，我们经常遇到的是以 80C51 单片机为主机，其他接口器件为从机的单主机情况。

数据位的有效性规定：I2C 总线进行数据传送时，若时钟信号为高电平，则数据线上的数据必须保持稳定，只有在时钟线上的信号为低电平时，数据线上的高电平或低电平状态才允许变化，如图 6-6 所示。

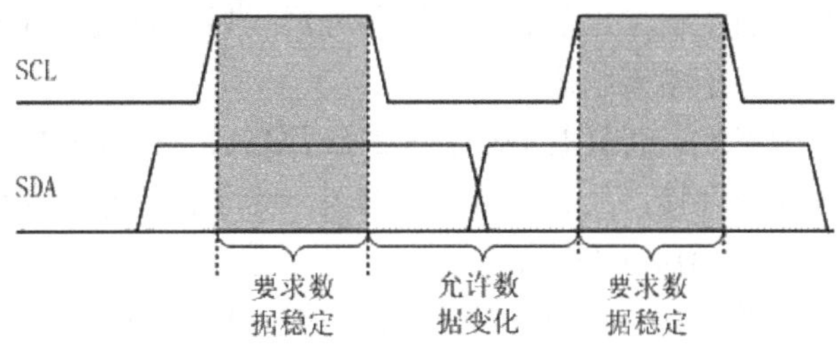

图 6-6　I2C 总线的数据位的有效性

（2）I2C 总线的信号类型。I2C 总线在传送数据过程中共有 3 种类型信号：开始信号、结束信号和响应信号。

① 开始信号（S）：也称为起始信号，SCL 为高电平时，SDA 由高电平向低电平跳变，表示开始信号，开始传送数据。

② 结束信号（P）：也称为终止信号，SCL 为高电平时，SDA 由低电平向高电平跳变，表示结束信号，结束传送数据。I2C 总线开始信号 S 和结束信号 P 如图 6-7 所示。

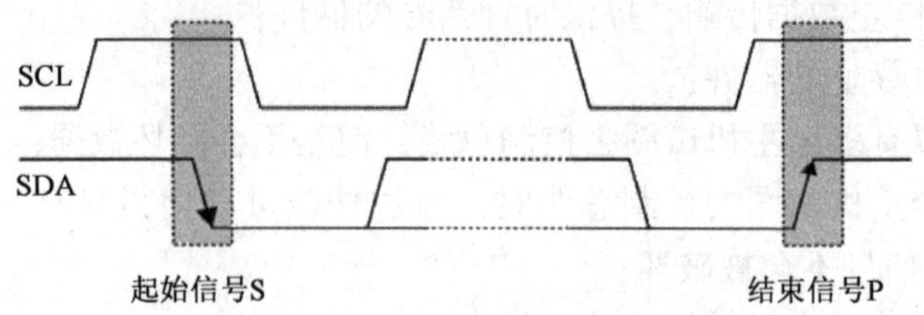

图 6-7　I2C 总线开始信号 S 和结束信号 P

③ 应答信号（ACK）：接收器在接收到 8 位数据后，在第 9 个时钟周期，拉低 SDA 电平。即接收数据的 I2C 在接收到 8bit 数据后，向发送数据的 I2C 发出特定的低电平脉冲，表示已收到数据。CPU 向受控单元发出一个信号后，等待受控单元发出一个应答信号。CPU 接收到应答信号后，根据实际情况作出是否继续传递信号的判断。若未收到应答信号，则判断为受控单元出现故障。I2C 总线应答信号 ACK 如图 6-8 所示。

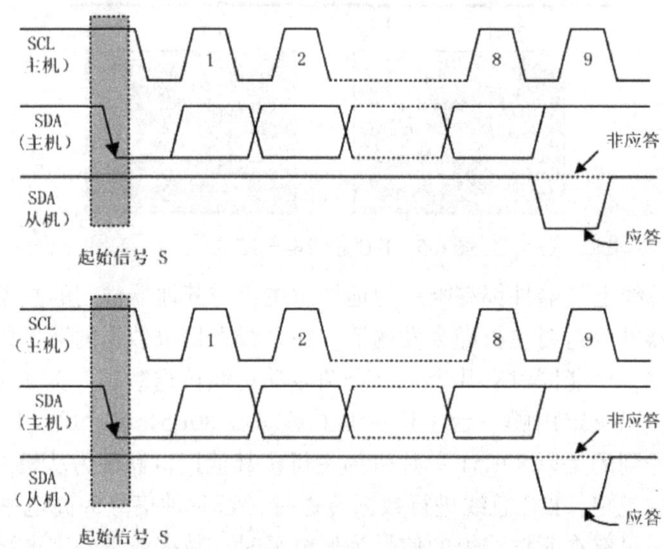

图 6-8　I2C 总线应答信号 ACK

起始和结束信号都是由主机发出的，在起始信号产生后，总线就处于被占用的状态；在结束信号产生后，总线就处于空闲状态。

连接到 I2C 总线上的器件，若具有 I2C 总线的硬件接口，则很容易检测到起始和结束信号。对于不具备 I2C 总线硬件接口的有些单片机来说，为了检测起始和结束信号，必须保证在每个时钟周期内对数据线 SDA 采样两次。

接收器件收到一个完整的数据字节后，有可能需要完成一些其他工作，如处理内部中断服务等，可能无法立刻接收下一个字节，这时接收器件可以将 SCL 线拉成低电平，从而使主机处于等待状态。直到接收器件准备好接收下一个字节时，再释放 SCL 线，使之为高电平，从而使数据传送可以继续进行。

（3）I2C 总线的数据传输格式。发送到 SDA 线上的每个字节必须是 8 位的，每次传输可以发送的字节数量不受限制。每一个字节必须保证是 8 位长度。数据传送时，先传送最高位（MSB），每一个被传送的字节后面，都必须跟随一位应答位（即一帧共有 9 位）。

如果从机要完成一些其他功能后才能继续接收或发送，则从机可以拉低 SCL，迫使主机进入等待状态。当从机准备好接收并释放 SCL 后，数据继续传输。如果主机在传输数据期间，也需要完成一些其他功能，也可以拉低 SCL 以占住总线。

启动一个传输时，主机先发出 S 信号，然后发出 8 位数据。前 7 位为从机地址，第 8 位表示传输方向（0 表示写操作，1 表示读操作）。被选中的从机发出响应信号，然后传输一系列字节及响应位，最后，主机发出 P 信号结束。I2C 总线数据传输时序图如图 6-9 所示。

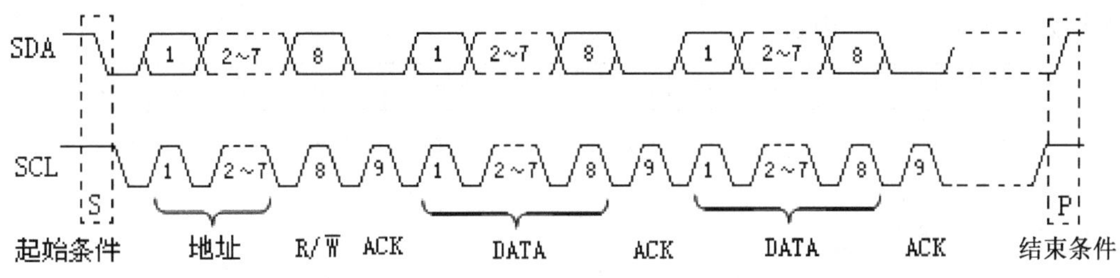

图 6-9　I2C 总线数据传输时序图

由于某种原因，从机不对主机寻址信号应答时（如从机正在进行实时性的处理工作而无法接收总线上的数据），它必须将数据线置于高电平，而由主机产生一个结束信号，以结束总线的数据传送。

如果从机对主机进行了应答，但在数据传送一段时间后，无法继续接收更多的数据时，从机可以通过对无法接收的第一个数据字节的“非应答”通知主机，主机则应该发出终止信号，以结束数据的继续传送。

当主机接收数据时，它收到最后一个数据字节后，必须向从机发出一个结束传送的信号。这个信号是由对从机的“非应答”来实现的，然后从机释放 SDA 线，以允许主机产生终止信号。

下列三种情况不会有 ACK 信号。

① 当从机不能响应从机地址时（从机忙于其他事无法响应 I2C 总线操作或这个地址没有对应从机），在第 9 个 SCL 周期内 SDA 线没有被拉低，即没有 ACK 信号。这时，主机发送一个 P 信号终止传输，或者重新发送一个 S 信号开始新的传输。

② 从机接收器在传输过程中不能接收更多的数据时，也不会发出 ACK 信号。主机意识到这点，从而发出一个 P 信号终止传输，或者重新发送一个 S 信号开始新的传输。

③ 主机接收器在接收到最后一个字节时，也不会发出 ACK 信号，于是，从机发送器释放 SDA 线，允许主机发送 P 信号以结束传输。

（4）数据帧格式。I2C 总线上传送的数据信号是广义的，既包括地址信号，又包括真正的数据信号。

在起始信号后必须传送一个从机的地址（7 位），第 8 位是数据的传送方向位（R/），用“0”表示主机发送数据（T），“1”表示主机接收数据（R）。每次数据传送总是由主机产生的终止信号结束，但是，若主机希望继续占用总线进行新的数据传送，则可以不产生终止信号，马上再次发出起始信号对另一从机进行寻址。

在总线的一次数据传送过程中，可以有以下几种组合方式。

① 主机向从机发送数据，数据传送方向在整个传送过程中不变：

S	从机地址	0	A	数据	A	数据	A/$\overline{A}$	P

注意：有阴影部分表示数据由主机向从机传送，无阴影部分则表示数据由从机向主机传送。A 表示应答，$\overline{A}$ 表示非应答（高电平）；S 表示起始信号，P 表示终止信号。

② 主机在第一个字节后，立即由从机读数据：

S	从机地址	1	A	数据	A	数据	$\overline{A}$	P

③ 在传送过程中，当需要改变传送方向时，起始信号和从机地址都被重复产生一次，但两次读/写方向位正好相反。

S	从机地址	0	A	数据	A/$\overline{A}$	S	从机地址	1	A	数据	$\overline{A}$	P

（5）总线的寻址。I2C 总线协议有明确的规定：采用 7 位的寻址字节（寻址字节是起始信号后的第一个字节）。

① 寻址字节的位定义：

位：	7	6	5	4	3	2	1	0
	从机地址							R/$\overline{W}$

D1～D7 位组成从机的地址。D0 位是数据传送方向位，为“0”时，表示主机向从机写数据；为“1”时，表示主机由从机读数据。

主机发送地址时，总线上的每个从机都将这 7 位地址码与自己的地址进行比较，如果相同，则认为自己正被主机寻址，根据 R/位将自己确定为发送器或接收器。

从机的地址由固定部分和可编程部分组成。在一个系统中可能希望接入多个相同的从机，从机地址中可编程部分决定了可接入总线该类器件的最大数目。如一个从机的 7 位寻址位有 4 位是固定位，3 位是可编程位，这时仅能寻址 8 个同样的器件，就可以有 8 个同样的器件接入到该 I2C 总线系统中。

② 寻址字节中的特殊地址。其中高四位为器件类型识别符（即固定地址编号 0000 和 1111，不同的芯片类型有不同的定义，E^2PROM 一般应为 1010），接着三位为片选，最后一位为读写位，当该位为 1 时，为读操作；该位为 0 时，为写操作。I2C 总线特殊地址如表6-2 所示。

表 6-2　I2C 总线特殊地址表

地址位							R/$\overline{W}$	意义
0	0	0	0	0	0	0	0	通用呼叫地址
0	0	0	0	0	0	0	1	起始字节
0	0	0	0	0	0	1	×	CBUS 地址
0	0	0	0	0	1	0	×	为不同总线的保留地址
0	0	0	0	0	1	1	×	保留
0	0	0	0	1	×	×	×	
1	1	1	1	1	×	×	×	
1	1	1	1	0	×	×	×	十位从机地址

起始信号后的第一字节的 8 位为“0000 0000”时，称为通用呼叫地址。通用呼叫地址的用意在第二字节中加以说明其格式为：

第一字节（通用呼叫地址）									第二字节							LSB	
0	0	0	0	0	0	0	0	A	×	×	×	×	×	×	×	B	A

第二字节为 06H 时，所有能响应通用呼叫地址的从机器件复位，并由硬件装入从机地址的可编程部分。能响应命令的从机器件复位时不拉低 SDA 和 SCL 线，以免堵塞总线。

第二字节为 04H 时，所有能响应通用呼叫地址并通过硬件来定义其可编程地址的从机器件，将锁定地址中的可编程位，但不进行复位。如果第二字节的方向位 B 为“1”，则这两个字节命令称为硬件通用呼叫命令。

在这第二字节的高 7 位说明自己的地址，并且接在总线上的智能器件，使单片机或其他微处理器能识别这个地址，并与之传送数据。硬件主器件作为从机使用时，也用这个地址作为从机地址其格式为：

S	0000 0000	A	主机地址	1	A	数据	A	数据	A	P

在系统中另一种选择，可能是系统复位时硬件主机器件工作在从机接收器方式，这时由系统中的主机先告诉硬件主机器件数据应送往的从机器件地址，当硬件主机器件要发送数据时，就可以直接向指定从机器件发送数据了。

③ 起始字节。起始字节是提供给没有 I2C 总线接口的单片机查询 I2C 总线时使用的特殊字节。

不具备 I2C 总线接口的单片机，则必须通过软件不断地检测总线，以便及时地响应总线的请求。单片机的速度与硬件接口器件的速度可能出现较大的差别，为此 I2C 总线上的数据传送要由一个较长的起始过程加以引导。引导过程由起始信号、起始字节、应答位、重复起始信号（Sr）组成。

请求访问总线的主机发出起始信号后，发送起始字节（0000 0001），另一个单片机可以用一个比较低的速率采样 SDA 线，直到检测到起始字节中的 7 个“0”中的一个为止。在检测到 SDA 线上的高电平后，单片机就可以用较高的采样速率，以便寻找作为同步信号使用的第二个起始信号 Sr。在起始信号后的应答时钟脉冲，仅仅是为了和总线所使用的格式一致，并不要求器件在这个脉冲期间作应答。引导时序图如图 6-10 所示。

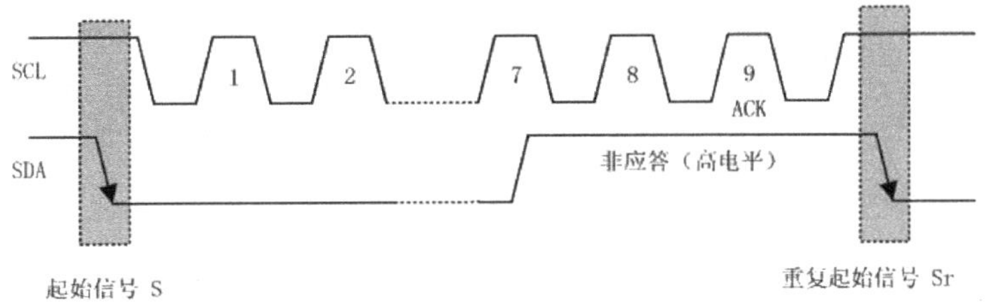

图 6-10　引导时序图

2. MCS-51 单片机与 I2C 总线器件的接口

主机可以采用不带 I2C 总线接口的单片机，如 80C51、AT89C2051、STC89C51 等单片机，利用软件实现 I2C 总线的数据传送，即软件与硬件结合的信号模拟。

（1）典型信号模拟。为了保证数据传送的可靠性，标准的I2C总线的数据传送有严格的时序要求。I2C总线的起始信号、终止信号、发送“0”及发送“1”的模拟时序，起始信号S如图6-11（a）所示，终止信号P如图6-11（b）所示，应答信号A如图6-11（c）所示。

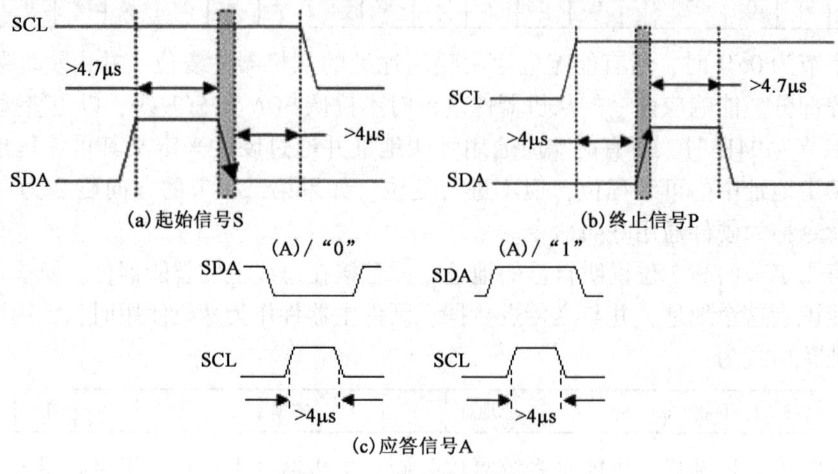

图6-11　典型信号模拟

```
Void T2CStart(void)
{
  SomeNop(   );
  SCL = 1;
  SomeNop(   );
  SDA = 0;
  SomeNop(   );
  SCL = 0;
  SomeNop(   );
}  void I2cStop(void)
  {
  SDA = 0;
  SomeNop(   );
  SCL = 1;
  SomeNop(   );
  SDA = 1;
  SomeNop(   );
  SCL = 0;
}
void respons()//回应信号
{
  uchar i=0;
  SCL=1;
  delay();
  while((SDA= =1)&&(i<255))i++;
    SCL=0;delay();
```

```
    }
    void writebyte(uchar date)//写一个字节
    {
        uchar i,temp;
        temp = date;
        for(i = 0;i < 8;i + + )
        {
            temp = temp < < 1;
            SCL = 0;
            delay();
            SDA = CY;
                delay();
                SCL = 1;
                delay();
            }
            SCL = 0;
            delay();
            SDA = 1;
            delay();
        }
uchar read_add(uchar address)
//指定地址读一个字节数据
{
        uchar dd;
        start();
        writebyte(0xa0);
        respons();
        writebyte(address);
        respons();
        start();
        writebyte(0xa1);
        respons();
        dd = readbyte();
        stop();
        return dd;
}       SDA = 1;
        delay();
}
uchar read_add(uchar address)
//指定地址读一个字节数据
{
        uchar dd;
        start();
        writebyte(0xa0);
```

```
    respons();
    writebyte(address);
    respons();
    start();
    writebyte(0xa1);
    respons();
    dd = readbyte();
    stop();
    return dd;
}
```

(2) 读写数据模拟

读取数据的格式如图 6-12 所示，写输入数据的格式如图 6-13 所示。

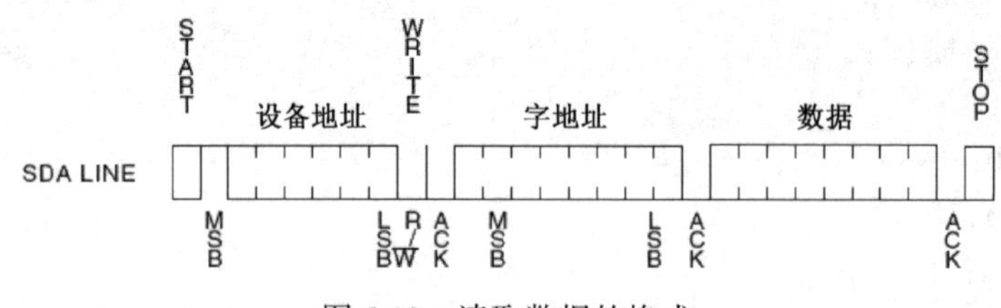

图 6-12 读取数据的格式

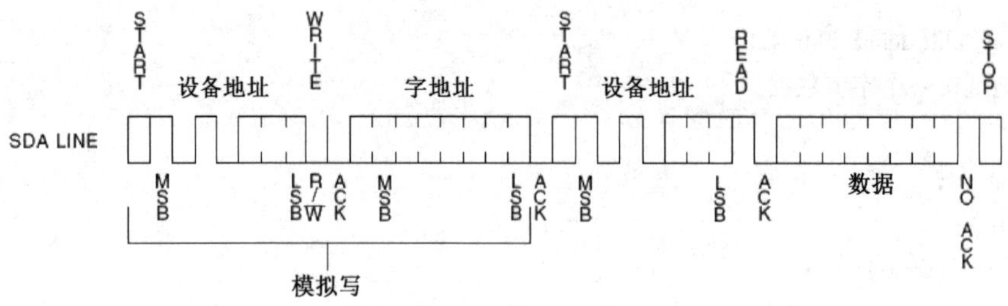

图 6-13 写输入数据的格式

```
uchar read_add(uchar address)
//指定地址读一个字节数据
{
    uchar dd;
    start();
    writebyte(0xa0);
    respons();
    writebyte(address);
    respons();
    start();
    writebyte(0xa1);
    respons();
    dd = readbyte();
    stop();
    return dd;
}
```

任务 6.3　用 PCF8591 芯片测量温度

【学习目标】

通过本任务的实施，读者将掌握 I2C 通信的接口与应用技术，利用具有 I2C 接口的 A/D 转换芯片，结合热敏电阻，可以实现温度数据的采集，并在数码管上进行实时显示。

【项目任务】

利用 PCF8591 芯片实现温度数据的采集，并在数码管上进行实时显示。

6.3.1　PCF8591 简介

1. 概述

PCF8591 是一个单片集成、单独供电、低功耗、8 位 CMOS 数据获取器件。PCF8591 具有 4 个模拟输入、1 个模拟输出和 1 个串行 I2C 总线接口。PCF8591 的 3 个地址引脚 A0、A1 和 A2 可用于硬件地址编程，允许在同一个 I2C 总线上接入 8 个 PCF8591 器件，而无需额外的硬件。在 PCF8591 器件上输入输出的地址、控制和数据信号，都是通过双线双向 I2C 总线以串行的方式进行传输。

2. 内部框图

PCF8591 内部结构框图如图 6-14 所示。

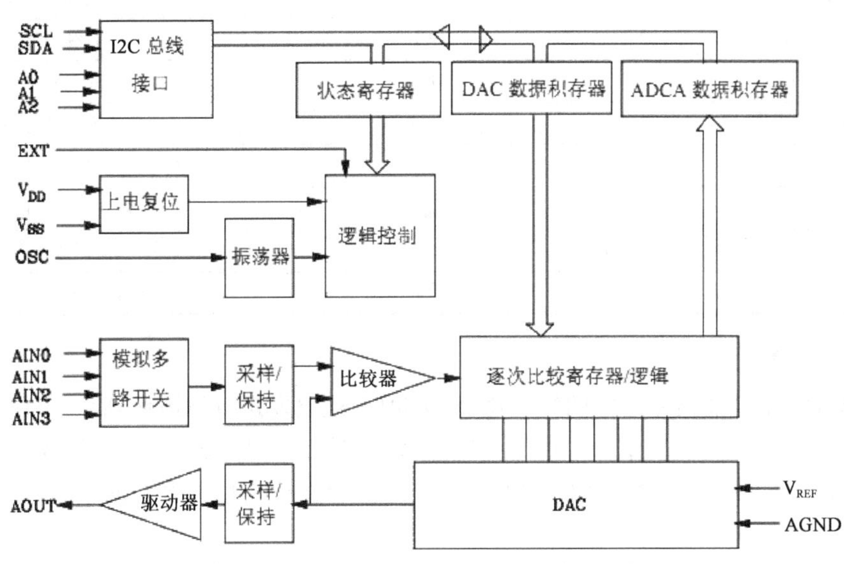

图 6-14　PCF8591 内部结构框图

3. 引脚分配与功能

其引脚分配如图 6-15 所示，引脚功能如表 6-3 所示

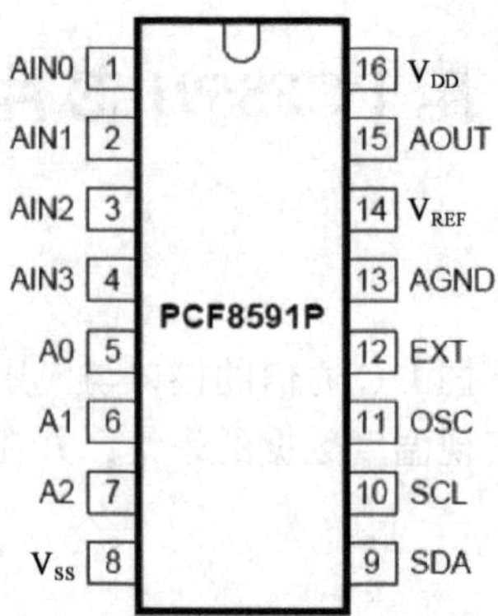

图 6-15　PCF8591 引脚分配

表 6-3　PCF8591 引脚功能表

引脚序号	引脚名称	引脚功能
1	AIN0	模拟量输入方式
2	AIN1	
3	AIN2	
4	AIN3	
5	A0	模拟通道选择
6	A1	
7	A2	
8	V_{SS}	负电源电压
9	SDA	数据信号
10	SCL	时钟信号
11	OSC	振荡器
12	EXT	振荡器输入的外部内部转换
13	AGND	模拟接地端
14	V_{REF}	输入的参考电压
15	AOUT	模拟量输出
16	V_{DD}	正的电源电压

4. 功能描述

（1）地址。I2C 总线系统中的每一片 PCF8591，通过发送有效地址到该器件来激活，该地址包括固定部分和可编程部分。可编程部分必须根据地址引脚 A0、A1 和 A2 来设置。在 I2C 总线协议中，地址必须是起始条件作为第一个字节发送。地址字节的最后一位是用于设置以后数据传输方向的读写位。地址字节格式如下：

1	0	0	1	A2	A1	A0	R/W

（2）控制字。发送到 PCF8591 的第二个字节将被存储在控制寄存器，用于控制器件功能。控制寄存器的高半字节用于允许模拟输出，并且将模拟输入编程为单端或差分输入。低半字节选择一个由高半字节定义的模拟输入通道。控制字的功能定义如图 6-16 所示。如果自动增量（auto-increment）标志置 1，每次 AD 转换后通道号将自动增加。如果自动增量

（auto-increment）模式是使用内部振荡器的应用中所需要的，那么控制字节中模拟输出允许标志应置1，这要求内部振荡器持续运行，因此要防止振荡器启动延时的转换错误结果。模拟输出允许标志可以在其他时候复位，以减少静态功耗。选择一个不存在的输入通道，将导致分配最高可用的通道号，所以，如果自动增量（auto-increment）被置1，下一个被选择的通道总是通道0。两个半字节的最高有效位（即第7位和第3位）是留给未来的功能，必须设置为逻辑0。控制寄存器的所有位在通电复位后，都将被复位为逻辑0。DA转换器和振荡器在节能时被禁止，模拟输出被切换到高阻态。

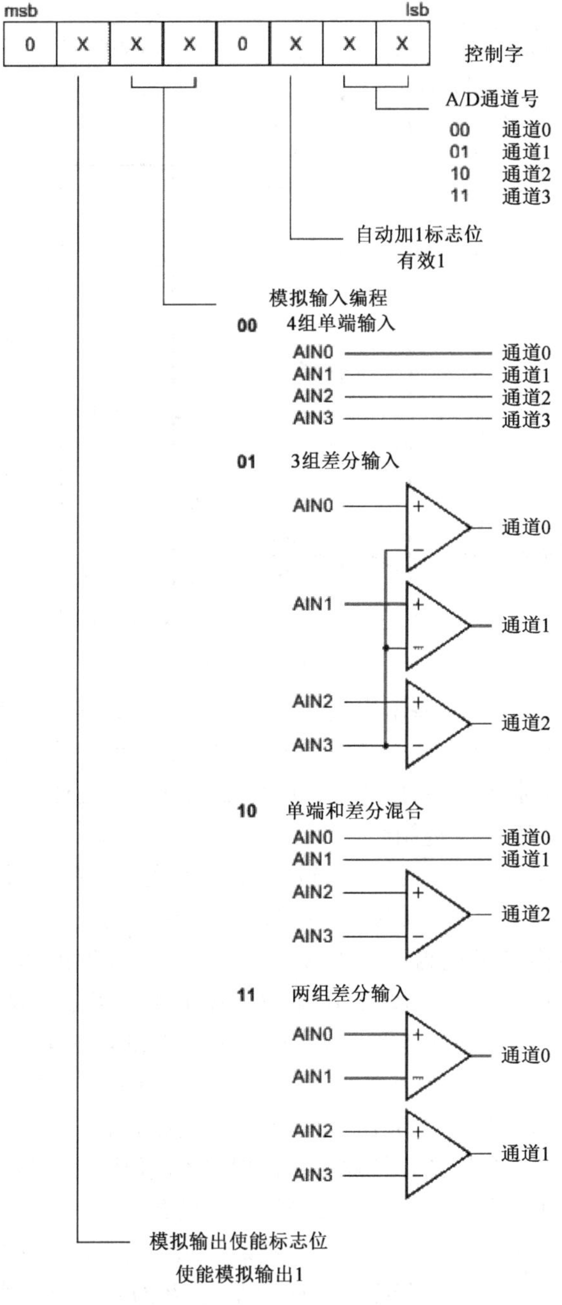

图6-16　PCF8591 控制字功能定义

（3）DA 转换。发送给 PCF8591 的第三个字节被存储到 DAC 数据寄存器，并使用芯片上 DA 转换器，转换成对应的模拟电压。这个 DA 转换器由连接至外部的参考电压的具有 256 个接头的电阻分压电路和选择开关组成。接头译码器切换一个接头至 DAC 输出线，模拟输出电压由自动清零单位增益放大器缓冲。这个缓冲放大器可通过设置控制寄存器的模拟输出允许标志来开户或关闭。芯片内部的电路结构如图 6-17 所示。在激活状态，输出电压将保持到新的数据字节被发送。芯片上 DA 转换器也可用于逐次逼近 AD 转换，为释放用于 AD 转换周期的 DAC，单位增益放大器还配备了一个跟踪和保持电路，在执行 AD 转换时该电路保持输出电压。

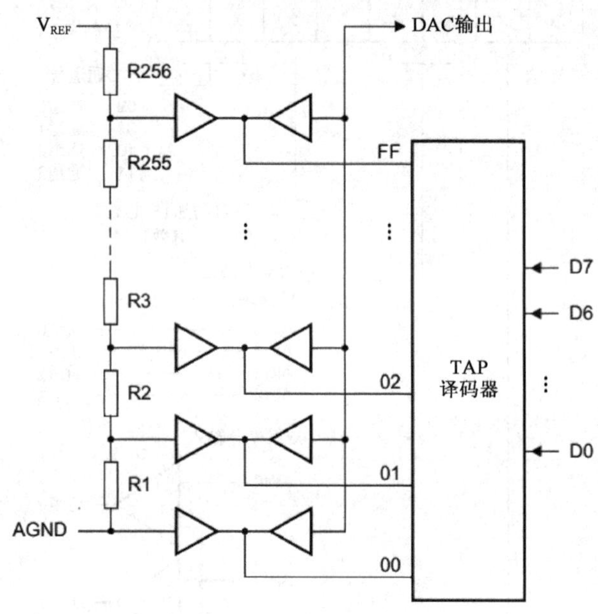

图 6-17　芯片内部的电路结构

（4）AD 转换时序。AD 转换器采用逐次逼近转换技术，在 AD 转换周期将临时，使用芯片上 DA 转换器和高增益比较器。一个 AD 转换周期总是开始于发送一个有效模式地址给 PCF8591 之后，AD 转换周期在应答时钟脉冲的后沿触发，所选通道的输入电压采样保存到芯片，并被转换为对应的 8 位二进制码。

取自差分输入的采样将被转换为对应的 8 位二进制码，转换结果被保存在 ADC 数据寄存器等待传输。如果自动增量标志被置 1，将选择下一个通道。在读周期传输的第一个字节包含前一个读周期的转换结果代码，以便通电复位之后，读取的第一个字节是 0X80，I2C 总线协议的读时序如图 6-18 所示。最高 AD 转换速率取决于实际的 I2C 总线速度。

（5）参考电压。对 DA 和 AD 转换，稳定的参考电压和电源电压，必须提供给电阻分压电路（引脚 V_{REF}和 AGND）。AGND 引脚必须连接到系统模拟地，并应该有一个参考 V_{SS}的直流偏置。低频可应用于 V_{REF}和 AGND 引脚，允许 DA 转换器作为一象限乘法器使用；AD 转换器也可以用作一个或两个象限的模拟除法。模拟输入电压除以参考电压，其结果被转换为二进制码。在这种应用中，用户必须保持转换周期内的参考电压稳定。

（6）振荡器。芯片上振荡器产生 AD 转换周期和刷新自动清零缓冲放大器需要的时钟信号。在使用这个振荡器时，EXT 引脚必须连接到 V_{SS}，在 OSC 引脚振荡频率是可用的。如果 EXT 引脚被送到 V_{DD}，振荡输出 OSC 将切换到高阻态，以允许用户连接外部时钟信号至 OSC。

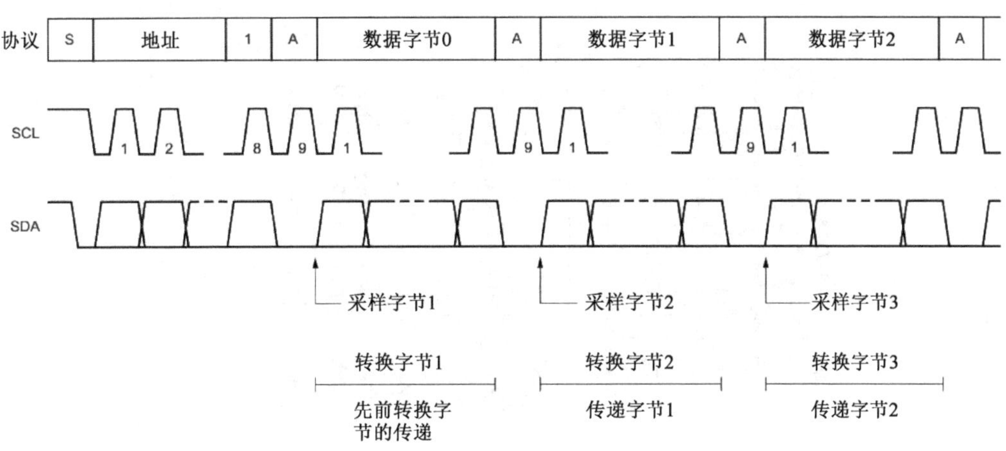

图 6-18　I2C 总线协议的读时序

6.3.2　PCF8591 实现温度测量的硬件设计

本系统的硬件设计电路主要包括单片机的应用系统、PCF8591 模块、数码管显示模块、温度传感器模块，系统的硬件电路如图 6-19 所示。

6.3.3　程序设计

本系统的程序主要包括显示子函数、A/D 采集函数（包括 I2C 的各种函数）、延时函数等，C 语言程序如下。

```
/* ----------------------------------------------
主程序 main. c
----------------------------------------------*/
#include <reg52. h>
#include "i2c. h"
#include "delay. h"
#include "display. h"
#define AddWr 0x90     //写数据地址
#define AddRd 0x91     //读数据地址
extern bit ack;
unsigned char ReadADC(unsigned char Chl);
bit WriteDAC(unsigned char dat);
main()
{
 unsigned char num =0;
 Init_Timer0();
while (1)            //主循环
  {
  num = ReadADC(0);
  TempData[0] = DuanMa[num/100];
```

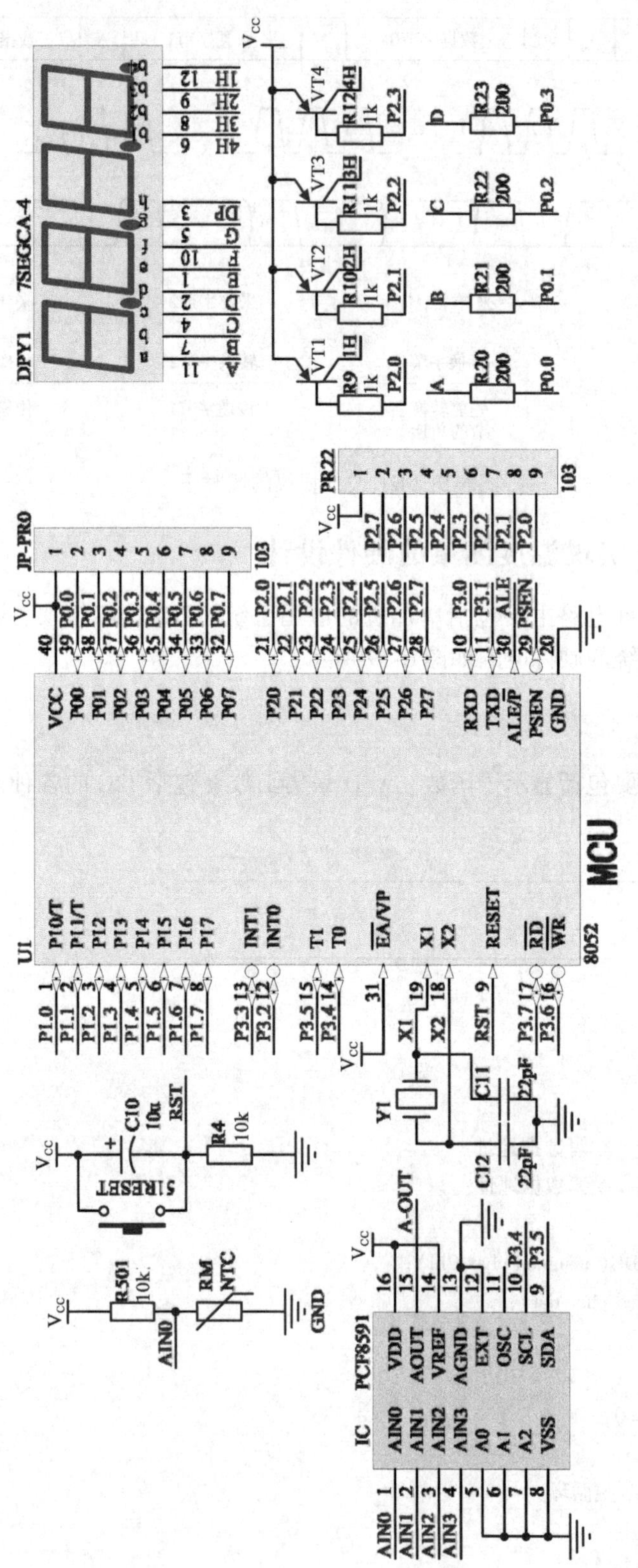

图6-19 系统的硬件电路图

```
    TempData[1] = DuanMa[(num%100)/10];
    TempData[2] = DuanMa[(num%100)%10];
    WriteDAC(num);
    DelayMs(100);
      }
  }
/* ------------------------------------------------
读 AD 转换程序。
输入参数:Chl 表示需要转换的通道。
范围从 0~3 返回值范围 0~255。
------------------------------------------------*/
unsigned char ReadADC(unsigned char Chl)
 {
    unsigned char Val;
    Start_I2c();//启动总线
    SendByte(AddWr);//发送器件地址
      if(ack==0)return(0);
    SendByte(0x40|Chl); //发送器件子地址
      if(ack==0)return(0);
    Start_I2c();
    SendByte(AddWr+1);
      if(ack==0)return(0);
    Val=RcvByte();
    NoAck_I2c(); //发送非应位
    Stop_I2c();   //结束总线
  return(Val);
}
/* ------------------------------------------------
写入 DA 转换数值。
输入参数:dat 表示需要转换的 DA 数值。
范围是 0~255。
------------------------------------------------*/
bit WriteDAC(unsigned char dat)
{
    Start_I2c();   //启动总线
    SendByte(AddWr);//发送器件地址
      if(ack==0)return(0);
    SendByte(0x40); //发送器件子地址
      if(ack==0)return(0);
    SendByte(dat);//发送数据
      if(ack==0)return(0);
    Stop_I2c();
}
/* ------------------------------------------------
```

```
I2C 函数,i2c. c
------------------------------------------------------*/
#include "i2c. h"
#include "delay. h"
#define   _Nop()   _nop_()   //定义空指令
bit ack; //应答标志位
sbit SDA = P3^5;
sbit SCL = P3^4;
/* ------------------------------------------------------
启动总线
------------------------------------------------------*/
void Start_I2c()
{
  SDA = 1; //发送起始条件的数据信号
  _Nop();
  SCL = 1;
  _Nop();//起始条件建立时间大于4.7μs,延时
  _Nop();
  _Nop();
  _Nop();
  _Nop();
  SDA = 0; //发送起始信号
  _Nop();//起始条件锁定时间大于4μs
  _Nop();
  _Nop();
  _Nop();
  _Nop();
  SCL = 0; //锁住I2C总线,准备发送或接收数据
  _Nop();
  _Nop();
}
/* ------------------------------------------------------
结束总线
------------------------------------------------------*/
void Stop_I2c()
{
  SDA = 0; //发送结束条件的数据信号
  _Nop();//发送结束条件的时钟信号
  SCL = 1; //结束条件建立时间大于4μs
  _Nop();
  _Nop();
  _Nop();
  _Nop();
  _Nop();
```

```
    SDA = 1; //发送 I2C 总线结束信号
    _Nop();
    _Nop();
    _Nop();
    _Nop();
}
/* -----------------------------------------------------------------
字节数据传送函数。
函数原型: void  SendByte(unsigned char c)。
功能:将数据 c 发送出去,可以是地址,也可以是数据发完后等待应答,并对此状态位进行操作(不应答或非应答都使 ack =0 假)发送数据正常,ack =1;ack =0 表示被控器无应答或损坏。
------------------------------------------------------------------*/
void  SendByte(unsigned char c)
{
    unsigned char BitCnt;
    for(BitCnt =0;BitCnt <8;BitCnt + +)   //要传送的数据长度为 8 位
      {
        if((c < <BitCnt)&0x80)SDA =1; //判断发送位
          else  SDA =0;
        _Nop();
        SCL =1; //置时钟线为高,通知被控器开始接收数据位
        _Nop();
        _Nop();//保证时钟高电平周期大于 4μs
        _Nop();
        _Nop();
        _Nop();
        SCL =0;
      }
      _Nop();
      _Nop();
      SDA =1; //8 位发送完后释放数据线,准备接收应答位
      _Nop();
      _Nop();
      SCL =1;
      _Nop();
      _Nop();
      _Nop();
      if(SDA = =1)ack =0;
         else ack =1; //判断是否接收到应答信号
      SCL =0;
      _Nop();
      _Nop();
}
```

```
/* ----------------------------------------------------------------
字节数据传送函数。
函数原型：unsigned char  RcvByte()。
功能:用来接收从器件传来的数据,并判断总线错误(不发应答信号),发完后请用应答函数。
----------------------------------------------------------------*/
unsigned char  RcvByte()
{
  unsigned char retc;
  unsigned char BitCnt;
  retc =0;
  SDA =1;              //置数据线为输入方式
  for(BitCnt =0;BitCnt <8;BitCnt + +)
     {
        _Nop();
        SCL =0; //置时钟线为低,准备接收数据位
        _Nop();
        _Nop();//时钟低电平周期大于4.7μs
        _Nop();
        _Nop();
        _Nop();
        SCL =1; //置时钟线为高,使数据线上数据有效
        _Nop();
        _Nop();
        retc = retc < <1;
        if(SDA = =1)retc = retc +1; //读数据位,接收的数据位放入 retc 中
        _Nop();
        _Nop();
     }
  SCL =0;
  _Nop();
  _Nop();
  return(retc);
}
/* ------------------------------------------------
应答子函数
原型:  void Ack_I2c(void);
------------------------------------------------*/
/* void Ack_I2c(void)
{
  SDA =0;
  _Nop();
  _Nop();
  _Nop();
  SCL =1;
```

```
  _Nop();
  _Nop();//时钟低电平周期大于 4μs
  _Nop();
  _Nop();
  _Nop();
  SCL=0; //清时钟线,锁住 I2C 总线,以便继续接收
  _Nop();
  _Nop();
}*/
/*-----------------------------------------------
非应答子函数
原型:  void NoAck_I2c(void);
-----------------------------------------------*/
void NoAck_I2c(void)
{
  SDA=1;
  _Nop();
  _Nop();
  _Nop();
  SCL=1;
  _Nop();
  _Nop();//时钟低电平周期大于 4μs
  _Nop();
  _Nop();
  _Nop();
  SCL=0; //清时钟线,锁住 I2C 总线,以便继续接收
  _Nop();
  _Nop();
}
/*-----------------------------------------------------------------
向无子地址器件发送字节数据函数。
函数原型: bit  ISendByte(unsigned char sla,ucahr c)。
功能:从启动总线到发送地址、数据、结束总线的全过程,器件地址为 sla。
如果返回 1 表示操作成功,否则操作有误。
注意:使用前必须已结束总线。
-----------------------------------------------------------------*/
/*bit ISendByte(unsigned char sla,unsigned char c)
{
   Start_I2c(); //启动总线
   SendByte(sla); //发送器件地址
     if(ack==0)return(0);
   SendByte(c); //发送数据
     if(ack==0)return(0);
  Stop_I2c(); //结束总线
```

```
    return(1);
  } */
  /* ------------------------------------------------------------------
  向有子地址器件发送多字节数据函数。
  函数原型: bit  ISendStr(unsigned char sla,unsigned char suba,ucahr *s,unsigned char no)。
  功能:从启动总线到发送地址、子地址、数据、结束总线的全过程,器件地址为 sla,子地址为 suba,发送内容是 s 指向的内容,发送 no 个字节。如果返回 1 表示操作成功,否则操作有误。
  注意:使用前必须已结束总线。
  ------------------------------------------------------------------*/
  /* bit ISendStr(unsigned char sla,unsigned char suba,unsigned char *s,unsigned char no)
  {
     unsigned char i;
  for(i=0;i<no;i++)
     {
     Start_I2c();//启动总线
     SendByte(sla); //发送器件地址
       if(ack==0)return(0);
     SendByte(suba); //发送器件子地址
       if(ack==0)return(0);

       SendByte(*s); //发送数据
         if(ack==0)return(0);
       Stop_I2c();//结束总线
       DelayMs(1); //必须延时等待芯片内部自动处理数据完毕
       s++;
       suba++;
       }
    return(1);
  } */
  /* ------------------------------------------------------------------
  向无子地址器件读字节数据函数。
  函数原型: bit  IRcvByte(unsigned char sla,ucahr *c)。
  功能:从启动总线到发送地址、读数据、结束总线的全过程,器件地址为 sla,返回值在 c。如果返回 1 表示操作成功,否则操作有误。
  注意:使用前必须已结束总线。
  ------------------------------------------------------------------*/
  /* bit IRcvByte(unsigned char sla,unsigned char *c)
  {
     Start_I2c();//启动总线
     SendByte(sla+1); //发送器件地址
       if(ack==0)return(0);
      *c=RcvByte();//读取数据
       NoAck_I2c();//发送非应答位
       Stop_I2c();//结束总线
```

```
    return(1);
  } */
  /* ------------------------------------------------------------------
  向有子地址器件读取多字节数据函数。
  函数原型: bit ISendStr(unsigned char sla,unsigned char suba,ucahr *s,unsigned char no)。
  功能:从启动总线到发送地址,子地址,读数据,结束总线的全过程,从器件地址 sla,子地址 suba,读出的内容放入 s 指向的存储区,读 no 个字节。如果返回 1 表示操作成功,否则操作有误。
  注意:使用前必须已结束总线。
  ------------------------------------------------------------------*/
  /*bit IRcvStr(unsigned char sla,unsigned char suba,unsigned char *s,unsigned char no)
  {
     unsigned char i;
     Start_I2c();//启动总线
     SendByte(sla); //发送器件地址
       if(ack = =0)return(0);
     SendByte(suba); //发送器件子地址
       if(ack = =0)return(0);
     Start_I2c();
     SendByte(sla +1);
         if(ack = =0)return(0);
    for(i =0;i < no -1;i + +)
       {
        *s = RcvByte();//发送数据
         Ack_I2c();//发送应答位
       s + +;
       }
     *s = RcvByte();
      NoAck_I2c();//发送非应答位
      Stop_I2c();//结束总线
    return(1);
  } */

  /* ---------------------------------------------------
  显示函数 display. c
  ---------------------------------------------------*/
  #include" display. h"
  #include" delay. h"
  #define DataPort P0 //定义数据端口
  unsigned char code DuanMa[10] = {0xc0,0xf9,0xa4,0xb0,0x99,0x92,0x82,0xf8,0x80,0x90};//显示段码值 0 ~ 9
  unsigned char code WeiMa[] = {0xfe,0xfd,0xfb,0xf7,0xef,0xdf,0xbf,0x7f};//分别对应数码管点亮,即位码
  unsigned char TempData[8]; //存储显示值的全局变量
  /* ---------------------------------------------------
```

显示函数,用于动态扫描数码管。

输入参数:FirstBit 表示需要显示的第一位,如赋值 2 表示从第三个数码管开始显示,如输入 0 表示从第一个显示。Num 表示需要显示的位数,如需要显示 99 两位数值,则该值输入 2。

```
---------------------------------------------------*/
void Display(unsigned char FirstBit,unsigned char Num)
{
    static unsigned char i=0;
     DataPort=0xff;   //清空数据,防止有交替重影
     P2=WeiMa[i+FirstBit]; //取位码
     DataPort=TempData[i]; //取显示数据,段码
     i++;
     if(i==Num)
        i=0;
}
/*---------------------------------------------------
定时器初始化子程序
---------------------------------------------------*/
void Init_Timer0(void)
{
 TMOD |= 0x01; //使用模式 1,16 位定时器,使用"|"符号可以在使用多个定时器时不受影响
 TH0=0x00;        //给定初值
 TL0=0x00;
 EA=1;            //总中断打开
 ET0=1;           //定时器中断打开
 TR0=1;           //定时器开关打开
}
/*---------------------------------------------------
定时器中断子程序
---------------------------------------------------*/
void Timer0_isr(void) interrupt 1
{
 TH0=(65536-2000)/256; //重新赋值 2ms
 TL0=(65536-2000)%256;
 Display(0,4);
}


/*---------------------------------------------------
延时函数 delay.c
---------------------------------------------------*/
#include "delay.h"
/*---------------------------------------------------
```

μs 延时函数,含有输入参数 unsigned char t,无返回值 unsigned char 是定义无符号字符变量,其值的范围是 0~255 这里使用晶振 12M,长度 $T=t\times 2+5\mu s$。

```
---------------------------------------------------*/
```

```
void DelayUs2x(unsigned char t)
{
 while(--t);
}
/*----------------------------------------------
 ms延时函数,含有输入参数 unsigned char t,无返回值 unsigned char 是定义无符号字符变量,其值的范围是0~255,这里使用晶振12MHz。
 ----------------------------------------------*/
void DelayMs(unsigned char t)
{
 while(t--)
 {
     //大致延时1ms
     DelayUs2x(245);
DelayUs2x(245);
 }
}
/*----------------------------------------------
I2C头文件i2c.h
 ----------------------------------------------*/
#ifndef __I2C_H__
#define __I2C_H__
#include <reg52.h>
#include <intrins.h>
#define  _Nop()  _nop_()
void Start_I2c();
void Stop_I2c();
void  SendByte(unsigned char c);
unsigned char  RcvByte();
void Ack_I2c(void);
void NoAck_I2c(void);
bit ISendByte(unsigned char sla,unsigned charc);
bit ISendStr(unsigned char sla,unsigned char suba,unsigned char *s,unsigned char no);
bit IRcvByte(unsigned char sla,unsigned char *c);
bit IRcvStr(unsigned char sla,unsigned char suba,unsigned char *s,unsigned char no);
#endif
/*----------------------------------------------
显示函数头文件display.h
 ----------------------------------------------*/
#include <reg52.h>
#ifndef __DISPLAY_H__
#define __DISPLAY_H__
#define DataPort P0 //定义数据端口
extern unsigned char TempData[8]; //存储显示值的全局变量
```

```
extern unsigned char code DuanMa[10];
void Display(unsigned char FirstBit,unsigned char Num);
void Init_Timer0(void);
#endif
/* ------------------------------------------------
延时函数头文件 delay.h
------------------------------------------------*/
#ifndef __DELAY_H__
#define __DELAY_H__
void DelayUs2x(unsigned char t);
void DelayMs(unsigned char t);
#endif
```

6.3.4 PCF8591 实现温度测量的 Proteus 仿真

（1）PCF8591 实现温度测量的 Proteus 仿真原理图如图 6-20 所示。

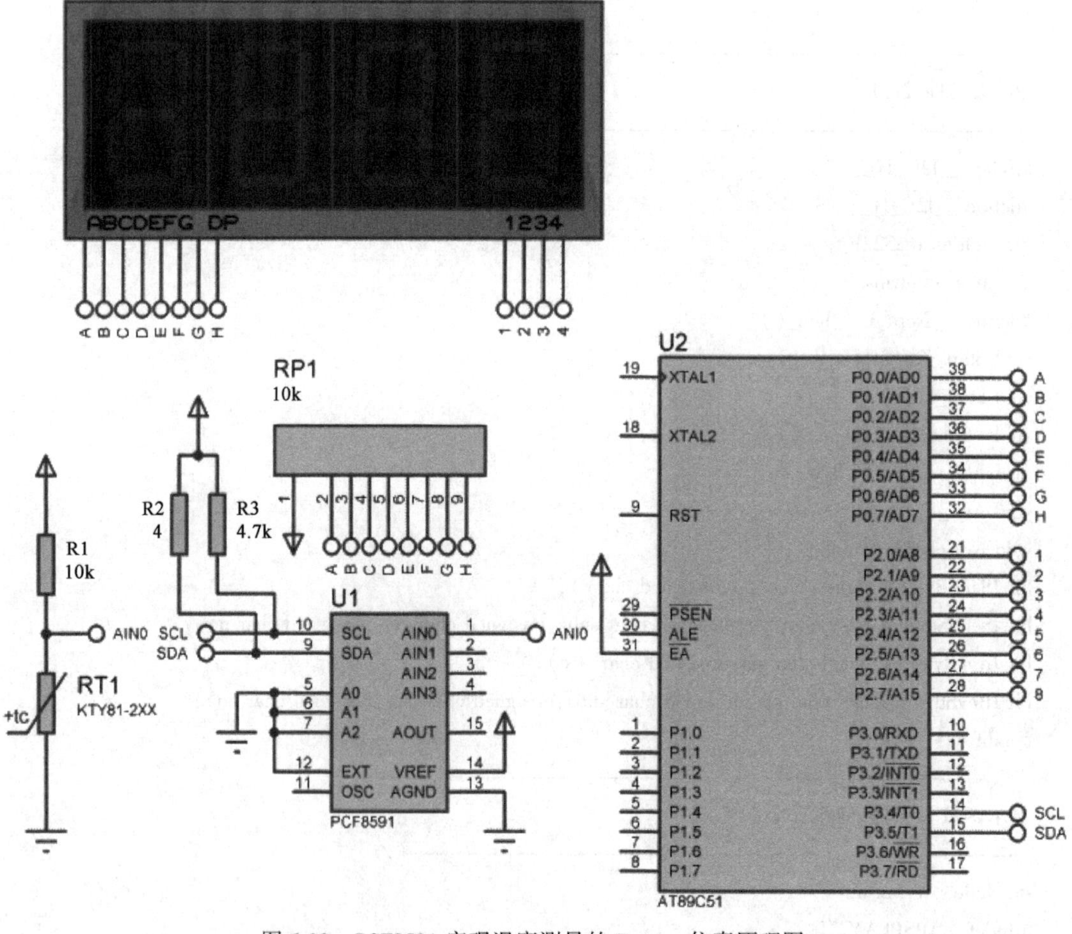

图 6-20 PCF8591 实现温度测量的 Proteus 仿真原理图

（2）PCF8591 实现温度测量的 Proteus 仿真结果如图 6-21 所示。

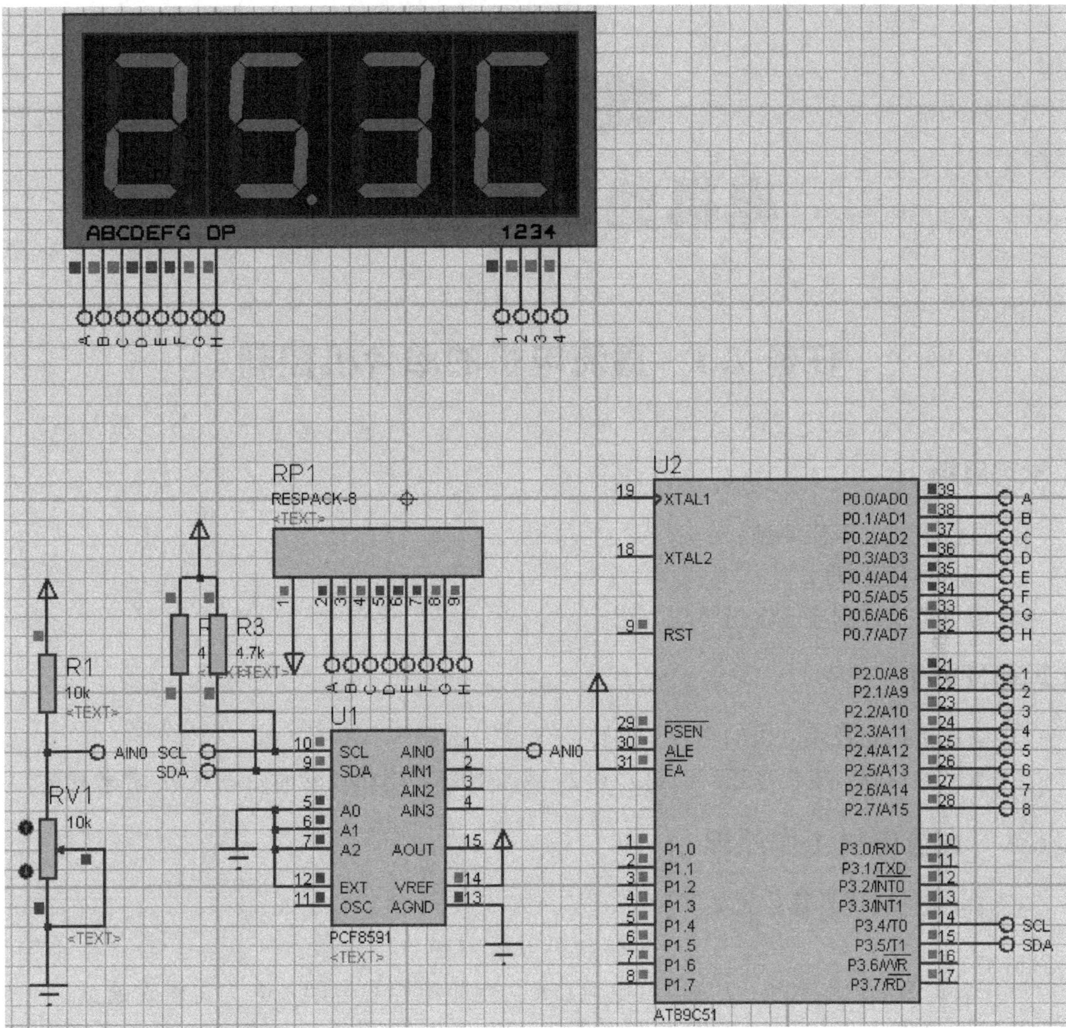

图 6-21　PCF8591 实现温度测量的 Proteus 仿真结果

项目7

电机的单片机控制

任务 7.1 直流电机的单片机控制

【学习目标】

① 直流电机的工作原理；
② PWM 调速原理；
③ 用单片机控制直流电机驱动电路。

【项目任务】

① 单片机控制直流电机的正转、反转；
② 速度的控制：电机在正转时每隔 0.2s 减速 10%，电机反转时每隔 0.2s 增速 10%。

7.1.1 直流电机工作原理

直流电机的转速计算公式如下。

$$n = (U - IR)/K\Phi \tag{7-1}$$

式中，U 为电枢端电压；I 为电枢电流；R 为电枢电路总电阻；Φ 为每极磁通量；K 为电动机结构参数。

可以看出，电机转速和 U、I 有关，并且可控量只有这两个，可以通过调节这两个物理量来改变转速。我们知道，I 可以通过改变电压进行改变，而我们常提到的 PWM 控制，也就是用来调节电压波形的常用方法，就是用 PWM 控制电机转速。通过单片机输出一定频率的方波，方波的占空比大小决定平均电压的大小，也决定了电机的转速大小。

如图 7-1（a）所示，当开关管 MOSFET 的栅极输入高电平时，开关管导通，直流电动机电枢绕组两端有电压 U_s。t_1 秒后，栅极输入变为低电平，开关管截止。电动机电枢两端电压为 0。t_2 秒后，栅极输入重新变为高平，开关管的动作重复前面的过程。电动机电枢绕组两端的电压波形如图 7-1（b）所示，电动机的电枢绕组两端的电压平均值 U_o 为：

$$U_o = (t_1 \times U_s + 0)/(t_1 + t_2) = t_1 \times U_s/t = \alpha U_s \tag{7-2}$$

式中 α—占空比；$\alpha = t_1/T$。

7.1.2 直流电动机的 PWM 调速原理及方法

（1）PWM 调速原理。占空比 α 表示在一个周期 T 里，开关管导通的时间与周期的比值。α 的变化范围为 $0 \leqslant \alpha \leqslant 1$。当电源电压 U_S 不变的情况下，电枢的端电压的平均值 U_o 取

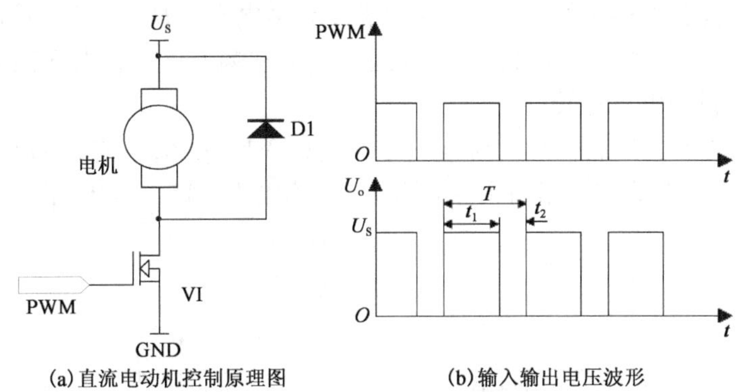

(a) 直流电动机控制原理图　　(b) 输入输出电压波形

图 7-1　PWM 调速控制原理

决于占空比 α 的大小，改变 α 的值就可以改变端电压的平均值，从而达到调速的目的。

（2）PWM 调速方法。PWM 调速有 3 种方法：定宽调频法、调频调宽法、定频调宽法。

① 定宽调频法：保持 t_1 不变，只改变 t_2，使周期 T（或频率）随之改变。

② 调频调宽法：保持 t_2 不变，则改变 t_1，使周期 T（或频率）随之改变。

③ 定频调宽法：使周期 T 保持不变，同时改变 t_1 和 t_2。

前两种方法由于在调速时改变了控制脉冲的周期（或频率），当控制脉冲的频率与系统的固有频率接近时，将会引起振荡，因此这两种方法用得很少。目前，在直流电动机的控制中，主要使用定频调宽法。

7.1.3　P-N MOS 管 H 桥原理

所谓的 H 桥电路就是控制电机正反转的电路。图 7-2 所示就是一种简单的 H 桥电路，它由 2 个 P 型场效应管 VT1、VT2 与 2 个 N 型场效应管 VT3、VT4 组成，所以它叫 P-N MOS 管 H 桥。桥臂上的 4 个场效应管相当于四个开关，P 型管在栅极为低电平时导通，高电平时关闭；N 型管在栅极为高电平时导通，低电平时关闭。场效应管是电压控制型元件，栅极通过的电流几乎为“零”。

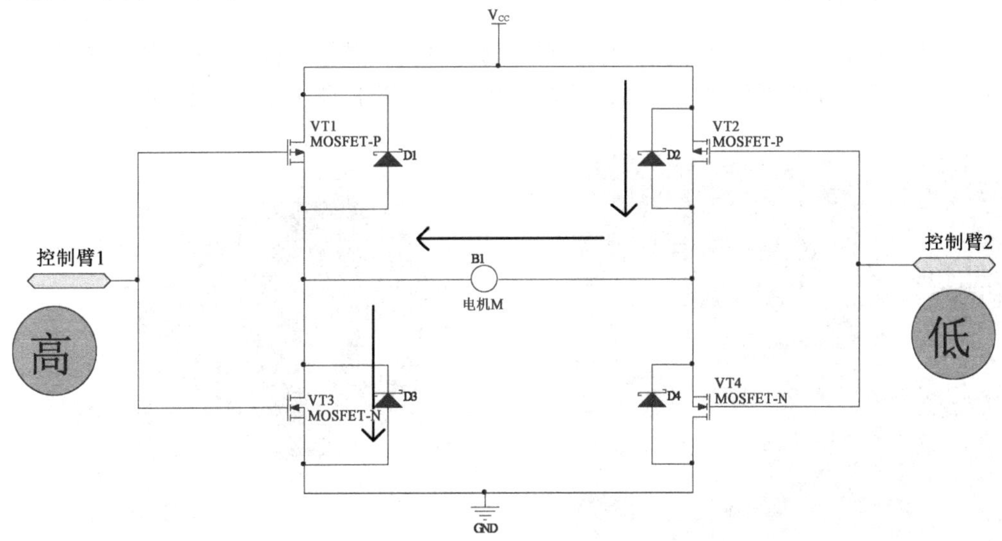

图 7-2　H 桥控制电机电路（电机正转）

正因为这个特点，在连接好电路后，控制臂1置高电平（$U=V_{CC}$）、控制臂2置低电平（$U=0$）时，VT1、VT4关闭，VT2、VT3导通，电机左端低电平，右端高电平，所以电流沿箭头方向流动，设为电机正转。

控制臂1置低电平、控制臂2置高电平时，VT2、VT3关闭，VT1、VT4导通，电机左端高电平，右端低电平，所以电流沿箭头方向流动，设为电机反转，其电路图如图7-3所示。

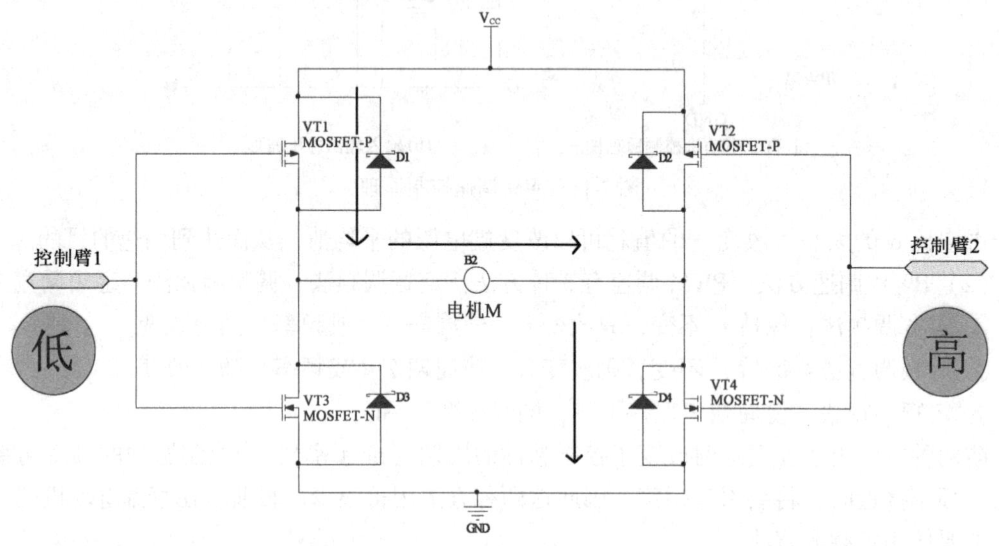

图7-3 H桥控制电机电路（电机反转）

当控制臂1、2均为低电平时，VT1、VT2导通，VT3、VT4关闭，电机两端均为高电平，电机不转；当控制臂1、2均为高电平时，VT1、VT2关闭，VT3、VT4导通，电机两端均为低电平，电机也不转。

此电路的优点就是无论控制臂状态如何（绝不允许悬空状态），H桥都不会出现“共态导通”（短路）。

7.1.4 驱动直流电机

由驱动芯片L298N组成直流电动机PWM调速系统，其中L298N是双H桥直流电机驱动芯片，接收标准TTL逻辑电平信号，可驱动46V、2A以下的电机，如图7-4、图7-5所示。

图7-4 L298N芯片

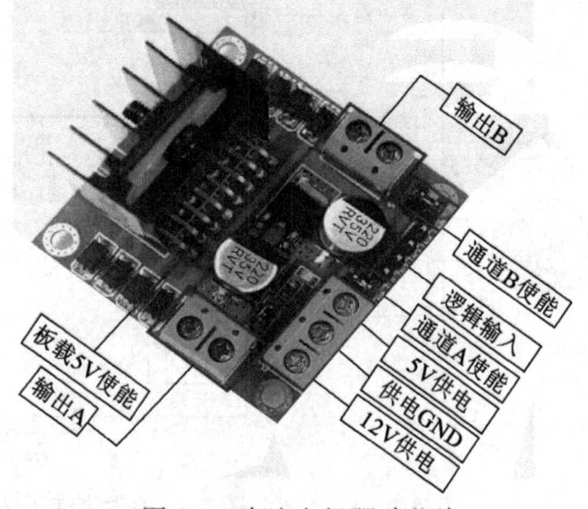

图7-5 直流电机驱动芯片

L298N 组成的 PWM 直流电机调速系统如图 7-6 所示。

图 7-6　L298 组成的 PWM 直流电机调速系统

L298N 为双路 H 桥直流电动机驱动系统芯片，EnA、EnB 分别为 A 组、B 组的使能端，高电平有效；IN1、IN2 为 A 组的 PWM 控制输入端；IN3、IN4 为 B 组的 PWM 控制输入端；OUT1、OUT2 为 A 组的电动机电枢接线端；OUT3、OUT4 为 B 组的电动机电枢接线端。L298N 内部结构如图 7-7 所示。

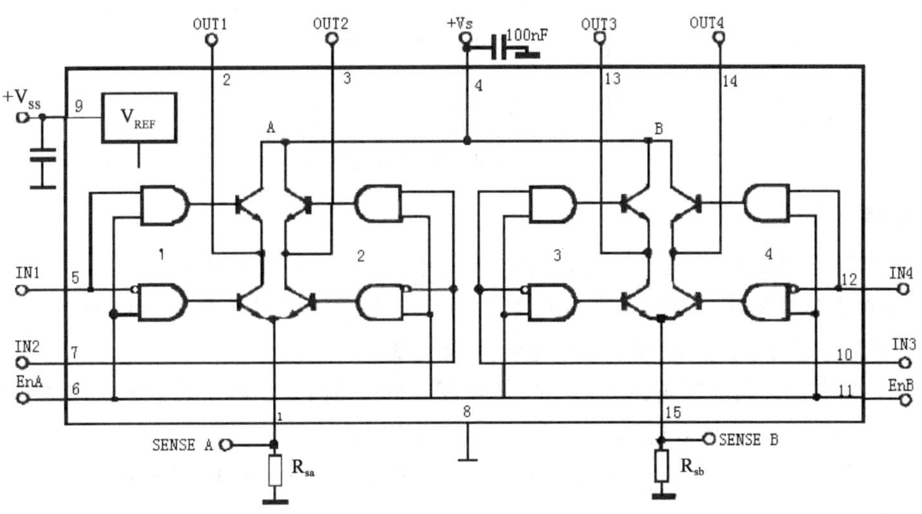

图 7-7　L298 内部结构

直流电机驱动说明如表 7-1 所示。

表 7-1　直流电机驱动说明

ENA	IN1	IN2	直流电机状态
0	X	X	停止
1	0	0	制动
1	0	1	正转

续表

ENA	IN1	IN2	直流电机状态
1	1	0	反转
1	1	1	制动

使能端 EnA、EnB 高电平有效，若要对直流电机进行 PWM 调速，需要设置 IN1 和 IN2，确定电机的转动方向，然后对使能端输出 PWM 脉冲，即可实现调速。当使能信号为 0 时，电机处于自由停止状态；当使能信号为 1，且 IN1 和 IN2 为 00 或者 11 时，电机处于制动状态，阻止电机转动。

7.1.5 直流电机的正反转及调速控制

1. 系统框图

电机调速控制的系统框图如图 7-8 所示，单片机 P1.6 和 P1.7 分别连接 L298N 上的 IN1 和 IN2 端口，用来控制电机的正反转，P1.0 输出 PWM 脉冲，用来进行调速。

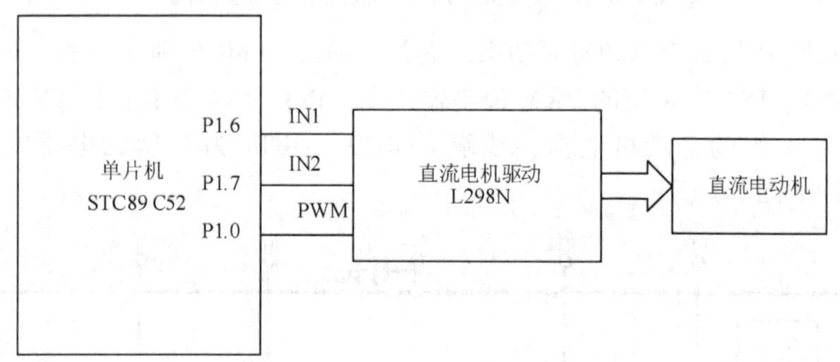

图 7-8 电机调速控制系统框图

2. 软件程序设计

设计 PWM 脉冲输出、电机旋转方向电平输出、速度控制几个部分程序。

(1) PWM 脉冲输出：PWM 脉冲调速采用定频调宽法，单片机 P1.0 产生一个频率为 100Hz 的脉宽调制信号，脉冲频率通过定时中断实现。

(2) 电机旋转方向电平输出：如果需要电机正转，则 P1.6 输出低电平，P1.7 输出高电平；需要电机反转，则 P1.6 输出高电平，P1.7 输出低电平。

(3) 速度控制：电机在正转时，每隔 0.2s 减速 10%；电机反转时，每隔 0.2s 增速 10%。

3. 参考程序

```
#include <regx52.h>
#include <intrins.h>
unsigned char n;
unsigned char Pwm_Value;
void Timer0Init(void)              //100μs,11.0592MHz
{
    TMOD &= 0xF0;         //设置定时器模式
```

```
    TMOD |= 0x02;           //设置定时器模式
    TL0 = 0xA4;             //设置定时初值
    TH0 = 0xA4;             //设置定时重载值
    TF0 = 0;                //清除 TF0 标志
    TR0 = 1;                //定时器 0 开始计时
    ET0 =1;                 //允许定时计数器 1 终端
    EA =1;                  //允许总中断
}
void Delay200ms()           //11.0592MHz
{
    unsigned char i, j, k;
    _nop_();
    i = 2;
    j = 103;
    k = 147;
    do
    {
        do
        {
            while (--k);
        } while (--j);
    } while (--i);
}
void main()
{
    unsigned char m;
    Timer0Init();
while(1)
    {
      P1_6 =0;//IN1
      P1_7 =1;//IN2,正转

          for(m =10;m< =100;m =m +10)         //电机减速
          {
              Pwm_Value =m;   //每隔 0.2s,电机减速 10%
              Delay200ms();
              Delay200ms();
              Delay200ms();
              Delay200ms();
              Delay200ms();
          }
      P1_6 =0;//IN1
      P1_7 =0;//IN2,制动
      Delay200ms();
```

```
        Delay200ms( );          //0.4s

        P1_6 = 1;//IN1
        P1_7 = 0;//IN2,反转
            for( m = 100;m > = 10;m = m - 10)       //电机加速
            {

                Pwm_Value = m;        //每隔 0.2s,电机加速 10%
                Delay200ms( );
                Delay200ms( );
                Delay200ms( );
                Delay200ms( );
                Delay200ms( );
            }

        P1_6 = 0;//IN1
        P1_7 = 0;//IN2,制动
        Delay200ms( );
        Delay200ms( );             //0.4s
    }
}
void VT0( ) interrupt 1               //0.1ms
{
    n + +;
    if( n = = 100)                    //10ms 定时,100Hz
    {
     n = 0;
    }
    if( n < Pwm_Value)
    {
     P1_0 = 0;
    }
    else
    {
     P1_0 = 1;
    }
}
```

任务 7.2　步进电机的单片机控制

【学习目标】

① 了解什么是步进电机；

② 掌握步进电机的工作原理；

③ 掌握步进电机的三种工作方式。

【项目任务】

① 用单四拍模式让步进电机转起来；

② 用八拍工作方式控制步进电机的正转及反转。

7.2.1　步进电机简介

1. 什么是步进电机

步进电机是一种将电脉冲转化为角位移的执行机构。通俗地讲，当步进驱动器接收到一个脉冲信号，它就驱动步进电机按设定的方向转动一个固定的角度（步进角）。我们可以通过控制脉冲个数来控制角位移量，从而达到准确定位的目的；同时也可以通过控制脉冲频率，控制电机转动的速度和加速度，从而达到调速的目的。五线四相步进电机实物图如图7-9所示。

2. 步进电机工作原理

步进电机的工作方式就是步进转动。在一般的步进电动机的工作中，其电源都是采用单极性的直流电。要使步进电机执行步进转动，就必须对步进电机的各相绕组采用恰当的时序方式通电。步进电机内部结构如图7-10所示。

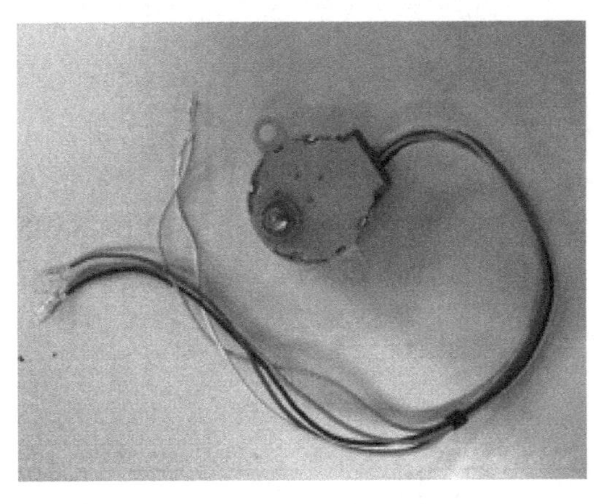

图7-9　五线四相步进电机实物图

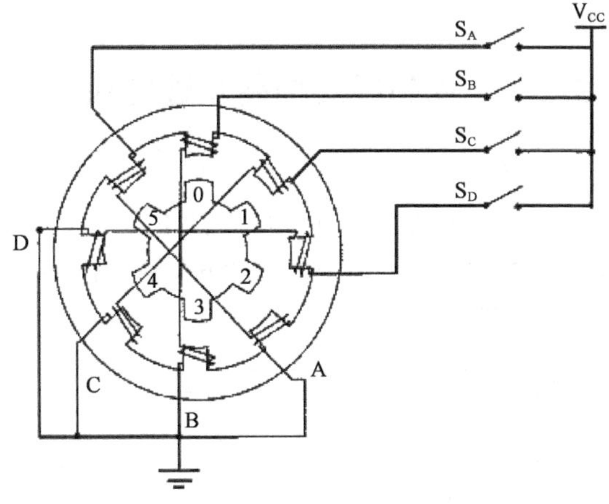

图7-10　步进电机内部结构

开始时，开关S_B接通电源，S_A、S_C、S_D断开，B相磁极和转子0、3号齿对齐，同时，转子的1、4号齿就和C、D相绕组磁极产生错齿，2、5号齿就和D、A相绕组磁极产生错齿。当开关S_C接通电源，S_B、S_A、S_D断开时，由于C相绕组的磁力线和1、4号齿之间磁力线的作用，使转子转动，1、4号齿和C相绕组的磁极对齐，而0、3号齿和A、B相绕组产生错齿，2、5号齿就和A、D相绕组磁极产生错齿。依次类推，A、B、C、D四相绕组轮流供电，则转子会沿着A、B、C、D方向转动。

四相步进电机按照通电顺序的不同，可分为单四拍、双四拍、八拍三种工作方式。

若使步进电机正向转动，各相的通电顺序为：

单四拍工作方式：A→B→C→D→A。

双四拍工作方式：AB→BC→CD→DA→AB。

八拍工作方式：A→AB→B→BC→C→CD→D→DA→A。

三种工作方式的区别如表 7-2 所示。

表 7-2　三种工作方式的区别

工作方式	单四拍	双四拍	八拍
步进周期	T_w	T_w	T_w
每相通电时间	T_w	$2T_w$	$3T_w$
进齿周期	$3T_w$	$3T_w$	$6T_w$
相电流	小	较大	最大
高频性能	差	一般	好
转矩	差	一般	优
电磁阻尼	差	较好	较好
振荡	多	少	极少
功耗	少	大	中

从表 7-2 中可以清楚地分析出，从综合指标来看，单四拍工作方式性能较差，而八拍方式工作最好，双四拍工作方式的性能介于上述两者之间。

单四拍与双四拍的步距角相等，但单四拍的转动力矩小。八拍工作方式的步距角是单四拍与双四拍的一半，因此，八拍工作方式既可以保持较高的转动力矩，又可以提高控制精度。

7.2.2　单四拍模式控制步进电机

1. 系统框图

如图 7-11 所示，单片机中的 P1.0、P1.1、P1.2、P1.3 四个 I/O 口，分别和 L298N 的 IN1、IN2、IN3、IN4 相连，L298N 的输出 OUT1、OUT2、OUT3 和 OUT4，与步进电机的 A、B、C、D 四相相连进行控制。

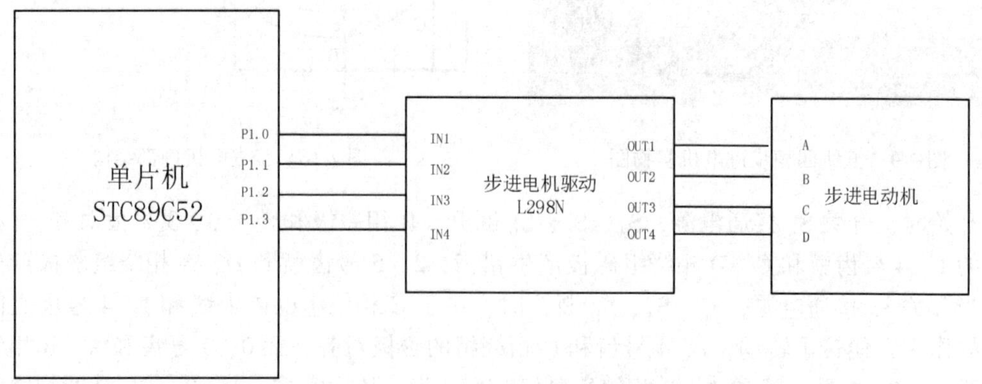

图 7-11　单片机控制步进电机系统框图

2. 软件程序设计

前面已经介绍了步进电机的工作模式，可以用单四拍的模式编写一个简单小程序。先以二进制数来表示单四拍工作方式下各相的通电顺序：

A	B	C	D
0	1	1	1
1	0	1	1
1	1	0	1
1	1	1	0

在程序编写过程中，只要用I/O口输出以上相应的信号即可。

3. 参考程序

用单四拍模式控制步进电机的程序代码如下：

```
#include <regx52.h>

void Delay10ms()        //11.0592MHz
{
unsigned char i, j;

i = 18;
j = 235;
do
{
     while (--j);
} while (--i);
}

void main()
{
while(1)
    {
P1_0 =0;P1_1 =1;P1_2 =1;P1_3 =1;
Delay10ms();
P1_0 =1;P1_1 =0;P1_2 =1;P1_3 =1;
Delay10ms();
P1_0 =1;P1_1 =1;P1_2 =0;P1_3 =1;
     Delay10ms();
P1_0 =1;P1_1 =1;P1_2 =1;P1_3 =0;
Delay10ms();
    }
}
```

7.2.3　八拍模式控制步进电机正反转

1. 系统框图

八拍工作方式的系统结构图与单四拍模式的相同，这里就不再赘述，请参考图7-11。

2. 软件设计

为了方便编程，将五线四相步进电机的八拍工作方式（各相通电顺序），以十六进制数表示出来如表7-3所示，并把这些数据建成一个八拍反转数组eight_ rev［8］。我们只要依次将数组中的数值赋值给P1端口，就可驱动步进电机以八拍的工作方式运转下去。

表7-3　八拍反转驱动方式

二进制 四相 / 十六进制	A	B	C	D
0x0e	0	1	1	1
0x0c	0	0	1	1
0x0d	1	0	1	1
0x09	1	0	0	1
0x0b	1	1	0	1
0x03	1	1	0	0
0x07	1	1	1	0
0x06	0	1	1	0

3. 参考程序

```
#include  <regx52.h>
unsigned char eight_rev[8] = {0x0e,0x0c,0x0d,0x09,0x0b,0x03,0x07,0x06};//八拍反转
void Delay10ms()        //11.0592MHz
{
    unsigned char i, j;

    i = 18;
    j = 235;
    do
    {
       while (--j);
    } while (--i);
}


main()
{
    unsigned char n;
    unsigned char m;
    while(1)
    {
       //步进电机直接接受数字量
       //反转
     for(m=0;m<200;m++)
     {
       for(n=0;n<=7;n++)
```

```
            {
                P1 = eight_rev[n];
                Delay10ms();
            }
        }

    for(m = 0;m < 200;m ++)
      {
       //正转
       for(n = 0;n <= 7;n ++)
        {
            P1 = eight_rev[7 - n];
            Delay10ms();
        }

    }
}
```

任务 7.3　舵机的单片机控制

【学习目标】

① 了解什么是舵机；

② 掌握舵机的工作原理；

③ 掌握单片机如何输出 PWM 信号来控制舵机的转动角度。

【项目任务】

控制舵机从 0°转动到 180°。

7.3.1　舵机简介

1. 什么是舵机

舵机是由小型直流电机、变速齿轮组、可调电位器和控制电路板组成的一套自动控制系统，其内部结构如图 7-12 所示。通过发送信号，指定输出轴旋转角度。舵机实物如图 7-13 所示，它是一种位置（角度）伺服的驱动器，适用于那些需要角度不断变化，并可以保持的控制系统。目前在高档遥控玩具，如航模，包括飞机模型、潜艇模型，以及在遥控机器人中已经使用得比较普遍。

舵机一般都有最大旋转角度（比如 180°）。它与普通直流电机的主要区别是，直流电机是一圈圈转动的，舵机只能在一定角度内转动；普通直流电机无法反馈转动的角度信息，而舵机可以。用途也不同，普通直流电机一般是整圈转动做动力用，舵机是控制某物体转动的角度，比如机器人的关节。舵机上有三根线，分别为 V_{CC}、GND、信号线。舵机不需要另外接驱动模块，直接用单片机的引脚控制即可。

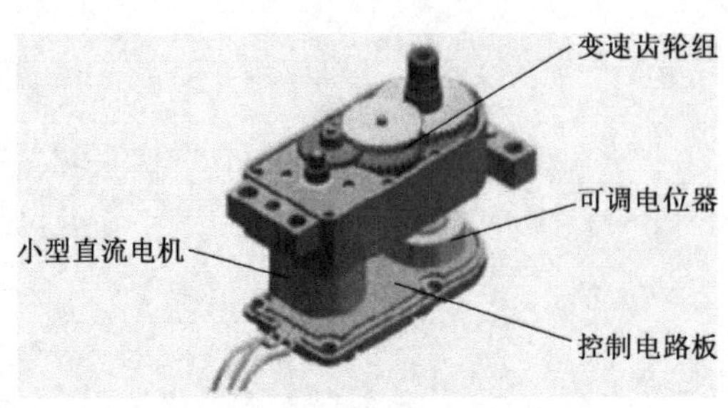

图 7-12　舵机的内部结构

图 7-13　舵机实物图

2. 舵机的工作原理

舵机的角度是由来自信号线持续产生的脉冲（PWM 信号），脉冲的长短决定舵机转动多大角度。一般而言，舵机会提供一个周期为 20ms、宽度为 1.5ms 的基准信号，如图 7-14 所示。这个基准信号定义的位置为中间位置（最大角度是 180°，那中间位置就是 90°），当舵机接收到一个小于 1.5ms 的脉冲，输出轴会以中间位置为标准，逆时针旋转一定角度。当接收到的脉冲大于 1.5ms 时情况与此相反。

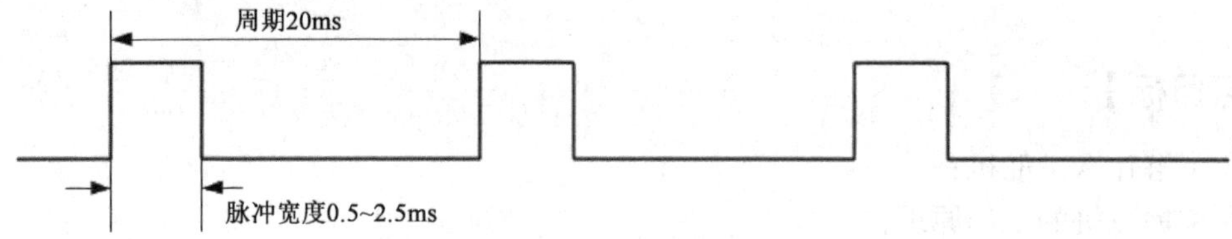

图 7-14　舵机的基准信号

舵机的控制需要一个 20ms 左右的时基脉冲，该脉冲的高电平部分，一般为 0.5 ~ 2.5ms 范围内的角度控制脉冲部分，总间隔为 2ms。以 180°角度伺服为例，那么其对应的控制关系如图 7-15 所示。

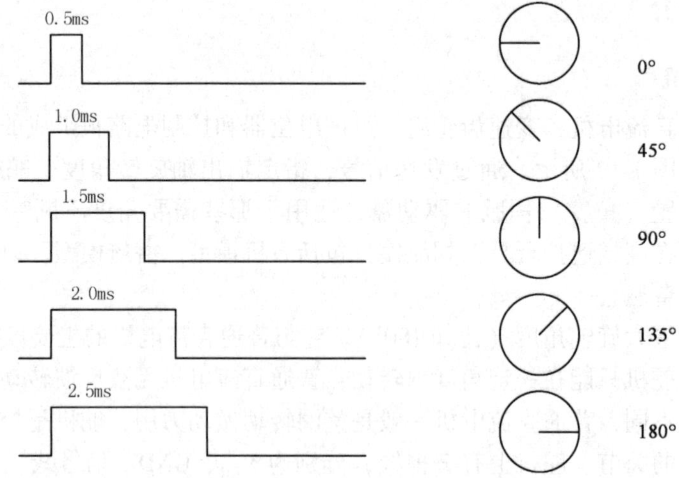

图 7-15　舵机角度和控制脉冲的对应关系

舵机还有一个重要的特征就是它的追随特性，如图7-16所示。舵机的运转过程是：假设舵机稳定在A点不动，这时单片机会发出B点坐标的PWM信号，舵机全速从A点运动到B点。在单片机发出PWM信号之后，舵机会等待一段时间，利用此段时间舵机才能从A点移动到B点。

$$\Delta\phi = \phi B - \phi A \quad \Delta T = \Delta\phi \div \omega$$

式中，$\Delta\phi$为角度的差值；ϕB为舵机转动到B点时的角度值；ϕA为舵机转动到A点时的角度值；ω为舵机转动的角速度；ΔT为A点到B点舵机转动的时间。

那么具体的等待（保持）时间应该如何计算呢？我们来分析一下。

令保持时间为T_w：

① 当$T_w \geqslant \Delta T$时，舵机能够到达目标，并有剩余时间；

② 当$T_w \leqslant \Delta T$时，舵机不能到达目标；

③ 理论上：当$T_w = \Delta T$时，系统最连贯，而且舵机运动得最快。

实际过程中ω不尽相同，连贯运动时的极限ΔT比较难以计算出来。

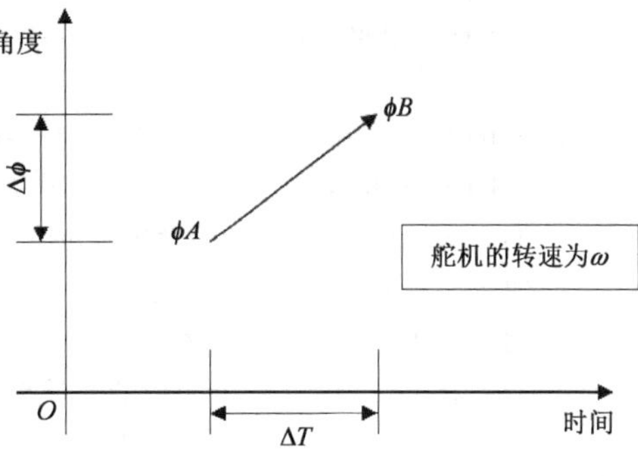

图7-16　舵机的追随特性

7.3.2　单片机控制舵机

1. 系统框图

舵机不用驱动芯片，直接用单片机的I/O口就可以控制。单片机完成控制算法，再将计算结果转化为PWM信号输出到舵机。单片机中的PWM控制信号，通过P1.0端口输送给舵机的信号线，用来控制舵机转动的角度。单片机控制舵机的系统框图如图7-17所示。

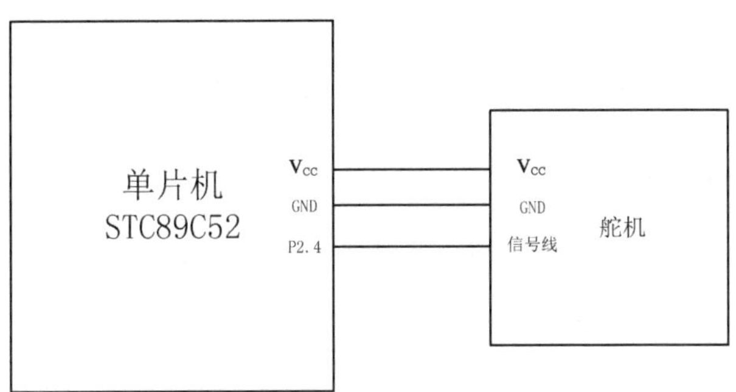

图7-17　单片机控制舵机的系统框图

2. 软件设计

单片机系统实现对舵机输出转角的控制，必须首先完成以下两个任务。

（1）产生基本的PWM周期信号，即产生20ms的周期信号；每隔20μs产生一次定时中断，循环1000次就可以得到20ms的基准信号。

（2）其次是脉宽的调整，即单片机模拟PWM信号的输出，并且调整占空比。

在图7-15中，我们可以得知，舵机转动的角度和脉冲的宽度是有关系的，如果想控制舵机转到0°，那么脉冲的宽度就是0.5ms，对应的循环次数则是25。如果舵机转到180°，脉冲的宽度就是2.5ms，循环次数为125。只要在相应的循环次数范围内让P2.4端口输出高电平，而其他时间都为低电平，舵机就会按照信号线得到的PWM信号，让舵机转动到相应的角度。

3. 参考程序

（1）舵机转到0°或者180°。

```
#include <regx52.h>
unsigned char m;
void Timer1Init(void)                //20μs,12.000MHz
{
 TMOD &= 0x0F;          //设置定时器模式
 TMOD |= 0x20;          //设置定时器模式
 TL1 = 0xEC;         //设置定时初值
 TH1 = 0xEC;         //设置定时重载值
 TF1 = 0;            //清除TF1标志
 TR1 = 1;            //定时器1开始计时

 ET1 = 1;
 EA = 1;
}

void main()
{

   Timer1Init();
 while(1);


}


void VT1() interrupt 3


{
    m = m + 1;
    if(m == 1000)
 {
   m = 0;
 }
     if(m < 25)   //舵机转动到最左边,0°
     {
       P2_4 = 1;
     }
     else
     {
     P2_4 = 0;
```

```
        }
}
```

若想让舵机转到 180°，则将 m < 25 中的参数改成 125 即可。

（2）舵机从 0°转到 180°。

```
#include  < regx52. h >
unsigned char m;
unsigned char i;
unsigned Angle_m;

void Delay(unsigned int n)
{
unsigned int x;
while (n - - )
{
  x  =  5000;
  while (x - - );
}
}
void Timer1Init(void)                //20μs,12. 000MHz
{
TMOD & =  0x0F;          //设置定时器模式
TMOD | =  0x20;          //设置定时器模式
TL1  =  0xEC;          //设置定时初值
TH1  =  0xEC;          //设置定时重载值
TF1  =  0;             //清除 TF1 标志
TR1  =  1;             //定时器 1 开始计时

ET1 = 1;
EA = 1;
}

void main( )
  {

Timer1Init( );
  while(1)
{
  for(i = 25;i <  = 125;i +  + )
     {
     Angle_m = i;
     Delay(10);

     }
```

```
    }
}

void VT1( ) interrupt 3
{
m = m + 1;
if(m == 1000)
  {
    m = 0;
  }
  if(m < Angle_m)
  {
    P2_4 = 1;
  }
  else
  {
  P2_4 = 0;
  }
    }
```

项目8

红外遥控应用

任务 8.1　1602 液晶的应用

【学习目标】

① 掌握 1602 液晶显示引脚功能、显示原理、指令集及时序；

② 掌握 1602 液晶显示与单片机接口原理及编程方法。

【项目任务】

① 运用 STC89C52 单片机连接 1602 液晶屏，显示相应字符；P3.2 接一个开关，进行控制。

② 通电后液晶屏显示预设文字，例如"TJ-XianDai"。

③ 当开关第一次按下时，切换显示字符。

④ 当开关第二次按下时，显示字符左右流动。

8.1.1　1602 液晶简介

1602 液晶是 1602 字符型液晶，它也是一种专门用来显示数字、字母、符号等的点阵型液晶模块，有若干个 5X11 或者 5X7 等点阵字符位构成，每一个点阵字符位均可以显示一个字符。每位之间有一个点距的间隔，每行之间也有一定的间隔，起到了字符间距和行间距的作用，所以它不能显示图形。目前市面上字符型液晶大多数是基于 HD44780 液晶芯片的，控制原理完全相同，因此，基于 HD44780 编写的控制程序，可以很方便地应用于大部分字符型液晶屏。1602 液晶又分为带背光和不带背光两种，基于控制器的大部分为 HD44780，带背光的比不带背光的厚，是否带背光在应用中并无差别。

8.1.2　1602 引脚功能

1602 LCD（液晶）主要技术参数：

显示容量：16 ×2 个字符；

芯片工作电压：4.5 ~5.5V；

工作电流：2.0mA（5.0V）；

模块最佳工作电压：5.0V；

字符尺寸（$W \times H$）：2.95 ×4.35mm × mm。

引脚功能说明：

图 8-1　1602 LCD 实物

1602 LCD 实物如图 8-1 所示，采用标准的

14 脚（无背光）或 16 脚（带背光）接口，各引脚接口说明如表 8-1 所示。

表 8-1　1602 LCD 引脚接口说明

编号	符号	引脚说明	编号	符号	引脚说明
1	V_{SS}	电源地	9	D2	数据
2	V_{DD}	电源正极	10	D3	数据
3	VL	液晶显示偏压	11	D4	数据
4	RS	数据/命令选择	12	D5	数据
5	R/W	读/写选择	13	D6	数据
6	E	使能信号	14	D7	数据
7	D0	数据	15	BLA	背光源正极
8	D1	数据	16	BLK	背光源负极

第 1 脚：V_{SS}为地电源。

第 2 脚：V_{DD}接 5V 正电源。

第 3 脚：VL 为液晶显示器对比度调整端，接正电源时对比度最弱，接地时对比度最高，对比度过高时会产生“鬼影”，使用时可以通过一个 10kΩ 的电位器调整对比度。

第 4 脚：RS 为寄存器选择，高电平时选择数据寄存器，低电平时选择指令寄存器。

第 5 脚：R/W 为读写信号线，高电平时进行读操作，低电平时进行写操作。当 RS 和 R/W 共同为低电平时可以写入指令或者显示地址，当 RS 为低电平，R/W 为高电平时可以读忙信号；当 RS 为高电平，R/W 为低电平时可以写入数据。

第 6 脚：E 端为使能端，当 E 端由高电平跳变成低电平时，液晶模块执行命令。

第 7 ~ 14 脚：D0 ~ D7 为 8 位双向数据线。

第 15 脚：背光源正极。

第 16 脚：背光源负极。

8.1.3　1602 液晶显示字符

HD44780 内置了 DDRAM、CGROM 和 CGRAM。DDRAM 就是显示数据 RAM，用来寄存待显示的字符代码。共 80 个字节，其地址和屏幕的对应关系见表 8-2。

表 8-2　地址与屏幕的对应关系

显示位置	1	2	3	4	5	6	7	……	40
第一行地址	00H	01H	02H	03H	04H	05H	06H	……	27H
第二行地址	40H	41H	42H	43H	44H	45H	46H	……	67H

如果想要在 1602 LCD 屏幕的第一行第一列显示一个字母“A”，就需要向 DDRAM 的 00H 地址写入字母“A”的代码，但具体的写入是要按 LCD 模块的指令格式来进行，后面会讲到。一行可有 40 个地址，而在 1602 LCD 中我们用前 16 个，第二行也用前 16 个地址。其对应如图 8-2 所示。

注意：我们往 DDRAM 里的 00H 地址处送一个数据，比如 0x31（数字 1 的代码），并不能显示 1 出来。其原因是如果想在 DDRAM 的 00H 地址处显示数据，则必须将 00H 加上 80H，即 80H，同理，要在 DDRAM 的 01H 处显示数据，则必须将 01H 加上 80H 即 81H。

```
00H 01H 02H 03H 04H 05H 06H 07H 08H 09H 0AH 0BH 0CH 0DH 0EH 0FH

40H 41H 42H 43H 44H 45H 46H 47H 48H 49H 4AH 4BH 4CH 4DH 4EH 4FH
```

图 8-2　DDRAM 地址与显示位置的对应关系

在 1602 液晶模块内部的字符发生存储器（CGROM），存储了 160 个不同的点阵字符图形，这些字符有：阿拉伯数字、英文字母的大小写、常用的符号和日文假名等，而每一个字符都有一个自己固定的代码值。

表 8-3　CGROM 中字符码与字、字符、字模关系对照表

↵	0000	0001	0010	0011	0100	0101	0110	0111	1000	1001	1010	1011	1100	1101	1110	1111
xxxx0000	CG RAM (1)			0	@	P	`	p				ー	タ	ミ	α	p
xxxx0001	(2)		!	1	A	Q	a	q			。	ア	チ	ム	ä	q
xxxx0010	(3)		"	2	B	R	b	r			「	イ	ツ	メ	β	θ
xxxx0011	(4)		#	3	C	S	c	s			」	ウ	テ	モ	ε	∞
xxxx0100	(5)		$	4	D	T	d	t			、	エ	ト	ヤ	μ	Ω
xxxx0101	(6)		%	5	E	U	e	u			・	オ	ナ	ユ	σ	ü
xxxx0110	(7)		&	6	F	V	f	v			ヲ	カ	ニ	ヨ	ρ	Σ
xxxx0111	(8)		'	7	G	W	g	w			ァ	キ	ヌ	ラ	g	π
xxxx1000	(1)		(	8	H	X	h	x			ィ	ク	ネ	リ	√	x̄
xxxx1001	(2)		)	9	I	Y	i	y			ゥ	ケ	ノ	ル	⁻¹	y
xxxx1010	(3)		*	:	J	Z	j	z			ェ	コ	ハ	レ	j	千
xxxx1011	(4)		+	;	K	[	k	{			ォ	サ	ヒ	ロ	×	万
xxxx1100	(5)		,	<	L	¥	l	|			ャ	シ	フ	ワ	¢	円
xxxx1101	(6)		-	=	M	]	m	}			ュ	ス	ヘ	ン	£	÷
xxxx1110	(7)		.	>	N	^	n	→			ョ	セ	ホ	゛	ñ	
xxxx1111	(8)		/	?	O	_	o	←			ッ	ソ	マ	゜	ö	█

表 8-3 中的字符代码与计算机中的字符代码是一致的。因此，我们在向 DDRAM 写 C51

字符代码程序时，可以直接写成 P1 = 'A' 这样的方法。计算机在编译时就把“A”先转为 41H 代码。字符代码 0x00 ~ 0x0F 是用户自定义的字符图形 RAM（对于 5X8 点阵的字符，可以存放 8 组；5X10 点阵的字符，存放 4 组），就是 CGRAM。0x20 ~ 0x7F 是标准的 ASCII 码，0xA0 ~ 0xFF 是日文字符和希腊文字符，其余字符码（0x10 ~ 0x1F 及 0x80 ~ 0x9F）没有定义。

8.1.4 1602 模块指令集

（1）清屏指令格式（表 8-4）。

表 8-4 清屏指令格式

指令功能	指令编码										执行时间/ms
	RS	R/W	DB7	DB6	DB5	DB4	DB3	DB2	DB1	DB0	
清屏	0	0	0	0	0	0	0	0	0	1	1.64

清屏指令功能如下：

① 清除液晶显示器，即将 DDRAM 的内容全部填入“空白”的 ASCII 码 20H；

② 光标归位，即将光标撤回液晶显示屏的左上方；

③ 将地址计数器（AC）的值设为 0。

（2）光标归位指令格式（表 8-5）。

表 8-5 光标归位指令格式

指令功能	指令编码										执行时间/ms
	RS	R/W	DB7	DB6	DB5	DB4	DB3	DB2	DB1	DB0	
光标归位	0	0	0	0	0	0	0	0	1	X	1.64

光标归位指令功能如下：

① 把光标撤回到显示器的左上方；

② 把地址计数器（AC）的值设置为 0；

③ 保持 DDRAM 的内容不变。

（3）进入模式设置指令格式（表 8-6）。

表 8-6 进入模式设置指令格式

指令功能	指令编码										执行时间/μs
	RS	R/W	DB7	DB6	DB5	DB4	DB3	DB2	DB1	DB0	
进入模式设置	0	0	0	0	0	0	0	1	I/D	S	40

指令功能：设定每次定入 1 位数据后光标的移位方向，并且设定每次写入的一个字符是否移动。其参数设定的情况如下。

位名　设置

I/D　0 = 写入新数据后光标左移；1 = 写入新数据后光标右移。

S　0 = 写入新数据后显示屏不移动；1 = 写入新数据后显示屏整体右移 1 个字符。

（4）显示开关控制指令格式（表 8-7）。

表 8-7 显示开关控制指令格式

指令功能	指令编码										执行时间/μs
	RS	R/W	DB7	DB6	DB5	DB4	DB3	DB2	DB1	DB0	
显示开关控制	0	0	0	0	0	0	1	D	C	B	40

指令功能：控制显示器开/关、光标显示/关闭，以及光标是否闪烁。其参数设定的情况如下。

位名　设置

D　0 = 显示功能关；1 = 显示功能开。

C　0 = 无光标；1 = 有光标。

B　0 = 光标闪烁；1 = 光标不闪烁。

（5）设定显示屏或光标移动方向指令格式（表 8-8）。

表 8-8　设定显示屏或光标移动方向指令格式

指令功能	指令编码										执行时间/μs
	RS	R/W	DB7	DB6	DB5	DB4	DB3	DB2	DB1	DB0	
设定显示屏或光标移动方向	0	0	0	0	0	1	S/C	R/L	X	X	40

指令功能：使光标移位或使整个显示屏幕移位。其参数设定的情况如下。

S/C　R/L　设定情况

0　0　光标左移 1 格，且 AC 值减 1。

0　1 光标右移 1 格，且 AC 值加 1。

1　0 显示器上字符全部左移一格，但光标不动。

1　1 显示器上字符全部右移一格，但光标不动。

（6）功能设定指令格式（表 8-9）。

表 8-9　功能设定指令格式

指令功能	指令编码										执行时间/μs
	RS	R/W	DB7	DB6	DB5	DB4	DB3	DB2	DB1	DB0	
功能设定	0	0	0	0	1	DL	N	F	X	X	40

指令功能：设定数据总线位数、显示的行数及字型。其参数设定的情况如下。

位名　设置

DL　0 = 数据总线为 4 位；1 = 数据总线为 8 位。

N　0 = 显示 1 行；1 = 显示 2 行。

F　0 = 5 × 7 点阵/每字符；1 = 5 × 10 点阵/每字符。

（7）设定 CGRAM 地址指令格式（表 8-10）。

表 8-10　设定 CGRAM 地址指令格式

指令功能	指令编码										执行时间/μs
	RS	R/W	DB7	DB6	DB5	DB4	DB3	DB2	DB1	DB0	
设定 CGRAM 地址	0	0	0	1	CGRAM 的地址（6 位）						40

指令功能：设定下一个要存入数据的 CGRAM 的地址。

（8）设定 DDRAM 地址指令格式（表 8-11）。

表 8-11 设定 DDRAM 地址指令格式

<table>
<tr><td rowspan="2">指令功能</td><td colspan="10">指令编码</td><td rowspan="2">执行时间/μs</td></tr>
<tr><td>RS</td><td>R/W</td><td>DB7</td><td>DB6</td><td>DB5</td><td>DB4</td><td>DB3</td><td>DB2</td><td>DB1</td><td>DB0</td></tr>
<tr><td>设定 DDRAM 地址</td><td>0</td><td>0</td><td>1</td><td colspan="7">CGRAM 的地址（7 位）</td><td>40</td></tr>
</table>

指令功能：设定下一个要存入数据的 CGRAM 的地址。

（9）读取忙信号或 AC 地址指令格式（表 8-12）。

表 8-12 读取忙信号或 AC 地址指令格式

<table>
<tr><td rowspan="2">指令功能</td><td colspan="10">指令编码</td><td rowspan="2">执行时间/μs</td></tr>
<tr><td>RS</td><td>R/W</td><td>DB7</td><td>DB6</td><td>DB5</td><td>DB4</td><td>DB3</td><td>DB2</td><td>DB1</td><td>DB0</td></tr>
<tr><td>读取忙碌信号或 AC 地址</td><td>0</td><td>1</td><td>FB</td><td colspan="7">AC 内容（7 位）</td><td>40</td></tr>
</table>

指令功能如下：

① 读取忙碌信号 BF 的内容，当 BF = 1 时，表示液晶显示器忙，暂时无法接收单片机送来的数据或指令；当 BF = 0 时，液晶显示器可以接收单片机送来的数据或指令。

② 读取地址计数器（AC）的内容。

（10）数据写入 DDRAM 或 CGRAM 指令格式（表 8-13）。

表 8-13 数据写入 DDRAM 或 CGRAM 指令格式

<table>
<tr><td rowspan="2">指令功能</td><td colspan="10">指令编码</td><td rowspan="2">执行时间/μs</td></tr>
<tr><td>RS</td><td>R/W</td><td>DB7</td><td>DB6</td><td>DB5</td><td>DB4</td><td>DB3</td><td>DB2</td><td>DB1</td><td>DB0</td></tr>
<tr><td>数据写入到 DDRAM 或 CGRAM</td><td>1</td><td>0</td><td colspan="8">要写入的数据 D7 ~ D0</td><td>40</td></tr>
</table>

指令功能如下：

① 将字符码写入 DDRAM，以使液晶显示屏显示出相对应的字符；

② 将使用者自己设计的图形存入 CGRAM。

（11）从 CGRAM 或 DDRAM 读出数据的指令格式（表 8-14）。

表 8-14 从 CGRAM 或 DDRAM 读出数据的指令格式

<table>
<tr><td rowspan="2">指令功能</td><td colspan="10">指令编码</td><td rowspan="2">执行时间/μs</td></tr>
<tr><td>RS</td><td>R/W</td><td>DB7</td><td>DB6</td><td>DB5</td><td>DB4</td><td>DB3</td><td>DB2</td><td>DB1</td><td>DB0</td></tr>
<tr><td>从 CGRAM 或 DDRAM 读出数据</td><td>1</td><td>1</td><td colspan="8">要读出的数据 D7 ~ D0</td><td>40</td></tr>
</table>

指令功能：读取 DDRAM 或 CGRAM 中的内容。

8.1.5 1602 模块基本读写时序图

对 1602 模块进行时序操作方式，以下 4 种基本的操作方式。

① 读状态输入：RS = L，RW = H，E = H；输出：DB0 ~ DB7 = 状态字。

② 写指令输入：RS = L，RW = L，E = 下降沿脉冲，DB0 ~ DB7 = 指令码输出：无。

③ 读数据输入：RS = H，RW = H，E = H；输出：DB0 ~ DB7 = 数据。

④ 写数据输入：RS = H，RW = L，E = 下降沿脉冲，DB0 ~ DB7 = 数据输出：无。

由以下读写时序图 8-3、图 8-4，以及表 8-15，可以更清楚地了解到对 1602 模块的读写操作方式。

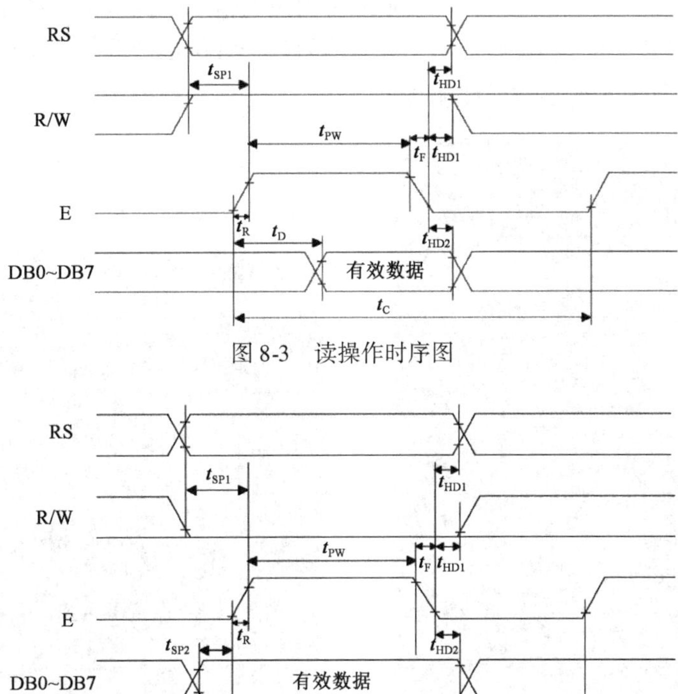

图 8-3　读操作时序图

图 8-4　写操作时序图

表 8-15　时序操作参数

时序参数	符号	极限值			单位	测试条件
		最小值	典型值	最大值		
E 信号周期	t_C	400	—	—	ns	引脚 E
E 脉冲宽度	t_{PW}	150	—	—	ns	
E 上升沿/下降沿时间	t_R，t_F	—	—	25	ns	
地址建立时间	t_{SP1}	30	—	—	ns	引脚 E、RS、R/W
地址保持时间	t_{HD1}	10	—	—	ns	
数据建立时间（读操作）	t_D	—	—	100	ns	引脚 DB0 ~ DB7
数据保持时间（读操作）	t_{HD2}	20	—	—	ns	
数据建立时间（写操作）	t_{SP2}	40	—	—	ns	
数据保持时间（写操作）	t_{HD2}	10	—	—	ns	

8.1.6　1602 LCD 的应用

（1）电路原理图。图 8-5 所示为 1602 模块接线示意图，用 P0 口接 DB0-DB7 数据接口，

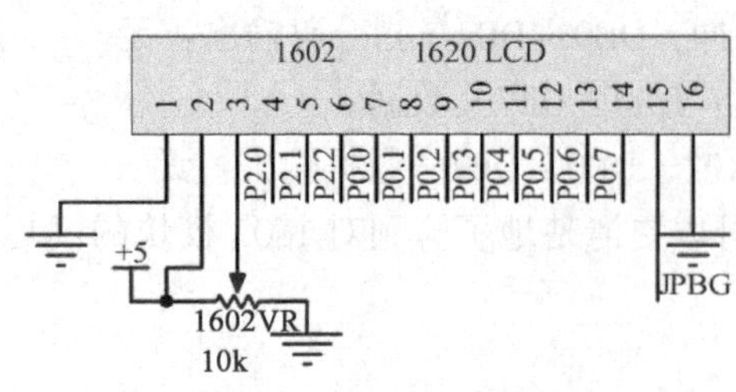

图 8-5　1602 模块接线示意图

P2.0 接液晶 RS 口，P2.1 接液晶 R/W 口，P2.2 接液晶 E 口，使用 11 个接口完成显示功能的要求。

（2）单片机系统训练板接口方法。训练板接口如图 8-6 所示，按图 8-7 方式插上即可使用，图 8-7 中电位器为屏幕对比度调节器件，在显示不清晰或者太黑的情况下调节该器件即可。

因为数码管位选与液晶屏接口复用，所以使用液晶屏时，需要将图 8-6 所示的跳线帽拔掉。

图 8-6　训练板接口

图 8-7　插接示意图

（3）编程初始化过程。

延时 15 mS；

写指令 0x38（不检测忙信号）；

延时 5 mS；

写指令 0x38（不检测忙信号）；

延时 5 mS；

写指令 0x38（不检测忙信号）；

延时 5 mS（以后的每次读写指令、数据操作之前均需要检测忙信号）；

写指令 0x38（显示模式设置）；

写指令 0x08（显示关闭）；

写指令 0x01（显示清屏）；

写指令 0x06（显示光标移动设置）；

写指令 0x0C（显示开及光标设置）；

初始化完成。

程序设计思路如下。

设置了两个数组（表）供程序来查找调用：一个为“TJXianDaiXueYuan”字符串；另

一个为“MCU to LCD”的字符串，分别显示在液晶屏幕的第一行、第二行，由单片机对Lcd_ Init ( )；Write_ Instruction ( )；Write_ Data ( )；Busy_ Test ( )；这几个基本操作函数调用，并且完成对液晶显示器的基本操作。

（4）液晶显示流程图（图8-8）。

（5）C语言源程序。图8-9所示为C语言源程序的显示效果。该程序的清单如下：

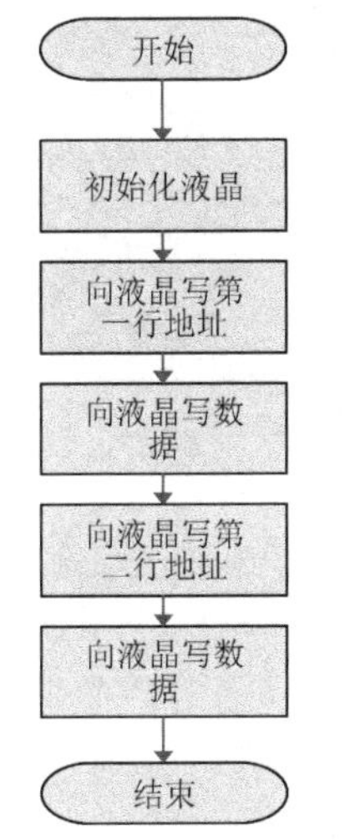

图8-8 液晶显示流程图

图8-9 C语言源程序的显示效果图

```
/*
1602 液晶显示程序清单
接线方式:
   MCU    <<<<--->>>>LCD
   P2.0        ---      RS
   P2.1        ---      R/W
   P2.2        ---      E
 P0.0 - P0.7   ---      D0 - D7
使用芯片:STC89C52RC
工作时钟:11.0592MHz
 */
#include <reg52.h>
#include <intrins.h>
#define  uchar unsigned char
#define  uint   unsigned int


sbit  RS = P2^0;
sbit  RW = P2^1;
sbit  EN = P2^2;
sbit  Busy = P0^7;
uchar code Dispaly_Code_1[] = {"TJXianDaiXueYuan"};
uchar code Dispaly_Code_2[] = {" MCU TO 1602LCD "};
```

```
void Delay5US();
void Delay1MS(uchar t);
void Lcd_Init();
void Write_Instruction(uchar in_data);
void Write_Data(uchar in_data);
bit Busy_Test();

/****************** 主函数 ********************/
void main()
{ uchar i;

    Lcd_Init();
    Write_Instruction(0x80);        //第一行第一个显示位置地址
    for(i=0;i<16;i++){         //循环写入 16 个字符
    Write_Data(Dispaly_Code_1[i]);
    Delay1MS(100);              //用延时做一个书写显示效果
  }
  Write_Instruction(0x80|0x40);//第二行第一个显示位置地址
  for(i=0;i<16;i++){
     Write_Data(Dispaly_Code_2[i]);
     Delay1MS(100);
  }
    while(1);                          //只执行一遍
}
/************** LCD 初始化函数 ******************/
//官方推荐初始化模式
void Lcd_Init()
{
      Delay1MS(15);         //延时 15ms,首次写指令时,应给 LCD 一段较长的反应时间
    Write_Instruction(0x38);  //显示模式设置:16×2 显示,5×7 点阵,8 位数据接口
      Delay1MS(5);   //延时 5ms
    Write_Instruction(0x38);
      Delay1MS(5);
    Write_Instruction(0x38);
      Delay1MS(5);
    Write_Instruction(0x0f);  //显示模式设置:显示开,有光标,光标闪烁
      Delay1MS(5);
    Write_Instruction(0x06);  //显示模式设置:光标右移,字符不移
      Delay1MS(5);
    Write_Instruction(0x01);  //清屏幕指令,将以前的显示内容清除
      Delay1MS(5);  //初始化完成
}
/************* 读忙信号函数 *****************/
//功能:检测 LCD 是否忙碌,如果忙碌,返回值为 1;如果不忙碌,返回值为 0
```

```
bit Busy_Test( )
{
     bit Return_Value;

     RS = 0;
     RW = 1;
     EN = 1;
          Delay5US( );
          Return_Value = Busy;
     EN = 0;

     return Return_Value;
}
/ ************* LCD 写指令函数 ***************** /
void Write_Instruction( uchar in_data)
{    while( Busy_Test( ) = = 1);
          RS = 0;
          RW = 0;
          EN = 0;
     P0 = in_data;
          Delay5US( );
     EN = 1;
          Delay5US( );
EN = 0;
}
/ ************* LCD 写数据函数 ***************** /
void Write_Data( uchar in_data)
{    while( Busy_Test( ) = = 1);
          RS = 1;
          RW = 0;
          EN = 0;
     P0 = in_data;
          Delay5US( );
     EN = 1;
          Delay5US( );
     EN = 0;
}

void Delay5US( )
{    _nop_( );
     _nop_( );
     _nop_( );
}
```

```
void Delay1MS(uchar t)
{uchar s;
    while(t--)
        for(s=0;s<125;s++)
            ;}
```

【任务训练】

通过对液晶屏操作指令集的理解，完成下列任务。

系统启动后，屏幕2行由右至左滚动显示：

“Welcome to MCU World　（My Name）”；

“TianJin XianDaiXueYuan（MyGrade）”。

任务8.2　红外传感器的应用

【学习目标】

① 掌握红外传感器的基础知识；

② 掌握红外传感器与单片机的接口电路及编程方法。

【项目任务】

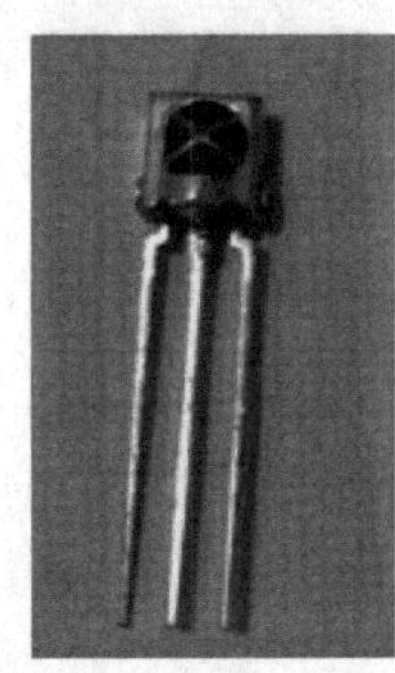

① 应用STC89C52单片机，连接HX1838一体化红外传感器，检测遥控器传来的数据，并将键值在1602液晶上进行显示；

② 通电后液晶初始化显示“1602IE-CODE TEST”；

③ 当有遥控器按键按下后，液晶屏幕第二行显示当前遥控器的用户码和键值；

④ 当有按键按下时，蜂鸣器响一声。

通用红外遥控系统由发射和接收两大部分组成，应用编/解码专用集成电路芯片来进行控制操作。发射部分包括键盘矩阵、编码调制、LED红外发送器（遥控器）；接收部分包括光、电转换放大器、解调、解码电路（HX1838+单片机）。

1. 电路原理图

1602液晶接口如图8-10所示，用P0口接DB0～DB7数据接口，P2.0接液晶RS口，P2.1接液晶R/W口，P2.2接液晶E口，使用11个接口完成显示功能设计的要求，P3.2接传感器数据接口。

2. 单片机系统训练板接口方法

HX1838接线如图8-11所示，单片机开发板底部为HX1838一体化红外传感器插座，如图8-12所示，有白色三角标记处为1脚，将传感器按正确方向插上即可使用，通电前再次确认插接方向，如插反将使其永久损坏。

因为数码管位选与液晶屏接口复用，所以使用液晶时要记得把数码管控制跳线帽取下。

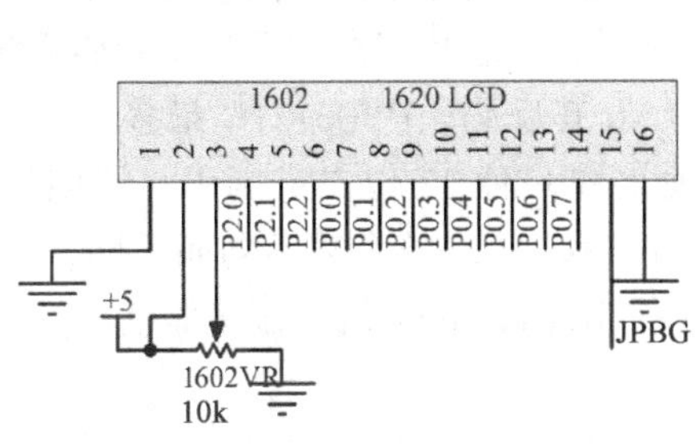

图 8-10　1602 液晶接口示意图

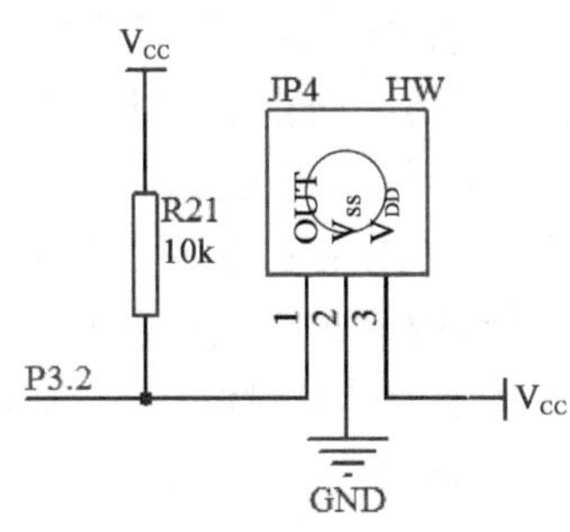

图 8-11　HX1838 接线示意图

图 8-12　HX1838 插接示意图

3. 编码方式

遥控发射器专用芯片很多，根据编码格式可以分成两大类，这里我们以应用比较广泛、解码比较容易的一类来加以说明，现以兼容 NEC 的 UPD6121G 芯片发射码格式的芯片组成发射电路为例（即常用的遥控器），说明其编码原理。当发射器按键按下后，即有遥控码发出，所按的键不同，其遥控编码也不同。

这种遥控码具有以下特征：

采用脉宽调制的串行码，以脉宽为 0.565ms、间隔 0.56ms、周期为 1.125ms 的组合，表示二进制的“0”；以脉宽为 0.565ms、间隔 1.685ms、周期为 2.25ms 的组合，表示二进制的“1”，其波形如图 8-13 所示。

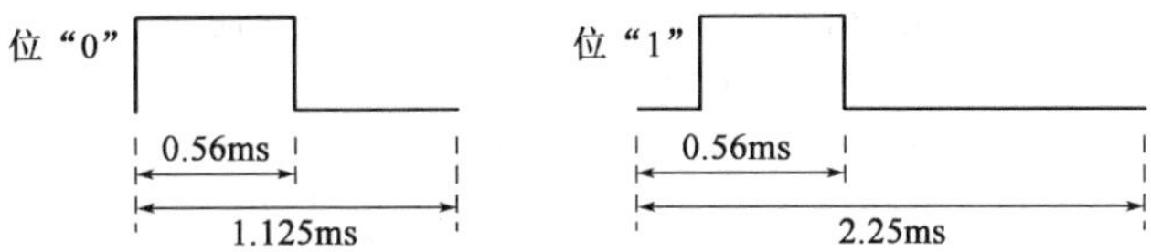

图 8-13　遥控器编码“0”和“1”的波形

遥控器由上述“0”和“1”组成的 32 位二进制码，经 38kHz 的载频，进行二次调制以提高发射效率，达到降低电源功耗的目的，然后再通过红外发射二极管，产生红外线向空间发射，如图 8-14 所示。

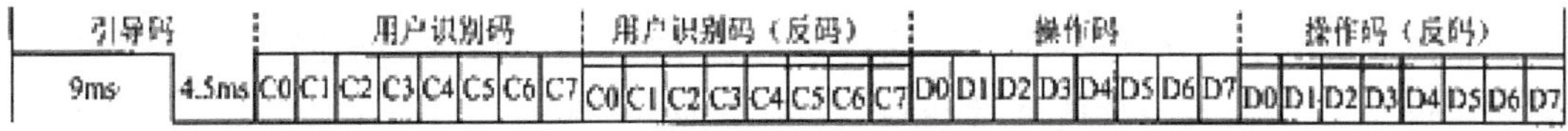

图 8-14　遥控器信号编码波形图

UPD6121G 产生的遥控编码是连续的 32 位二进制码组，其中前 16 位为用户识别码，能区别不同的电气设备，防止不同机种遥控码互相干扰。芯片厂商把用户识别码固定为十六进制的一组数；后 16 位为 8 位操作码（功能码）及其反码。UPD6121G 最多为 128 种不同组合的编码。遥控器在按键按下后，周期性地发出同一种 32 位二进制码，周期约为 108ms。一组码本身的持续时间，随它包含的二进制“0”和“1”的个数不同而不同，在 45 ~ 63ms 之间，图 8-15 所示为其发射波形图。当一个键按下超过 36ms 后，振荡器使芯片激活，将发射一组 108ms 的编码脉冲。

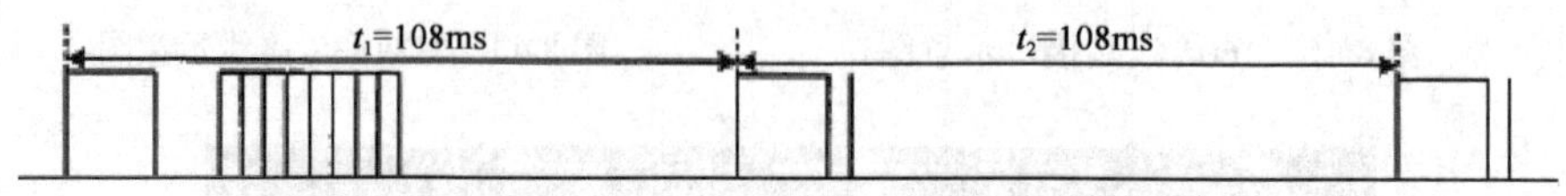

图 8-15　遥控器信号的发射波形图

这 108ms 发射代码由一个起始码（9ms）、一个结果码（4.5ms）、低 8 位地址码（9 ~ 18ms）、高 8 位地址码（9 ~ 18ms）、8 位数据码（9 ~ 18ms）和这 8 位数据的反码（9 ~ 18ms）组成。如果键按下超过 108ms 仍未松开，接下来发射的代码（连发代码）将仅由起始码（9ms）和结束码（2.5ms）组成。

4. 单片机解码操作

解码的关键是如何识别“0”和“1”。从位的定义我们可以发现，“0”、“1”均以 0.56ms 的低电平开始，不同的是高电平的宽度不同，“0”为 0.56ms，“1”为 1.68ms，所以必须根据高电平的宽度区别“0”和“1”。如果从 0.56ms 低电平过后，开始延时，0.56ms 以后，若读到的电平为低，说明该位为“0”，反之则为“1”。为了可靠起见，延时必须比 0.56ms 长些，但又不能超过 1.12ms，否则，如果该位为“0”，读到的已是下一位的高电平，因此，取（1.12ms + 0.56ms）/2 = 0.84ms 最为可靠，一般取 0.84ms 左右均可。根据码的格式，应该等待 9ms 的起始码和 4.5ms 的结果码，完成后才能读码。

红外接收头将 38kHz 载波信号过虑，得到与发射代码反向接收代码如图 8-16 所示。

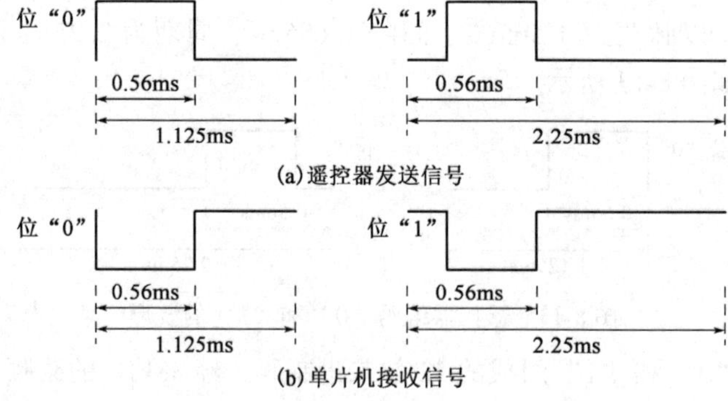

图 8-16　遥控器发送信号与单片机接收信号

5. 程序设计思路

本应用中的显示部分数码管显示，选择使用定时器 1 进行扫描，增加显示的稳定性。使用外部中断 0（P3.2）作为信号采集接口，通过外部中断触发定时器 0，对红外信号脉宽进行计算，并将红外遥控信号的解码操作过程独立为函数进行解码，然后将最后一次按下的键值更新显示。

6. 红外遥控解码流程图（图8-17）

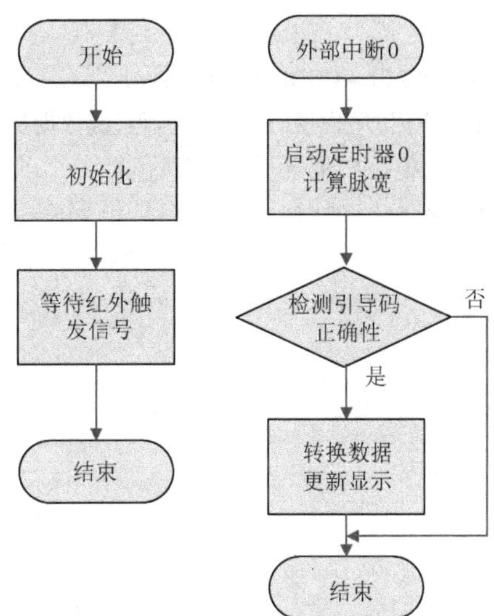

图8-17　红外遥控解码流程图

7. C语言源程序

```
/*
红外遥控器解码液晶显示测试程序

接线方式：
    MCU     <<<<--->>>>LCD
    P2.0       ---       RS
    P2.1       ---       R/W
    P2.2       ---        E
P0.0 - P0.7    ---     D0 - D7

    MCU     <<<<--->>>>HX1838传感器
    P3.2       ---          Ir_Pin
    P3.7       ---         蜂鸣器
使用芯片：STC89C52RC
工作时钟：11.0592MHz
*/
//本解码程序适用于NEC的UPD6121及其兼容芯片的解码，支持大多数遥控器实验板采用
11.0592MHZ晶振

#include <reg52.h>            //包含单片机寄存器的头文件
#include <intrins.h>          //包含_nop_()函数定义的头文件
sbit IR = P3^2;               //将IR位定义为P3.2引脚
sbit RS = P2^0;               //寄存器选择位，将RS位定义为P2.0引脚
sbit RW = P2^1;               //读写选择位，将RW位定义为P2.1引脚
sbit E = P2^2;                //使能信号位，将E位定义为P2.2引脚
```

```
sbit BF = P0^7;      //忙碌标志位,将 BF 位定义为 P0.7 引脚
sbit BEEP  =  P3^7; //蜂鸣器控制端口 P36
unsigned char flag;
unsigned char code string[ ] = {"1602IR - CODE TEST"};
unsigned char a[4];      //储存用户码、用户反码与键数据码、键数据反码
unsigned int LowTime,HighTime; //储存高、低电平的宽度
/ ****************************************************
函数功能:延时 1ms
 **************************************************** /
void delay1ms()
{
   unsigned char i,j;
     for(i =0;i <10;i + +)
       for(j =0;j <33;j + +)
          ;
}
/ ****************************************************
函数功能:延时若干毫秒
入口参数:n
 **************************************************** /
void delay(unsigned char n)
{
   unsigned char i;
     for(i =0;i <n;i + +)
       delay1ms();
}
/ ******************************************************** /
void beep()        //蜂鸣器响一声函数
{
   unsigned char i;
   for (i =0;i <100;i + +)
   {
   delay1ms();
   BEEP = ! BEEP;      //BEEP 取反
   }
   BEEP =1;          //关闭蜂鸣器
   delay(250);         //延时
}
/ ****************************************************
函数功能:判断液晶模块的忙碌状态
返回值:result。result =1,忙碌;result =0,不忙
 **************************************************** /
 unsigned char BusyTest(void)
   {
```

```
    bit result;
    RS =0;              //根据规定,RS 为低电平,RW 为高电平时,可以是读状态
    RW =1;
    E =1;               //E =1,才允许读写
    _nop_( );           //空操作
    _nop_( );
    _nop_( );
    _nop_( );           //空操作四个机器周期,给硬件反应时间
    result = BF;        //将忙碌标志电平赋给 result
    E =0;
    return result;
  }
/ ****************************************************
函数功能:将模式设置指令或显示地址写入液晶模块
入口参数:dictate
**************************************************** /
void WriteInstruction (unsigned char dictate)
{
    while(BusyTest( ) = =1);        //如果忙就等待
     RS =0;                         //根据规定,RS 和 R/W 同时为低电平时,可以写入指令
     RW =0;
     E =0;                          //E 置低电平(根据表 8-6,写指令时,E 为高脉冲),
                                      就是让 E 从 0 到 1 发生正跳变,所以应先置"0"
     _nop_( );
     _nop_( );                      //空操作两个机器周期,给硬件反应时间
     P0 = dictate;                  //将数据送入 P0 口,即写入指令或地址
     _nop_( );
     _nop_( );
     _nop_( );
     _nop_( );                      //空操作四个机器周期,给硬件反应时间
     E =1;                          //E 置高电平
     _nop_( );
     _nop_( );
     _nop_( );
     _nop_( );                      //空操作四个机器周期,给硬件反应时间
     E =0;                          //当 E 由高电平跳变成低电平时,液晶模块开始执行命令
}
/ ****************************************************
函数功能:指定字符显示的实际地址
入口参数:x
**************************************************** /
 void WriteAddress(unsigned char x)
 {
     WriteInstruction(x|0x80); //显示位置的确定方法规定为"80H + 地址码 x"
```

```
}
/ ***************************************************
函数功能:将数据(字符的标准 ASCII 码)写入液晶模块
入口参数:y(为字符常量)
*************************************************** /
 void WriteData(unsigned char y)
 {
     while(BusyTest( ) = =1);
     RS =1;                            //RS 为高电平,RW 为低电平时,可以写入数据
     RW =0;
     E =0;                             //E 置低电平(根据表 8-6,写指令时,E 为高脉冲),
                                       就是让 E 从 0 到 1 发生正跳变,所以应先置"0"
     P0 = y;                           //将数据送入 P0 口,即将数据写入液晶模块
     _nop_();
     _nop_();
     _nop_();
    _nop_();                           //空操作四个机器周期,给硬件反应时间
     E =1;                             //E 置高电平
     _nop_();
     _nop_();
     _nop_();
    _nop_();                           //空操作四个机器周期,给硬件反应时间
    E =0;                              //当 E 由高电平跳变成低电平时,液晶模块开始执行命令
}
/ ***************************************************
函数功能:对 LCD 的显示模式进行初始化设置
*************************************************** /
void LcdInitiate(void)
{
    delay(15);              //延时 15ms,首次写指令时应给 LCD 一段较长的反应时间
    WriteInstruction(0x38);  //显示模式设置:16 ×2 显示,5 ×7 点阵,8 位数据接口
     delay(5);   //延时 5ms
     WriteInstruction(0x38);
     delay(5);
     WriteInstruction(0x38);
     delay(5);
     WriteInstruction(0x0C);  //显示模式设置:显示开,有光标,光标闪烁
     delay(5);
     WriteInstruction(0x06);  //显示模式设置:光标右移,字符不移
     delay(5);
     WriteInstruction(0x01);  //清屏幕指令,将以前的显示内容清除
     delay(5);
}
/ ************************************************************
```

```
函数功能:对 4 个字节的用户码和键数据码进行解码
说明:解码正确,返回 1,否则返回 0
出口参数:dat
************************************************************/
bit DeCode(void)
{


      unsigned char   i,j;
        unsigned char temp;      //储存解码出的数据
        for(i=0;i<4;i++)          //连续读取 4 个用户码和键数据码
   {
      for(j=0;j<8;j++)  //每个码有 8 位数字
           {
          temp=temp>>1;   //temp 中的各数据位右移一位,因为先读出的是高位数据
             TH0=0;             //定时器清 0
             TL0=0;             //定时器清 0
             TR0=1;             //开启定时器 T0
           while(IR==0)    //如果是低电平就等待
                  ;         //低电平计时
             TR0=0;             //关闭定时器 T0
             LowTime=TH0*256+TL0;      //保存低电平宽度
             TH0=0;             //定时器清 0
             TL0=0;             //定时器清 0
             TR0=1;             //开启定时器 T0
             while(IR==1)    //如果是高电平就等待
                  ;
             TR0=0;            //关闭定时器 T0
             HighTime=TH0*256+TL0;    //保存高电平宽度
             if((LowTime<370)||(LowTime>640))
                          return 0;           //如果低电平长度不在合理范围,则认为出错,停止解码
             if((HighTime>420)&&(HighTime<620))    //如果高电平时间在 560μs 左右,即计数 560/
                                                   1.085=516 次
                          temp=temp&0x7f;          //(520-100=420, 520+100=620),则该位是 0
             if((HighTime>1300)&&(HighTime<1800))    //如果高电平时间在 1680μs 左右,即计数
                                                      1680/1.085=1548 次
                           temp=temp|0x80;          //(1550-250=1300,1550+250=1800),则该位
                                                  是 1
             }
     a[i]=temp;//将解码出的字节值储存在 a[i]
   }
if(a[2]=~a[3])  //验证键数据码和其反码是否相等,一般情况下不必验证用户码
    return 1;       //解码正确,返回 1
}
```

```
/*------------------二进制码转换为压缩型BCD码,并显示----------------*/

void two_2_bcd(unsigned char date)
{

  unsigned char temp;
  temp = date;
  date& = 0xf 0;
  date > > =4;                          //右移四位得到高4位码
  date& = 0x0f;                       //与0x0f想与确保高四位为0
  if(date < =0x09)
  {
    WriteData(0x30 + date);                //LCD显示键值高4位
  }
  else
  {
    date = date - 0x09;
    WriteData(0x40 + date);
  }
  date = temp;
  date& = 0x0f;
  if(date < =0x09)
  {
    WriteData(0x30 + date);                //LCD显示低4位值
  }
  else
  {
    date = date - 0x09;
    WriteData(0x40 + date);
  }
  WriteData(0x48);                      //显示字符"H"
}
/*************************************************************
函数功能:1602LCD显示
*************************************************************/
void Disp(void)
{
   WriteAddress(0x40);  //设置显示位置为第一行的第1个字
     two_2_bcd(a[0]);
     WriteData(0x20);
     two_2_bcd(a[1]);
       WriteData(0x20);
     two_2_bcd(a[2]);
       WriteData(0x20);
```

```
    two_2_bcd(a[3]);

}
/ ***************************************************************
函数功能:主函数
*************************************************************** /
void main()
{
    unsigned char i;
   LcdInitiate();          //调用 LCD 初始化函数
   delay(10);
       WriteInstruction(0x01);//清显示:清屏幕指令
       WriteAddress(0x00);  // 设置显示位置为第一行的第 1 个字
       i = 0;
       while(string[i] ! = '\0')      //'\0'是数组结束标志
           {                            // 显示字符 WWW. RICHMCU. COM
               WriteData(string[i]);
               i + +;
           }
    EA =1;          //开启总中断
   EX0 =1;         //开外中断 0
   ET0 =1;         //定时器 T0 中断允许
   IT0 =1;         //外中断的下降沿触发
    TMOD =0x01;    //使用定时器 T0 的模式 1
    TR0 =0;         //定时器 T0 关闭
   while(1);    //等待红外信号产生的中断

}
/ ***************************************************************
函数功能:红外线触发的外中断处理函数
*************************************************************** /
void Int0(void) interrupt 0
  {
    EX0 =0;         //关闭外中断 0,不再接收二次红外信号的中断,只解码当前红外信号
     TH0 =0;         //定时器 T0 的高 8 位清 0
     TL0 =0;         //定时器 T0 的低 8 位清 0
     TR0 =1;     //开启定时器 T0
     while(IR = =0);              //如果是低电平就等待,给引导码低电平计时
     TR0 =0;                     //关闭定时器 T0
     LowTime = TH0 * 256 + TL0;  //保存低电平时间
     TH0 =0;         //定时器 T0 的高 8 位清 0
     TL0 =0;         //定时器 T0 的低 8 位清 0
     TR0 =1;     //开启定时器 T0
     while(IR = =1);  //如果是高电平就等待,给引导码高电平计时
```

```
    TR0 = 0;            //关闭定时器 T0
    HighTime = TH0 * 256 + TL0;//保存引导码的高电平长度
   if((LowTime > 7800)&&(LowTime < 8800)&&(HighTime > 3600)&&(HighTime < 4700))
        {
         //如果是引导码,就开始解码;否则放弃,引导码的低电平计时
         //次数 = 9000/1.085 = 8294, 判断区间:8300 - 500 = 7800,8300 + 500 = 8800
         if(DeCode() = = 1) //执行遥控解码功能
         {


         Disp();//调用 1602LCD 显示函数
         beep();//蜂鸣器响一声提示解码成功
         }
         }
      EX0 = 1;   //开启外中断 EX0
} /****************** END **********************/
```

【任务训练】

通过对红外遥控器的编码解码的理解，完成下列任务。

① 使用串口进行键码的传送等操作；

② 不同按键控制不同的功能。

项目9

倒计时交通灯

任务 9.1　倒计时交通灯的总体设计

设计要求如下。

① 根据实际交通路口交通信号灯的基本功能，模拟设计控制交通灯的几种状态：

② 东西方向绿灯亮 20s，南北方向红灯亮；

③ 东西方向绿灯闪亮 7s 后灭，黄灯亮 3s，南北方向红灯亮；

④ 东西方向红灯亮，南北方向绿灯亮 20s；

⑤ 东西方向红灯亮，南北方向绿灯闪亮 7s 后灭，黄灯亮 3s；

⑥ 返回第一步继续执行；

⑦ 要求有倒计时 30s 显示。

任务 9.2　倒计时交通灯的硬件设计

根据总体设计中提到的模拟交通灯的几种状态，首先要有红绿黄三盏灯的接入，给行人看的倒计时显示模拟板，用 4 个八位数码管显示倒计时时间，还有系统的复位按键和强制变灯按键的接入，再加上单片机的复位电路和时钟电路。交通灯硬件电路图如图 9-1 所示。

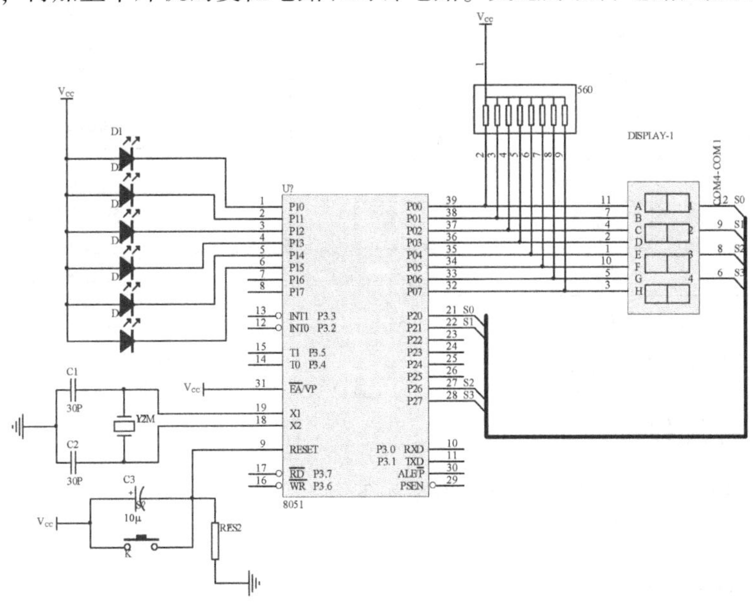

图 9-1　交通灯硬件电路图

任务 9.3　倒计时交通灯的软件设计

9.3.1　程序流程图

倒计时交通灯的程序设计主流程图如图 9-2 所示；用于交通灯控制的数字钟子程序流程图如图 9-3 所示。

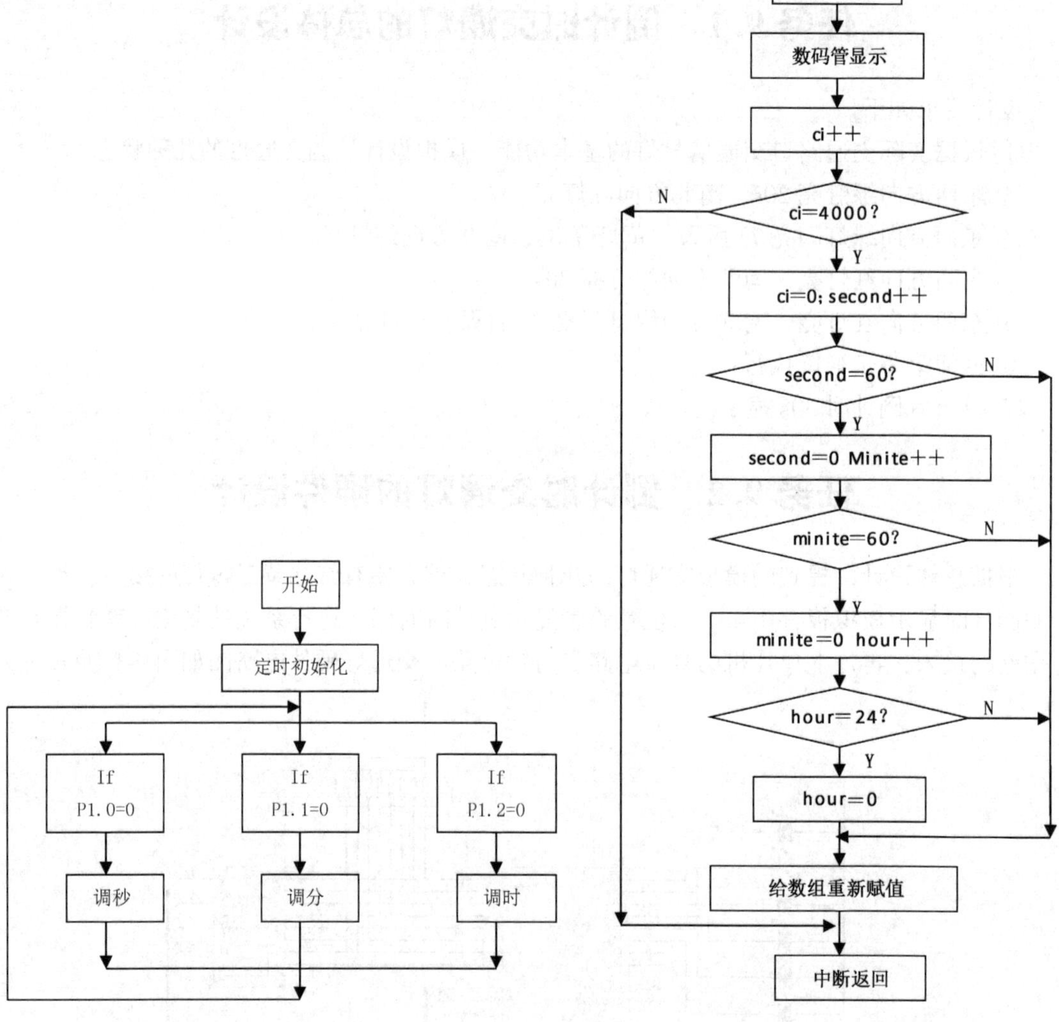

图 9-2　程序主流程图　　　图 9-3　数字钟子程序流程图

9.3.2　C 语言源程序

根据程序流程图，用 C 语言编写源程序如下：

```
#include "regx52.h"
#define uchar unsigned char
#define uint unsigned int
```

```
sbit ar = P1^0;              //东西方向红灯
sbit ay = P1^1;              //东西方向黄灯
sbit ag = P1^2;              //东西方向绿灯
sbit br = P1^3;              //南北方向红灯
sbit by = P1^4;              //南北方向黄灯
sbit bg = P1^5;              //南北方向绿灯
```

/ ***

注意数码管是共阴管,还是共阳管,同时注意数码管编码顺序,本程序为共阴管,编码从左到右依次为:h～a。

*** /

```
uchar shu[ ] = {0x3f,0x06,0x5b,0x4f,0x66,0x6d,0x7d,0x07,0x7f,0x6f,0x00};
/*0     1   2   3     4   5   6     7   8     9 全黑 */

uchar wei[ ] = {0xfe,0xfd,0xfb,0xf 7,0xef,0xdf,0xbf,0x7f};

uchar dispwei[8] = {0,0,10,10,10,10,0,0};

uchar  left, dispweici,x =0;
uint ci;

void main(void)
{
   TMOD =0x02;
   TH0 =0x06;
   TL0 =0x06;
   TR0 =1;
   ET0 =1;
   EA =1;
  left =31;
  ar =0;ag = ay =1;
  bg =0;br = by =1;
   while(1);
}
void t0(void) interrupt 1
{

   P0 = shu[dispwei[dispweici]];
   P2 = wei[dispweici];
   dispweici + +;
   if(dispweici = =8)
    {
      dispweici =0;
    }
```

```
ci + + ;
if( ci = =4000)
   {   ci =0;

          left - - ;
   if( (left >3)&&(left <10))
   {    if(x%2 = =0)
         { bg = ! bg;
           ag = ay = br = by = 1 ; }
         else if(x%2 = =1)
         {     ag = ! ag;
             ar = ay = bg = by = 1 ;    }
   }
   else if( (left <4)&&(left >0))
   {    if(x%2 = =0)
         {     bg = br = ag = ay = 1 ;
               by =0;
         }
         else if(x%2 = =1)
         {     ag = ar = bg = by = 1 ;
               ay =0;
         }
   }
   else if(left = =0)
   {    left =30;


         if(x%2 = =0)
         {     ar = bg = ay = by = 1 ;
               ag =0;
               br =0;
         }
         else if(x%2 = =1)
         {     br = by = ag = ay = 1 ;
               bg = ar =0;
         }
         x + + ;
         if(x = =2)
         {x =0;}
   }


      dispwei[1] = left%10;
```

```
        dispwei[0] = left/10;
        dispwei[7] = left%10;
        dispwei[6] = left/10;

    }
}
```

任务9.4　倒计时交通灯的仿真

9.4.1　东西绿灯，南北红灯仿真图

Proteus 仿真结果如图9-4所示。

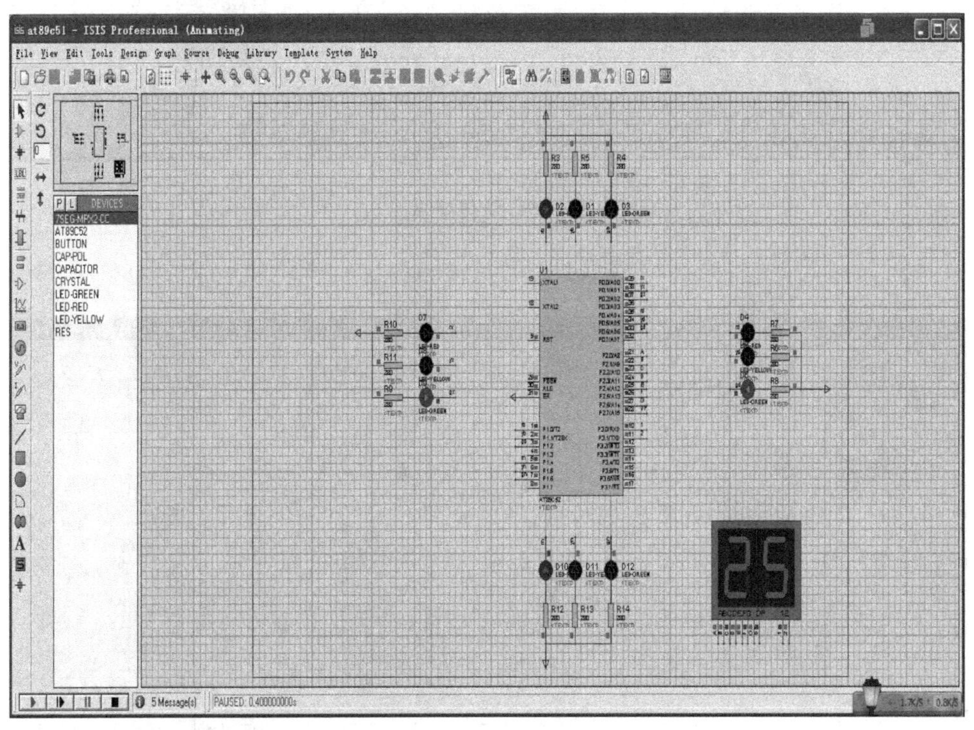

图9-4　仿真结果1

9.4.2　东西黄灯，南北红灯仿真图

Proteus 仿真结果如图9-5所示。

9.4.3　南北绿灯，东西红灯仿真图

Proteus 仿真结果如图9-6所示。

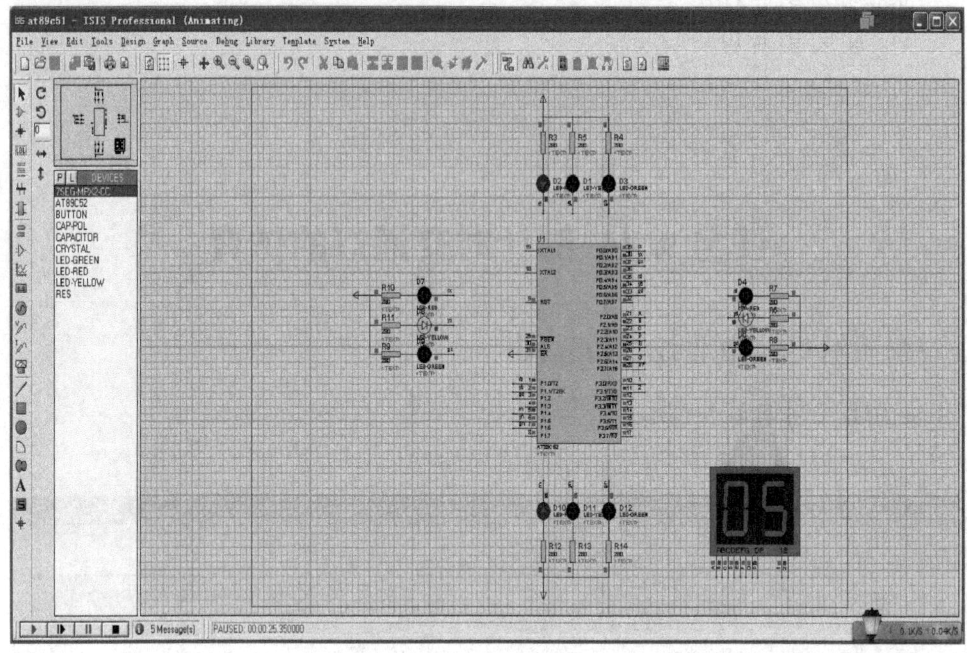

图 9-5　仿真结果 2

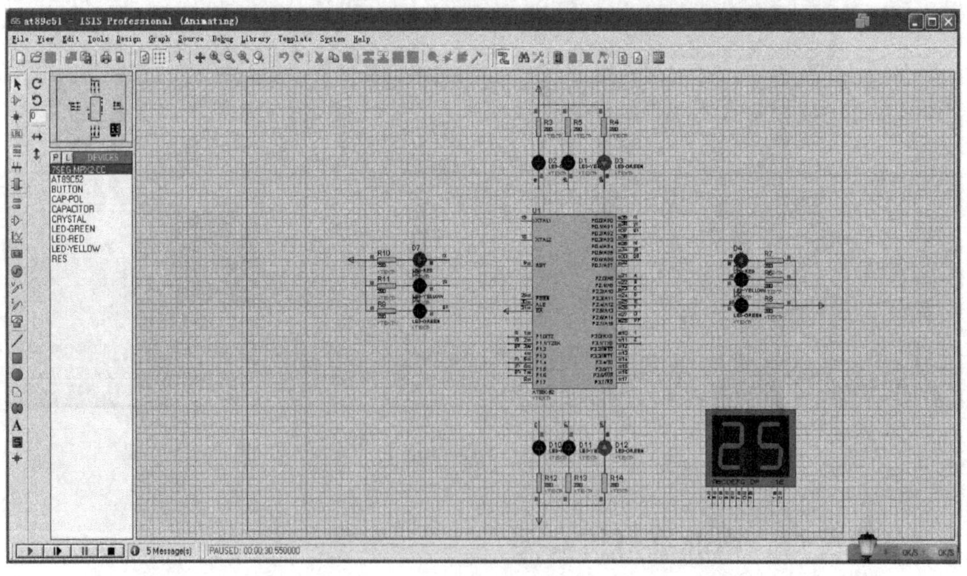

图 9-6　仿真结果 3

9.4.4　南北黄灯，东西红灯

Proteus 仿真结果如图 9-7 所示。

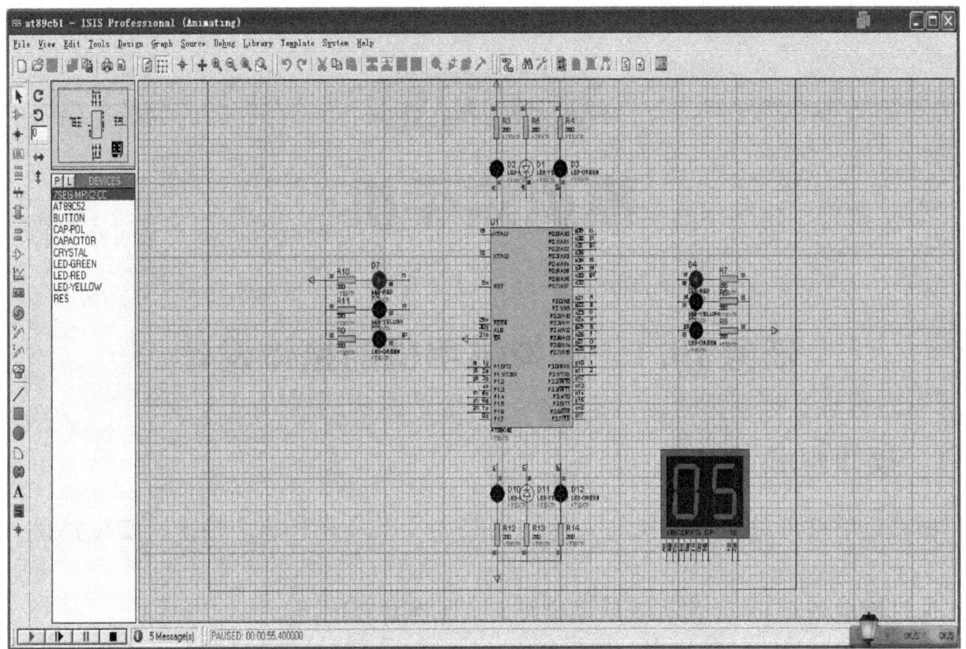

图 9-7　仿真结果 4

【任务训练】

在上述程序基础上，按实际情况加入一些其他功能：如加入手动紧急控制功能（注意：手动控制功能需要采用中断），即某一方向需要变成绿灯时，可以随时手动实现。

项目10

模拟烘手机

任务 10.1　模拟烘手机的整体设计

10.1.1　设计要求

① 模拟烘手机可以根据手机与人体接近距离，以及红外感应情况，实现热风、凉风换挡。

② 通过键盘调整 PWM 值来变换风扇风速，风速共有三挡。

③ 通过数码管显示烘手机当前工作状态。

④ 利用灯泡来模拟加热电路。

10.1.2　设计方案

模拟烘手机由电源、热释检测电路、红外感应检测电路、单片机控制部分、显示电路、风扇电路、加热（用灯泡模拟电热丝）电路、充电电路等组成。

1. 显示电路

4 位数码管用来显示烘手机当前的工作状态。采用动态显示技术，可以节省单片机的 I/O资源。当模拟烘手机处于初始状态或者无效工作状态（即热释检测电路和红外感应检测电路均没有检测到信号，或者只有一个检测电路检测到信号时），数码管显示“0000”。

当烘手机有效工作时（即热释检测电路和红外感应检测电路均没有检测到信号，或者只有一个检测电路检测到信号时）数码管显示“1111”。

按下凉风键 K1 + 风速 1 挡 K3 + 确认键时，数码管显示 L001。

按下凉风键 K1 + 风速 2 挡 K4 + 确认键时，数码管显示 L002。

按下凉风键 K1 + 风速 3 挡 K5 + 确认键时，数码管显示 L003。

按下热风键 K2 + 风速 1 挡 K3 + 确认键时，数码管显示 H001。

按下热风键 K2 + 风速 2 挡 K4 + 确认键时，数码管显示 H002。

按下热风键 K2 + 风速 3 挡 K5 + 确认键时，数码管显示 H003。

2. 键盘电路

模拟烘手机共设有凉风键 K1、热风键 K2、风速 1 挡键 K3、风速 2 挡键 K4、风速 3 挡键 K5、确认键 K6 和复位键 K7 共 7 个键。

3. 风扇及加热电路

利用光耦器件和固态继电器控制风扇和加热电路。控制信号由单片机的 FK（P2.7）和

JR（P2.6）发出，当 FK（PWM）为高电平时，光耦器件导通，风扇转动；当 JR（P2.6）为高电平时，固态继电器接通，灯泡亮。

任务 10.2　硬件电路设计

10.2.1　单片机控制电路

这里我们选用的是 STC89C52 型单片机，在前面章节中已经做过详细的介绍，其电路图如图 10-1 所示。

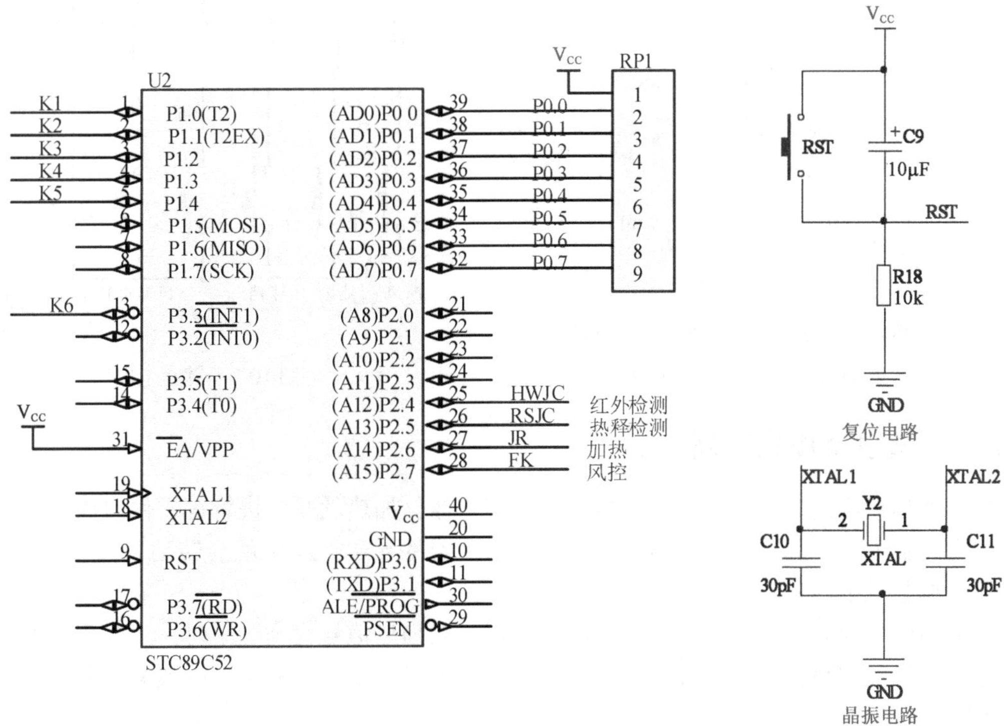

图 10-1　主控芯片电路及复位晶振电路

10.2.2　数码管显示电路

数码管显示电路采用的是四位一体的数码管（共阳极），主要功能是用来显示模拟烘手机当前的工作状态，其中用四个 PNP 型三极管作为数码管的开关，当相应 I/O 口输出低电平时，该数码管被选中，显示数字。其电路图如图 10-2 所示。

10.2.3　键盘电路

键盘电路中包括凉风、热风键、风速挡 1、风速挡 2、风速挡 3 和确认键。这六个按键分别和 P1.0、P1.1、P1.2、P1.3、P1.4 和 P3.3 端口相连。键盘电路如图 10-3 所示。

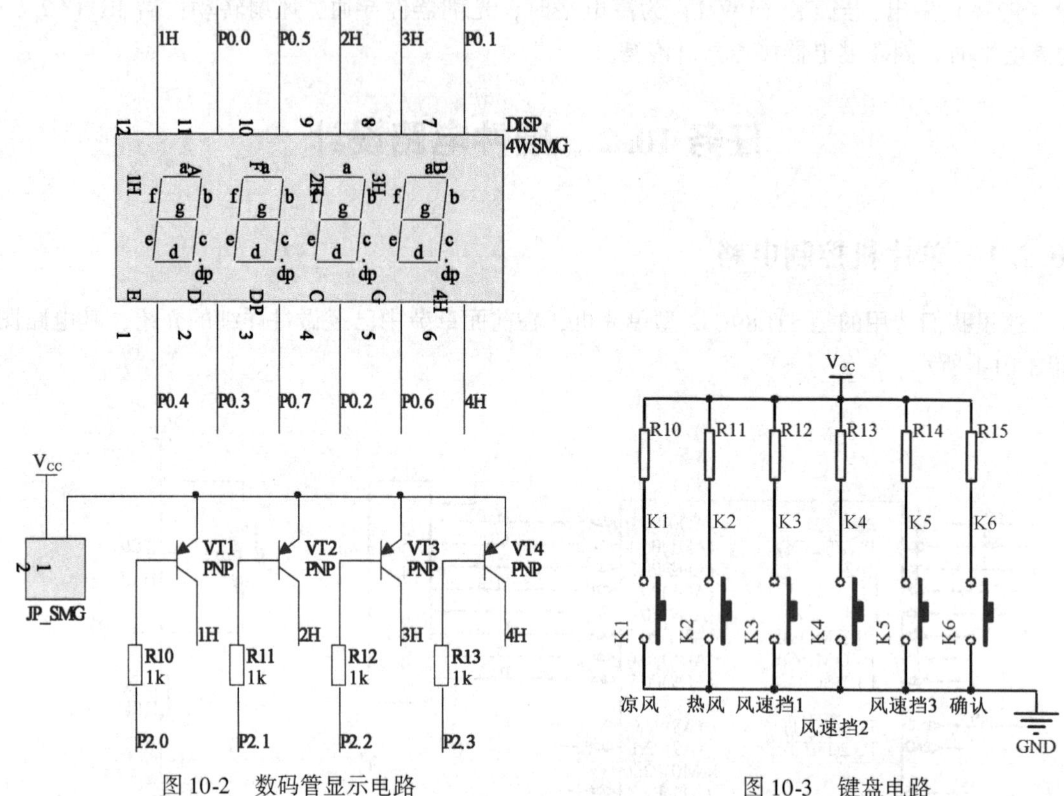

图 10-2　数码管显示电路　　　　图 10-3　键盘电路

10.2.4　风扇及加热电路

风扇及加热电路由光耦器件、风扇、固态继电器、加热丝及三极管等器件组成。我们只要给该电路输入一个脉冲信号（风控），控制光耦器件导通，风扇就会转动。调整 PWM 信号，可以调整风扇转速。

由加热信号控制三极管的通断来控制继电器。当加热信号为高电平时，三极管导通，继电器通，加热丝加热；相反，加热信号如果为低电平时，三极管截止，则继电器断。其电路如图 10-4 所示。

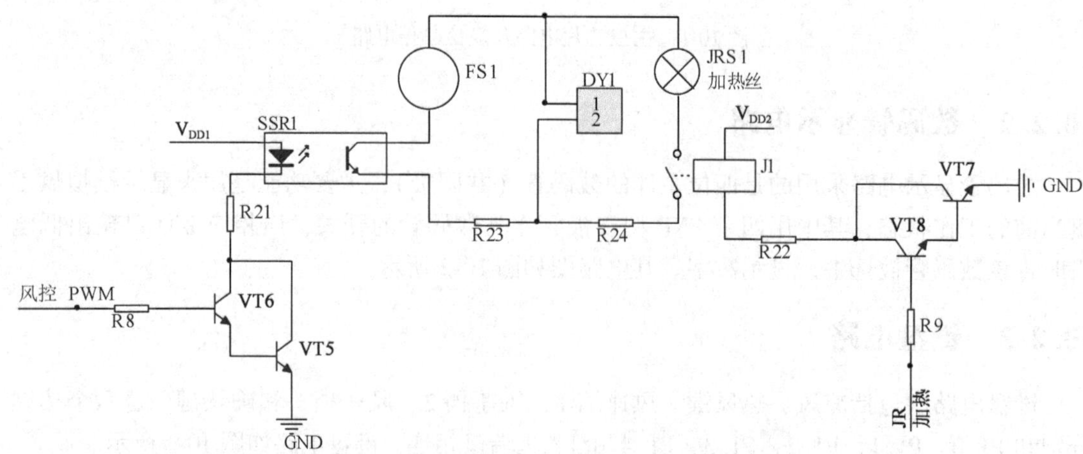

图 10-4　风扇及加热电路

10.2.5　红外检测、红外收发电路

红外检测及红外收发电路如图10-5所示，其中红外发射管、红外接收管实物图如图10-6所示。

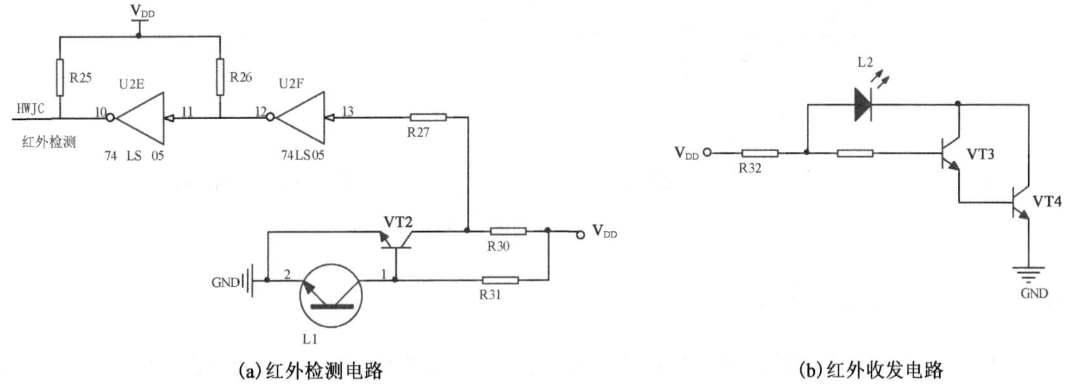

(a)红外检测电路　　(b)红外收发电路

图10-5　红外检测及红外收发电路

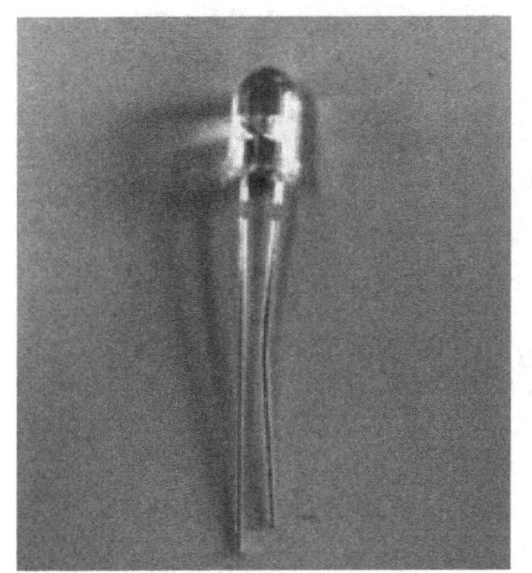
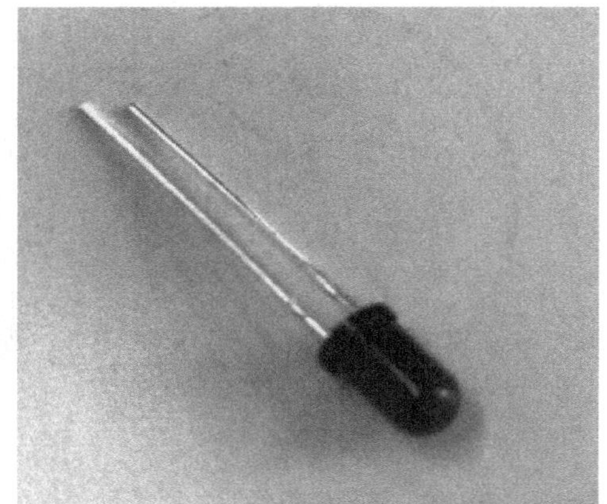

图10-6　红外发射、接收管

10.2.6　固态继电器（SSR）

固态继电器（SSR）引脚俯视图如图10-7所示，其实物图如图10-8所示。

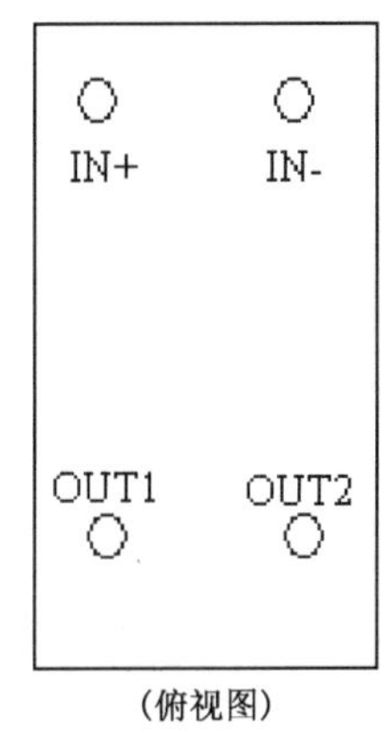

（俯视图）

图10-7　固态继电器引脚图

图10-8　固态继电器实物图

SSR 是固态继电器的简称，SSR 的一个特点是驱动电流或电压小，给输入端加一个很小的信号，就可以实现对被控制系统的控制，可以采用三极管来控制 SSR 的通断，如图 10-9 所示。

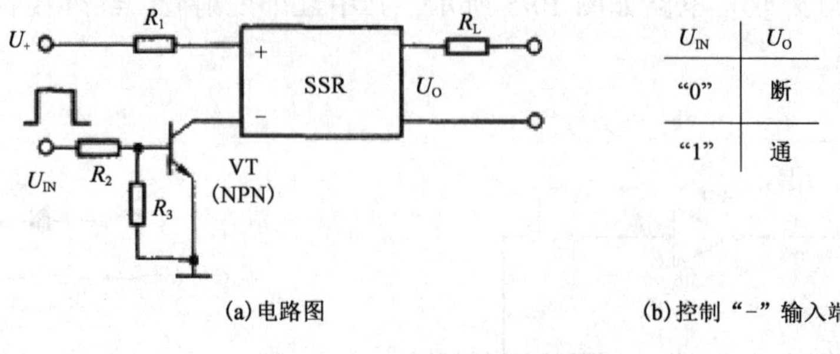

(a) 电路图　　　　(b) 控制“-”输入端

图 10-9　三极管控制继电器

10.2.7　热释电传感器

热释电传感器引脚俯视图如图 10-10 所示，其实物图 10-11 所示，它是一种检测人体发射红外线而输出电信号的传感器。

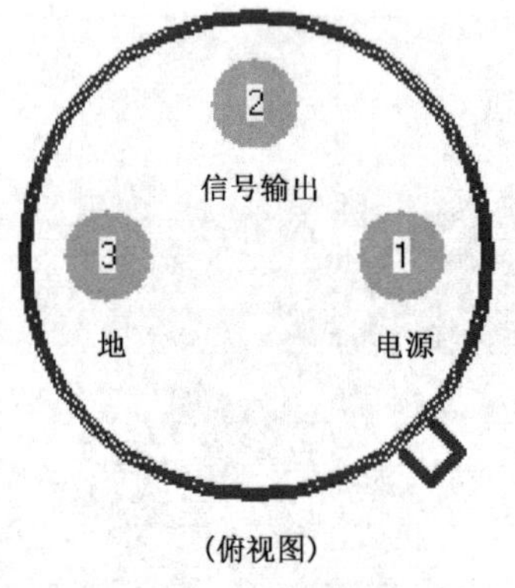

图 10-10　热释电传感器引脚图

图 10-11　热释电传感实物图

任务 10.3　软件设计

参考程序：

```
#include "REGX52.H"
unsigned char dispcode[ ] = {0x3f,0x3f,0x3f,0x3f};
unsigned char code dispcode0[ ] = {0x3f,0x3f,0x3f,0x3f};
unsigned char code dispcode1[ ] = {0x06,0x06,0x06,0x06};
unsigned char code dispcode2[ ] = {0x38,0x3f,0x3f,0x06};
unsigned char code dispcode3[ ] = {0x38,0x3f,0x3f,0x5b};
unsigned char code dispcode4[ ] = {0x38,0x3f,0x3f,0x4f};
unsigned char code dispcode5[ ] = {0x76,0x3f,0x3f,0x06};
unsigned char code dispcode6[ ] = {0x76,0x3f,0x3f,0x5b};
unsigned char code dispcode7[ ] = {0x76,0x3f,0x3f,0x4f};
unsigned char dispcount;
```

```
unsigned int fs;
unsigned int fs1;
unsigned int fs2;
unsigned char i;
unsigned char j;
unsigned char m;
// ------------------------
定义引脚 ------------------------------------------------------------
#define timer_data (256 - 200) //定时器预置值,12MHz 时钟,定时 0.1ms
#define PWM_T 100 //定义 PWM 的周期 T 为 10ms
unsigned char PWM_t; //PWM_t 为脉冲宽度(0 ~ 100)时间为 0 ~ 10ms
unsigned char PWM_t1;
unsigned char PWM_t2;
unsigned char PWM_count; //输出 PWM 周期计数
unsigned char time_count; //定时计数
sbit W0 = P2^0;
sbit W1 = P2^1;
sbit W2 = P2^2;
sbit W3 = P2^3;
sbit HW = P2^4; //红外检测
sbit RS = P2^5; //热释检测
sbit JR = P2^6; //模拟加热
sbit PWM = P2^7; //PWM 波形输出
sbit K1 = P1^0; //凉风
sbit K2 = P1^1; //热风
sbit K3 = P1^2; //一挡
sbit K4 = P1^3; //二挡
sbit K5 = P1^4; //三挡
sbit K6 = P3^3; //确认
bit rs;
bit hw;

bit feng;
bit feng1;
bit feng2;
void main(void)
{
JR = 1;
PWM = 0;
PWM_t = 0;
TMOD = 0x12; /* 定时器 1 为工作模式 1,0 为模式 2(8 位自动重装) */
TH0 = 0x216; //保证定时时长为 0.1ms
TL0 = 0x216;
TH1 = (65536 - 500)/256;
```

```
TL1 = (65536 - 500) % 256;
TR1 = 1;
TR0 = 0;
ET0 = 0;
ET1 = 1;
EA = 1;
while(1)
{
if(P1_0 = = 0)
{
if(P1_0 = = 0)
{
feng1 = 0;
}
}
else if(K2 = = 0)
{
if(K2 = = 0)
{
feng1 = 1;
}
}
else if(K3 = = 0)
{
if(K3 = = 0)
{
PWM_t1 = 50;
fs1 = 1;
}
}
else if(K4 = = 0)

{
if(K4 = = 0)
{
PWM_t1 = 65;
fs1 = 2;
}
}
else if(K5 = = 0)
{
if(K5 = = 0)
{
PWM_t1 = 80;
```

```
fs1 =3;
}
}
else if(K6 = =0)
{
if(K6 = =0)
{
feng2 = feng1;
PWM_t2 = PWM_t1;
fs2 = fs1;
}
}
else if((RS = =1) && (HW = =1))
{
if((RS = =1) && (HW = =1))
{
rs =1;
hw =1;
PWM_t = PWM_t2;
feng = feng2;
fs = fs2;
}
}
else if (HW = =0)
{
if (HW = =0)
{
rs =0;
hw =0;
PWM_t =0;
feng =0;

PWM =0;
fs =0;
}
}
}
}
void t0(void) interrupt 1 using 0
{
time_count + +;
if(time_count > =PWM_T)
{
time_count =0;
```

```
PWM_count + + ;
}
if( time_count < PWM_t)
PWM = 1;
else
PWM = 0;
}
void t1( void) interrupt 3 using 0
{
TH1 = (65536 - 500)/256;
TL1 = (65536 - 500) % 256;
if( ( rs = = 0) &&( hw = = 0) )
{
JR = 1;
PWM_t = 0;
TR0 = 0;
ET0 = 0;
for( j = 0; j < 4; j + + )
{
dispcode[ j] = dispcode0[ j];
}
}
if( ( rs = = 1) &&( hw = = 1) )
{
PWM_t = 65;
for( j = 0; j < 4; j + + )
{
dispcode[ j] = dispcode1[ j];
}

if( ( feng = = 0) &&( fs = = 1) )
{
JR = 1;
PWM_t = 50;
TR0 = 1;
ET0 = 1;
for( j = 0; j < 4; j + + )
{
dispcode[ j] = dispcode2[ j];
}
}
if( ( feng = = 0) &&( fs = = 2) )
{
JR = 1;
```

```
PWM_t = 65;
TR0 = 1;
ET0 = 1;
for(j = 0;j < 4;j + + )
{
dispcode[j] = dispcode3[j];
}
}
if((feng = = 0)&&(fs = = 3))
{
JR = 1;
PWM_t = 80;
TR0 = 1;
ET0 = 1;
for(j = 0;j < 4;j + + )
{
dispcode[j] = dispcode4[j];
}
}
if((feng = = 1)&&(fs = = 1))
{
JR = 0;
PWM_t = 50;
TR0 = 1;
ET0 = 1;
for(j = 0;j < 4;j + + )
{
dispcode[j] = dispcode5[j];
}
}

if((feng = = 1)&&(fs = = 2))
{
JR = 0;
PWM_t = 65;
TR0 = 1;
ET0 = 1;
for(j = 0;j < 4;j + + )
{
dispcode[j] = dispcode6[j];
}
}
if((feng = = 1)&&(fs = = 3))
{
```

```
JR =0;
PWM_t =80;
TR0 =1;
ET0 =1;
for(j =0;j <4;j + +)
{
dispcode[j] =dispcode7[j];
}
}
}
P0 =dispcode[m];
if (m = =0)
{
W0 =1;
W1 =0;
W2 =0;
W3 =0;
}
if(m = =1)
{
W0 =0;
W1 =1;
W2 =0;
W3 =0;
}
if(m = =2)
{
W0 =0;
W1 =0;
W2 =1;

W3 =0;
}
if(m = =3)
{
W0 =0;
W1 =0;
W2 =0;
W3 =1;
}
m + +;
if(m = =4)
m =0;
}
```

参考文献

[1] 龙威林等. 单片机应用入门. 北京:化学工业出版社,2008.

[2] 王静霞等. 单片机应用技术(C 语言版). 北京:电子工业出版社,2015.

[3] 陈海松等. 单片机应用技能项目化教程. 北京:电子工业出版社,2012.

[4] 谭浩强. C 程序设计. 北京:清华大学出版社,1991.

[5] 吕景泉等. 单片机原理及应用. 上海:华东师范大学出版社,2014.

[6] 李广弟. 单片机基础. 北京:航空航天大学出版社,1994.

[7] 赵海燕等. 单片机应用项目化教程. 北京:清华大学出版社,2013.

[8] 李全利等. 单片机原理及应用技术. 北京:高等教育出版社,2009.

[9] 迟忠君等. 单片机应用技术. 北京:北京邮电大学出版社,2014.

[10] 龚运新等. 单片机 C 语言项目式教程. 北京:北京邮电大学出版社,2013.

[11] 孙育才等. 新型 STC89C52RC 系列单片机及其应用. 北京:清华大学出版社,2005.